Eugen Nolle

Elektrische Maschinen

Erwärmung und Kühlung

HANSER

Über den Autor:
Prof. Dr.-Ing. Dr. h.c. Eugen Nolle war Professor an der Hochschule Esslingen.

MIX
Papier aus verantwortungsvollen Quellen
FSC® C083411

Print-ISBN: 978-3-446-48299-9
E-Book-ISBN: 978-3-446-48386-6

Bibliografische Information der Deutschen Nationalbibliothek:
Die Deutsche Nationalbibliothek verzeichnet diese Publikation in der Deutschen Nationalbibliografie; detaillierte bibliografische Daten sind im Internet unter http://dnb.d-nb.de abrufbar.

Kolbergerstraße 22 | 81679 München | info@hanser.de
www.hanser-fachbuch.de
Lektorat: Frank Katzenmayer
Herstellung: Frauke Schafft
Coverkonzept: Marc Müller-Bremer, www.rebranding.de, München
Covergestaltung: Max Kostopoulos
Titelmotiv: © Eugen Nolle, stock.adobe.com/Maksym Yemelyanov
Satz: le-tex publishing services, Leipzig
Druck: CPI Books GmbH, Leck
Printed in Germany

Nolle

Elektrische Maschinen – Erwärmung und Kühlung

Inhalt

Vorwort .... **XI**

1 Definitionen und Normen **1**

1.1 Kühlungsarten 1

1.1.1 Statische Wandler, Transformatoren, Drosseln 1

1.1.2 Elektromechanische Wandler, Motoren, Generatoren 3

1.2 Betriebsarten (Bemessungsklassen) 7

1.3 Isolierstoffklassen 9

2 Einleitung **13**

2.1 Analogiebetrachtungen, Wachstumsgesetze 14

2.2 FEM-Simulationen 14

2.3 Wärmeschaltbilder, thermische Ersatzschaltungen 15

3 Physikalische Grundlagen, Materialeigenschaften **17**

3.1 Physikalische Grundlagen 17

3.2 Materialeigenschaften gebräuchlicher Werkstoffe 18

4 Wachstumsgesetze **29**

5 Maschinen- und Geräteverluste **33**

5.1 Verlustarten 33

5.1.1 Last- bzw. stromunabhängige Verluste 33

5.1.2 Last- bzw. stromabhängige Verluste 34

5.1.3 Mechanische Verluste 34

5.1.4 Erregerverluste 35

5.1.5 Zusatzverluste 35
5.1.5.1 Klassische Zusatzverluste 35
5.1.5.2 Zusatzverluste bei permanent erregten Synchronmaschinen 36
5.1.5.3 Zusatzverluste durch Umrichterspeisung 36
5.2 Verlustminimum, maximaler Wirkungsgrad 37
5.3 Temperaturabhängigkeit der Verluste 39
5.3.1 Allgemeine Situation und Vorgehensweise 39
5.3.2 Temperaturabhängigkeit der Eisenverluste 40
5.3.3 Temperaturabhängigkeit der Wicklungsverluste 41
5.3.3.1 Klassisch ohmsche Verluste, DC-Verluste 41
5.3.3.2 Wicklungszusatzverluste durch den Skineffekt 41
5.3.3.3 Wicklungszusatzverluste durch den Proximityeffekt 42
5.3.4 Übergangsverluste 42
5.3.5 Temperaturabhängigkeit der mechanischen Verluste 43
5.3.6 Temperaturabhängigkeit der Erregerverluste 43
5.3.7 Vereinfachte Temperaturskalierung der gesamten Zusatzverluste 43

6 Grundlagen der thermischen Analyse 45
6.1 Grundlagen der thermischen Ersatzschaltbilder 45
6.1.1 Basiselemente thermischer Ersatzschaltungen 45
6.1.1.1 Wärmequellen, Symbol und Eigenschaften 45
6.1.1.2 Wärmewiderstände, Symbol und Eigenschaften 46
6.1.1.3 Wärmekapazitäten, Symbol und Eigenschaften 46
6.1.2 Grundgleichungen thermischer Ersatzschaltungen 47
6.1.2.1 Wärmeströme, 1. Kirchhoff'scher Satz 47
6.1.2.2 Temperaturgefälle, 2. Kirchhoff'scher Satz 48
6.1.2.3 Verfahren der Netzwerkanalyse 49
6.2 Praktische Berechnung der Wärmeleitungswiderstände 50
6.2.1 Wärmeleitung in einfachen Körpern 50
6.2.1.1 Wärmeleitung in zylindrischen bzw. quaderförmigen Körpern 50
6.2.1.2 Wärmeleitung in einer Rohrwand 51
6.2.1.3 Wärmeleitung durch eine Kugelschale 53
6.2.2 Effektive Wärmeleitung in Wicklungen 54
6.2.2.1 Wicklungen aus Rundlackdraht 54
6.2.2.2 Wicklungen aus Flachlackdraht 56
6.2.2.3 Folienwicklungen 57

6.2.3 Effektive Wärmeleitung in Elektroblechpaketen ... 59
6.2.3.1 Effektive Wärmeleitung in der Blechebene ... 60
6.2.3.2 Effektive Wärmeleitung senkrecht zur Blechebene ... 60
6.3 Wärmeübergang durch natürliche bzw. freie Konvektion ... 61
6.3.1 Natürliche Konvektion an vertikalen Flächen ... 64
6.3.1.1 Luftkühlung ... 64
6.3.1.2 Ölkühlung ... 66
6.3.1.3 Wasserkühlung an freien Flächen ... 67
6.3.2 Natürliche Konvektion an horizontalen Flächen ... 69
6.3.2.1 Luftkühlung ... 70
6.3.2.2 Ölkühlung ... 71
6.3.2.3 Wasserkühlung ... 71
6.4 Wärmeübergang durch forcierte Konvektion ... 73
6.4.1 Offene Kühlkreise ... 73
6.4.1.1 Luftkühlung ... 73
6.4.1.2 Ölkühlung ... 74
6.4.1.3 Wasserkühlung ... 75
6.4.2 Geschlossene Kühlkreise, z. B. Rohrkühlung ... 75
6.4.2.1 Ölkühlung ... 76
6.4.2.2 Wasserkühlung ... 76
6.5 Siedekühlung in Kältemittel ... 77
6.6 Besondere Wärmeübergänge ... 79
6.6.1 Wärmeübergang über den Luftspalt von elektrischen Maschinen ... 79
6.6.2 Wärmewiderstand von Kühlrippen ... 81
6.6.3 Wärmeübergang für zusammengesetzte Oberflächen ... 83
6.6.4 Überlagerung von Kühleffekten ... 85
6.7 Wärmeübergang durch Strahlung ... 86
6.8 Reale Wärmequellen ... 88
6.8.1 Temperaturverlauf in Gebieten mit inneren Wärmequellen ... 88
6.8.1.1 Ebene Wand mit symmetrischer Kühlung ... 89
6.8.1.2 Ebene Wand mit asymmetrischer Kühlung ... 92
6.8.1.3 Wicklungen auf Wickelrohr ... 94
6.8.2 Ersatzschaltung der realen Wärmequelle ... 97
6.8.2.1 Elemente der realen Wärmequelle ... 97
6.8.2.2 Verhalten bei zeitlich veränderlicher Temperatur ... 98

7 Wärmeschaltbilder für elektrische Maschinen ... 101

7.1 Wärmeschaltbilder des Transformators ... 102

7.1.1 Wärmeschaltbild des Kleintransformators ... 102

7.1.2 Wärmeschaltbild des ölgekühlten Verteilertransformators ... 103

7.2 Wärmeschaltbild der Asynchronmaschine ... 105

7.3 Wärmeschaltbilder für andere elektrische Maschinen ... 106

7.3.1 Wärmeschaltbild der Synchronmaschine ... 107

7.3.1.1 Wärmeschaltbild der elektrisch erregten Synchronmaschine ... 107

7.3.1.2 Wärmeschaltbild der permanent erregten Synchronmaschine ... 107

7.3.1.3 Wärmeschaltbild der Reluktanzmaschine ... 108

7.3.2 Wärmeschaltbild für Gleichstrom- bzw. Stromwendermaschinen ... 108

7.3.2.1 Wärmeschaltbild der klassischen Gleichstrommaschine ... 108

7.3.2.2 Wärmeschaltbild der permanent erregten Gleichstrommaschine ... 110

7.3.2.3 Wärmeschaltbild des Universalmotors ... 110

7.3.3 Wärmeschaltbild für Elektronik- bzw. Schrittmotoren ... 110

7.3.4 Wärmeschaltbild für Transversal- und Axialflussmaschinen ... 111

7.4 Vereinfachte Wärmeschaltbilder ... 111

7.4.1 Situationsabhängige Vereinfachung der Wärmeschaltbilder ... 112

7.4.1.1 Leicht vereinfachtes Wärmeschaltbild der Asynchronmaschine ... 112

7.4.1.2 Vereinfachtes Wärmeschaltbild der Gleichstrommaschine 113

7.4.2 Wärmeschaltbilder für den stationären Betrieb ... 114

7.4.3 Vereinfachte Wärmeschaltbilder für transiente Vorgänge ... 115

7.4.3.1 Wärmeschaltbild für transiente Vorgänge ... 116

7.4.3.2 Einfacher Erwärmungsvorgang im Ein-Körper-Modell ... 117

7.4.3.3 Abkühlvorgang im Ein-Körper-Modell ... 119

7.4.3.4 Spezielle Abschätzung für die Betriebsarten S3 bis S6 ... 120

7.4.4 Wärmeschaltbild für subtransiente Vorgänge ... 123

8 Beispiele für Erwärmungsvorgänge in elektrischen Maschinen ... 127

8.1 Erwärmung des Kleintransformators EI 84b ... 127

8.2 Erwärmung der Asynchronmaschine ... 133

8.2.1 Temperaturverlauf bei Bemessungsbelastung 135
8.2.1.1 Temperaturverlauf im vollständigen Wärmeschaltbild ... 135
8.2.1.2 Temperaturverlauf im Ein-Körper-Modell 139
8.2.2 Temperaturverlauf in der Abkühlphase 140
8.2.3 Der Temperatursprung 142
8.2.3.1 Der Temperatursprung im Normalbetrieb 142
8.2.3.2 Der Temperatursprung im Überlast- bzw. Störfall 143
8.2.3.3 Kurzschlussversuch zur Messung des Temperatursprunges 143
8.3 Die Asynchronmaschine in unterschiedlichen Betriebsarten 144
8.3.1 Dauerbetrieb „S1“ der Asynchronmaschine 145
8.3.1.1 Erwärmung der Asynchronmaschine im Dauerbetrieb ... 145
8.3.2 Kurzzeitbetrieb „S2“ der Asynchronmaschine 145
8.3.2.1 Erwärmungsphase im Kurzzeitbetrieb 146
8.3.2.2 Abkühlphase im Kurzzeitbetrieb 148
8.3.2.3 S2-Betrieb der Asynchronmaschine mit Sonderwicklung .. 149
8.3.3 Die Asynchronmaschine in den höheren Betriebsarten 151
8.3.3.1 S3-Aussetzbetrieb 152
8.3.3.2 S4-Aussetzbetrieb mit thermisch relevantem Anlauf 152
8.3.3.3 S5-Aussetzbetrieb mit thermisch relevantem Anlauf und Abbremsung 153
8.3.3.4 S6-Durchlaufbetrieb mit periodisch aussetzender Belastung 154
8.3.3.5 Höhere Betriebsarten, äquivalente Ersatzleistung 155
8.4 Erwärmung bei Störfällen, Explosionsschutz 157
8.4.1 Asynchronmotor mit blockiertem Rotor an voller Betriebsspannung 158
8.4.2 Schweranlauf beim Asynchronmotor 160
8.4.3 Kurzschluss bei Transformatoren 162

9 Lösungen 165

10 Quellen 169

Index 171

Vorwort

Elektrische Maschinen sind ein unverzichtbarer Bestandteil unserer modernen Gesellschaft, wobei immer neue Anwendungsbereiche, so z. B. aktuell durch die Elektromobilität mit ihren großen Umsatzerwartungen, hinzukommen.

Dazu sind ihr Aufbau, die Wirkungsweise und das Betriebsverhalten in vielen Lehrbüchern, Aufsätzen und Internetquellen, so u. a. auch in dem Lehrbuchklassiker Fischer/Nolle, „Elektrische Maschinen“, ausführlich beschrieben.

Demnach erfolgt die Energieumwandlung in den elektrischen Maschinen allgemein mit erfreulich guten bis sehr guten Wirkungsgraden, aber trotzdem nicht ohne Verluste. Dabei sind Letztere die Ursache für deren Erwärmung, die aus unterschiedlichen Gründen nach oben begrenzt ist.

So lassen z. B. viele der vorrangig verbauten Isolierstoffe nur bei Einhaltung von materialspezifischen Grenztemperaturen eine gewünschte bzw. vorgegebene Mindestgebrauchsdauer erwarten, oder aus Gründen des Brand- bzw. Explosionsschutzes müssen Temperaturobergrenzen zwingend eingehalten werden.

Dabei möchte man aus wirtschaftlichen Gründen die, i. d. R. als Isolierstoffklasse vorgegebene, zulässige Erwärmung möglichst gut ausnutzen, da ansonsten die Maschinen unnötig groß, schwer und auch zu teuer sind.

Aus diesen Gründen kommt der thermischen Analyse von elektrischen Maschinen zunehmend eine immer größere Bedeutung zu, für die sich im Laufe ihrer langen Geschichte mehrere unterschiedliche Verfahren herausgebildet haben und die im Rahmen dieses Buches auch angesprochen werden.

Als Schwerpunktthema werden davon hier aber die thermischen Ersatzschaltbilder, auch als Wärmeschaltbilder bezeichnet, ausführlich behandelt, da sie in unterschiedlich detaillierter Form eine aktuell meist ausreichend genaue Beschreibung der thermischen Situation bei einem überschaubaren Rechenaufwand ermöglichen.

Ergänzend zum Buchinhalt sind unter plus.hanser-fachbuch.de auch umfangreichere Herleitungen von wesentlichen Zusammenhängen, sowie zusätzliche Beispiele und Aufgaben zu einzelnen Kapiteln abrufbar.

Dabei sind die Rechenwerte in den Beispielen und Aufgaben allg. mit fünf signifikanten Stellen angegeben, um so Unstimmigkeiten durch Rundungsfehler mit Zwischenergebnissen nach Möglichkeit zu vermeiden. Bei Endtemperaturen bzw. allgemein bei Endergebnissen sind, auch im Hinblick auf die hier übliche Messgenauigkeit, zwei signifikante Stellen jedoch meist ausreichend genau.

Oftmals ergeben einfache FEM-Simulationen keinen zuverlässigen, präzisen Überblick der thermischen Situation in den elektrischen Maschinen und Geräten, da dort die besonders kritischen Wärmeübergänge ja als Vorgabewerte definiert werden müssen. Daher können diese im Buch ausführlich besprochenen Wärmeübergänge auch dort erheblich zur Verbesserung der Simulationsergebnisse beitragen.

Letzteres lässt sich erst mithilfe der sog. Multiphysik-FEM umgehen, wobei die dazu erforderliche Hard- und Software und die zu deren Bedienung erforderliche Manpower doch eher nur in Forschungseinrichtungen bzw. größeren Konzernen zur Verfügung stehen.

Daher soll dieses Buch vorrangig kleinere und mittelständische Firmen, sonstige Einrichtungen, Labore, Berechnungsingenieure und Entwickler bei der thermischen Optimierung der „Elektrischen Maschinen“ unterstützen.

Dazu wünscht der Autor viel Erfolg!

Ein besonderer Dank gilt dabei auch dem Lektorat mit Herrn Frank Katzenmayer und Frau Christina Kubiak für die stets hilfreiche und freundliche Unterstützung.

Sersheim, im September 2024

Eugen Nolle

1 Definitionen und Normen

Die unvermeidlichen Verluste bei der Energieumwandlung führen vorrangig zu einer Erwärmung der elektrischen Geräte und Maschinen. Dabei wird diese Eigenerwärmung insbesondere durch die verwendeten Isolierstoffe und die erwartete Nutzungsdauer begrenzt, sodass die Maschinen in angemessener Weise ausgeführt, gekühlt und betrieben werden müssen. Dies hat schon sehr früh zur Festlegung von Bau-, Kühlungs- und Betriebsarten, sowie zur Definition von Isolierstoffklassen geführt.

1.1 Kühlungsarten

Aus historischen Gründen ist das Bezeichnungssystem der Kühlungsarten für statische bzw. elektromechanische Wandler noch unterschiedlich.

1.1.1 Statische Wandler, Transformatoren, Drosseln [1, 2]

Diese verrichten meist weitgehend abgegrenzt in Umspannwerken, Trafostationen, Schaltschränken oder anderweitig in Maschinen und Geräten eingebaut ihren Dienst, was die Vielfalt der vorkommenden Ausführungen begrenzt. Entsprechend diesen Gegebenheiten wird daher hier nur nach Kühlmittel und dessen Bewegung unterschieden. Erfolgt dabei die Wärmeabgabe über mehrere separate Kühlkreise, wird für diese eine entsprechende Angabe den Verlusten folgend, also i. d. R. von innen nach außen, gemacht.

Dabei gelten die Abkürzungen nach Tabelle 1.1.

Tabelle 1.1 Bezeichnungen bei den Kühlungsarten für ruhende Wandler

Kühlmittel	**Zeichen**
Luft	A
Wasser	W
Gas	G
Mineralöl	O
synt. Öl, Silikonöl, Ester; Isolierflüssigkeit nicht brennbar	K, L
Kühlmittelbewegung	**Zeichen**
natürlich	N
erzwungen, nicht gerichtet	F
erzwungen, gerichtet	D

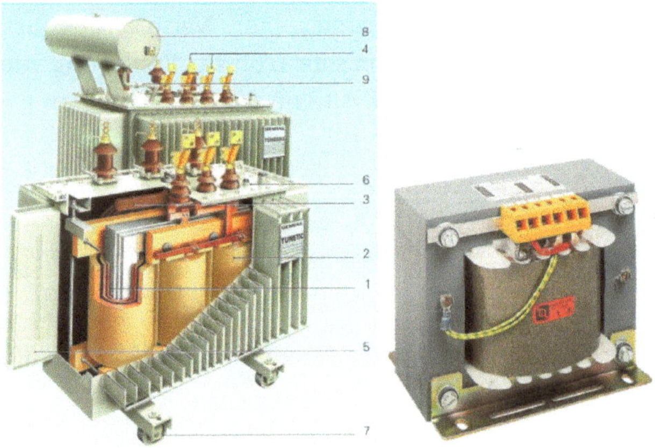

Bild 1.1 Beispiele für Kühlungsarten von Transformatoren. Links: Verteilertransformator, Kühlungsart ONAN (Quelle: Siemens, für Lehrzwecke), rechts: Kleintransformator, Kühlungsart AN (Quelle: Riedel, für Lehrzwecke)

Die Angabe erfolgt damit, wie z. B. in Bild 1.1 angegeben, in der Form:

- ONAN

  für einen Verteilertransformator mit natürlicher Ölkühlung im inneren Kühlkreis und natürlicher Luftkühlung außen, bzw.

- AN

  für einen Kleintransformator mit natürlicher Luftkühlung.

1.1.2 Elektromechanische Wandler, Motoren, Generatoren [3]

Anders als Transformatoren kommen elektrische Maschinen in vielfältigster Form auch in unserem direkten Lebensumfeld zum Einsatz. Dementsprechend gab es schon von Anfang an eine große Vielfalt an Ausführungen, die im Laufe der Zeit bekanntlich immer weiter zugenommen hat.

Dies hat dazu geführt, dass hier schon sehr früh ein alphanumerisches Bezeichnungssystem eingeführt wurde, bei dem in festgelegter Reihenfolge, beginnend mit den Kennbuchstaben

- IC für International Cooling,

die Angaben

- zur Kühlkreis-Anordnung als Kennzahl,
- zum Kühlmittel als Buchstabe und
- für die Kühlmittel-Bewegung wieder als Kennzahl

gemacht werden.

Das vollständige Bezeichnungssystem bei drehenden/bewegten Maschinen ist aktuell in der DIN EN 60 034-6 festgelegt und nachfolgend in Kurzform tabellarisch angegeben.

Tabelle 1.2 Kennziffern für die Kühlkreis-Anordnung

Kennziffer	Kurzbezeichnung	Beispiel
0	Freier Kühlkreis	Durchzugbelüftung
1	Kühlkreis mit Zuführung über Rohr oder Kanal	Durchzugbelüftung mit Zuführung über Rohr
2	Kühlkreis mit Abführung über Rohr oder Kanal	Durchzugbelüftung mit Abführung über Rohr
3	Kühlkreis mit Zu- und Abführung über Rohre oder Kanäle	Durchzugbelüftung mit Zu- und Abführung über Rohre
4	Oberflächenbelüftung	Oberflächenbelüftung: evtl. mit Rippen zur verbesserten Wärmeübertragung
5	Eingebauter Wärmetauscher (umgebendes Kühlmittel)	Oberflächenbelüftung: eingebauter Wärmetauscher zur verbesserten Wärmeübertragung
6	Angebauter Wärmetauscher (umgebendes Kühlmittel)	Oberflächenbelüftung: angebauter Wärmetauscher zur verbesserten Wärmeübertragung
7	Eingebauter Wärmetauscher (zugeführtes Kühlmittel)	Wasserkühlung: eingebauter Wärmetauscher

Tabelle 1.2 Kennziffern für die Kühlkreis-Anordnung (*Fortsetzung*)

Kennziffer	Kurzbezeichnung	Beispiel
8	Angebauter Wärmetauscher (zugeführtes Kühlmittel)	Wasserkühlung: angebauter Wärmetauscher
9	Getrennt angeordneter Wärmetauscher (umgebendes oder nicht umgebendes Kühlmittel)	Wasserkühlung: getrennter Wärmetauscher

Tabelle 1.3 Kennbuchstaben für Kühlmittel

Kennbuchstabe	Kühlmittel	Englische Bezeichnung
A	Luft	**A**ir
F	Kältemittel, z. B. R600a	
H	Wasserstoff	**H**ydrogen
N	Stickstoff	**N**itrogen
C	Kohlendioxid	**C**arbon dioxide
W	Wasser	
U	Öl	H**u**ile
S	Jegliches andere	
Y	Noch nicht bestimmt	

Tabelle 1.4 Kennziffern für die Kühlmittel-Bewegungsart

Kennziffer	Kurzbezeichnung	Beispiel
0	Freie Kühlung	Freie Konvektion durch Temperaturdifferenz
1	Eigenkühlung	Eigenbelüftung durch Ventilator mit Drehzahl der Hauptmaschine
2, 3, 4		Freigehalten für zukünftige Verwendung
5	Eingebaute, unabhängige Baugruppe	Eingebauter Fremdlüfter mit eigenem elektrischem Antrieb
6	Angebaute, unabhängige Baugruppe	Angebauter Fremdlüfter mit eigenem elektrischem Antrieb

Kennziffer	Kurzbezeichnung	Beispiel
7	Getrennte, unabhängige Baugruppe oder Kühlmittel-Betriebsdruck	Getrennter Fremdlüfter, z. B. mit gemeinsamer Luftzufuhr für mehrere Maschinen
8	Antrieb durch relative Bewegung	Fahrmotor
9	Antrieb durch sonstige Bewegungsarten	

Tabelle 1.5 Beispiel einer gebräuchlichen Kühlungsart bei Normmotoren

Bezeichnung						Bedeutung
IC						IC-Code (International Cooling)
	4					Kühlkreisanordnung: Oberflächenbelüftung
		A				Primäres Kühlmittel: Luft
			1			Kühlmittelbewegung im primären Kühlkreis: Eigenkühlung
				A		Sekundäres Kühlmittel: Luft
					1	Kühlmittelbewegung im sekundären Kühlkreis: Eigenkühlung

Dabei kann in der sog. Kurzform der Kühlungsart der Kennbuchstabe „A“ für das Kühlmittel Luft entfallen, sodass alternativ die gleichwertigen Darstellungen gelten: IC4A1A1 in ausführlicher Schreibweise, bzw. IC411 in Kurzform.

Bild 1.2 Normmotor Bg 100/4 in der Kühlungsart IC4A1A1 bzw. IC411

Tabelle 1.6 Häufig benutzte Kühlungsarten bei drehenden Maschinen

Schematische Darstellung	Kühlungsart	Kurzform	Ausführung
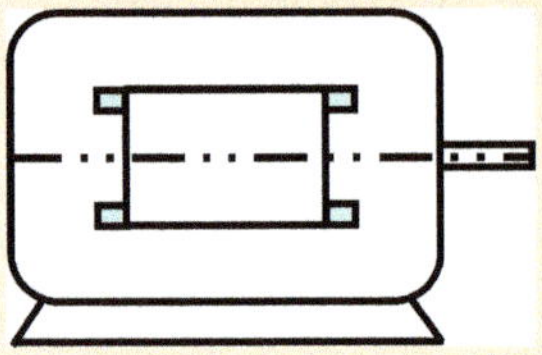	IC4A1A0	IC410	Oberflächenbelüftung Primäres und sekundäres Kühlmittel: Luft Primäre Kühlmittelbewegung durch Eigenkühlung Sekundär freie Kühlung
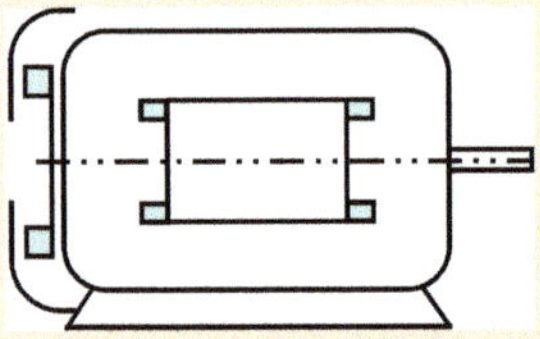	IC4A1A1	IC411	Oberflächenbelüftung Primäres und sekundäres Kühlmittel: Luft Primäre Kühlmittelbewegung durch Eigenkühlung Sekundäre Kühlmittelbewegung durch Eigenkühlung
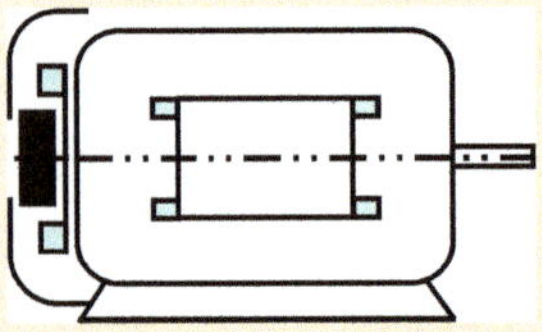	IC4A1A5	IC415	Oberflächenbelüftung Primäres und sekundäres Kühlmittel: Luft Primäre Kühlmittelbewegung durch Eigenkühlung Sekundäre Kühlmittelbewegung durch Fremdlüfter
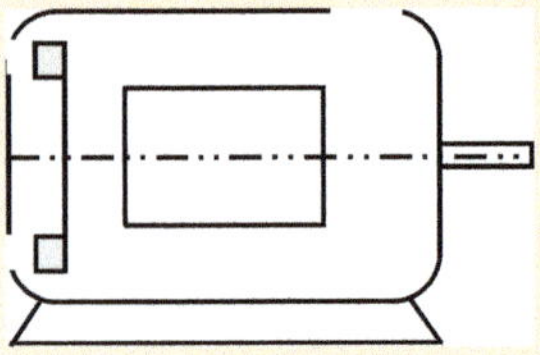	IC0A1	IC01	Freier Kühlkreis Kühlmittel: Luft Kühlmittelbewegung durch Eigenkühlung
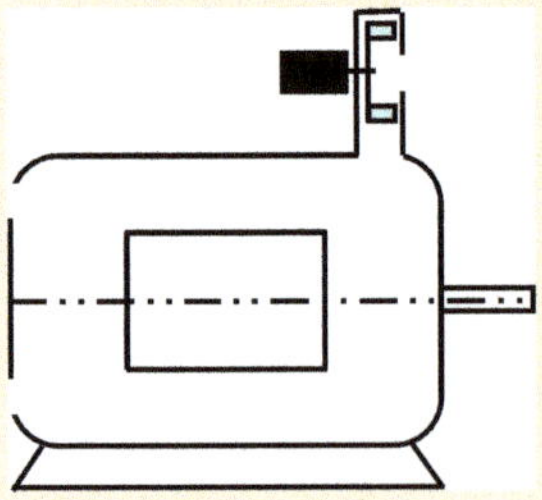	IC0A6	IC06	Freier Kühlkreis Kühlmittel: Luft Kühlmittelbewegung durch Fremdlüfter

1.2 Betriebsarten (Bemessungsklassen) [4]

Elektrische Maschinen werden auf unterschiedlichste Weise, z. B. von Dauerbetrieb bei Heizungs-Umwälzpumpen bis zu extremem Kurzzeitbetrieb bei diversen Heimwerkermaschinen, betrieben und genutzt. Da man i. d. R. bemüht ist, den Antrieb so auszulegen, dass er einerseits möglichst klein, leicht und billig bleibt und andererseits beim vorgesehenen Betrieb die zulässige Temperatur gerade noch nicht überschreitet, hat dies ebenfalls sehr früh zur Festlegung von Betriebsarten geführt.

Diese sind in DIN EN 60034-1 definiert und auszugsweise in Tabelle 1.7 wiedergegeben.

Darin sind, gegenüber früher, teilweise auch folgende neue Bezeichnungen eingeführt:

- Δt_P = Betriebszeit mit konstanter Belastung
- Δt_R = Stillstandzeit ohne Verluste
- Δt_D = Anlaufzeit
- Δt_F = Zeit mit elektrischer Bremsung
- Δt_V = Leerlaufzeit
- T_C = Spieldauer

Tabelle 1.7 Betriebsarten nach DIN EN 60034-1

Betriebsart	Verluste und Übertemperatur	Betriebsbedingungen, Erläuterungen
S1 Dauerbetrieb	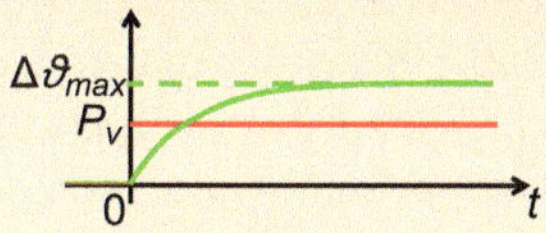	Betrieb mit konstanter Belastung P und Verlusten P_v, z. B. im Bemessungsbetrieb, der so lange ansteht, bis der Transformator bzw. die Maschine, ihren thermischen Beharrungszustand $\Delta\vartheta_{max}$ erreicht. Das Gerät kann dann pausenlos so betrieben werden, ohne dass seine zulässige Maximaltemperatur $\Delta\vartheta_{max} \leq \Delta\vartheta_{zul}$ überschritten wird.
S2 Kurzzeitbetrieb	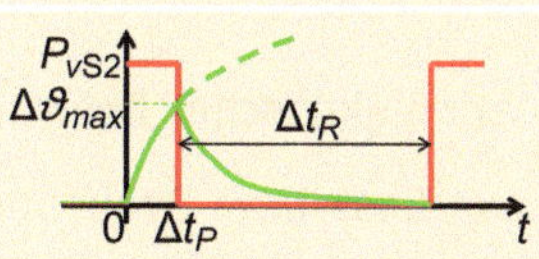	Der Maschine kann innerhalb einer festgelegten Zeit Δt_P eine höhere Leistung P_{S2} bei höheren Verlusten P_{vS2} entnommen werden. Dabei darf am Belastungsende die zulässige Maximaltemperatur $\Delta\vartheta_{zul}$ noch nicht überschritten werden. Vor einer erneuten Belastung muss die Maschine wieder vollständig abgekühlt sein, was laut Norm dann der Fall ist, wenn ihre Temperatur um max. 2 K von der des umgebenden Kühlmittels abweicht.

Tabelle 1.7 Betriebsarten nach DIN EN 60034-1 (*Fortsetzung*)

Betriebsart	Verluste und Übertemperatur	Betriebsbedingungen, Erläuterungen
S3, S4, S5 Periodische Aussetzbetriebe Beispiel: S4 25 %, J_{ges} = 0,8 kgm²	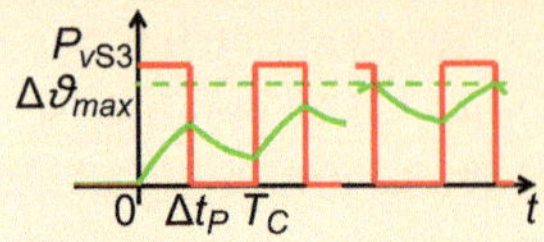	Der Betrieb setzt sich aus einer Folge identischer Lastzyklen der Spieldauer T_C zusammen. Dabei wird die Maschine in der Belastungsphase Δt_P konstant belastet und die restliche Zeit abgeschaltet. Angegeben wird dazu die Zyklusdauer T_C und die relative Einschaltdauer $\Delta t_P/T_C$. Nach einer endlichen Folge von Lastzyklen stellt sich ein periodischer Temperaturverlauf ein, bei dem der Maximalwert die zulässige Temperatur aber nicht überschreiten darf. S3: An- u. Auslauf sind nicht temperaturrelevant. S4: Anlauf trägt merklich zur Erwärmung bei. S5: An- und Auslauf tragen zur Erwärmung bei. Daher muss bei den Betriebsarten S4 und S5 zusätzlich das auf die Motorwelle bezogene maximale Trägheitsmoment des Systems angegeben werden.
S6 Unterbrochener periodischer Betrieb	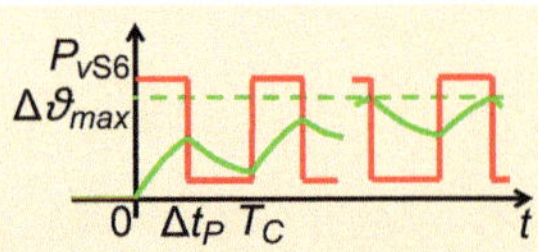	Der Betrieb setzt sich aus einer Folge identischer Lastzyklen der Spieldauer T_C zusammen. Dabei wird die Maschine in der Belastungsphase Δt_P konstant belastet und die restliche Zeit im Leerlauf betrieben. Angegeben wird dabei die Zyklusdauer T_C und die relative Belastungsdauer $\Delta t_P/T_C$. Nach einer endlichen Folge von Lastzyklen stellt sich ein periodischer Temperaturverlauf ein, bei dem die zulässige Temperatur nicht überschritten werden darf.

Über die in Tabelle 1.7 aufgeführten Betriebsarten sind in DIN EN 60034-1 noch weitere Betriebsarten, so z. B.:

- S7 Ununterbrochener periodischer Betrieb mit elektrischer Bremsung,
- S8 Ununterbrochener periodischer Betrieb mit Last- bzw. Drehzahländerungen,
- S9 Betrieb mit nichtperiodischen Last- und Drehzahländerungen,
- S10 Betrieb mit einzelnen konstanten Belastungen

definiert, die in der Praxis zwar gelegentlich vorkommen, im Zeitalter der drehzahlvariablen Antriebe aber doch nur selten spezifiziert werden.

Daher hat sich hier parallel zu den Betriebsarten die Methode der äquivalenten Momente bzw. Leistungen etabliert, nach der die Anwender ihren Antrieb dann wieder einfach aus den gut verfügbaren Standardlisten der Normmotoren für Dauerbetrieb auswählen können.

Diese Betrachtung wird ausführlich in Abschnitt 8.3.3.5 begründet und diskutiert.

1.3 Isolierstoffklassen [5, 6, 9]

Elektrische Maschinen bestehen aus

- eher temperaturunkritischen aktiven Teilen und Konstruktionselementen, wie Eisen, Kupfer, Aluminium, usw. und
- eher temperaturkritischen passiven Teilen, wie z. B. Isolationen, Kabel und Lager.

Zur Sicherstellung einer Mindestbetriebsdauer müssen daher insbesondere die zulässigen Höchsttemperaturen aller verarbeiteten Werkstoffe beachtet werden.

Dazu wird bei der Auslegung von elektrischen Maschinen die höchste zulässige Temperatur vorgegeben und damit die Isolierstoffklasse der Maschine festgelegt. Die eingesetzten Materialien müssen dann mindestens diese Isolierstoffklasse aufweisen, können aber auch für eine höhere Temperatur geeignet sein. Letzteres wird häufig dann vorgesehen, wenn gewisse Reserven, eine besonders hohe Betriebssicherheit oder eine längere Betriebsdauer gewünscht werden.

Wird die Erwärmung von elektrischen Maschinen wie üblich durch die Widerstandszunahme in Wicklungen ermittelt, so gelten für diese „mittlere“ Höchsttemperatur reduzierte Maximalwerte.

Ebenso müssen wichtige Maschineneigenschaften für vereinbarte, nachgewiesene oder laut Norm festgelegte Bezugstemperaturen angegeben werden.

Dabei verliert die Isolierstoffklasse A bei Industrieanwendungen zunehmend an Bedeutung, ist aber im Bereich der Energieversorgung noch weiterhin aktuell.

Tabelle 1.8 gibt einen Überblick über die derzeit gültigen bzw. gebräuchlichen Werte der Höchst- bzw. Bezugstemperaturen für die Standard-Betriebsdauer von $t_{LN} = 20\,000$ h.

Tabelle 1.8 Isolierstoffklassen, zulässige Höchst- und übliche Bezugstemperaturen

Isolierstoffklasse	A	E	B	F	H
Grenztemperatur der Isolierstoffe in °C	105	120	130	155	180
höchste Temperatur aus Widerstandsmessung in °C	100	115	120	145	165
Bezugstemperaturen bei rotierenden Maschinen in °C	–	–	95	115	135
gebräuchliche Bezugstemperaturen bei Transf. in °C	80	95	100	125	145

Bei Abweichungen von der Bemessungs-Betriebsdauer t_{LN} lässt sich die dann zulässige Temperatur ϑ auf der Grundlage des Gesetzes von Arrhenius bzw. mithilfe der Montsinger'schen Regel (auch als 8 K- bzw. 10 K-Gesetz bekannt) auf andere Nutzungsdauern t_L, und umgekehrt, umrechnen.

Danach gilt für die mögliche Betriebsdauer t_L bei der vorgegebenen Temperatur ϑ

$$t_L = t_{LN} \cdot 2^{-\frac{\vartheta - TI}{T_{1/2}}} \tag{1.1}$$

mit

TI = Temperaturindex des betrachteten Stoffes ≥ zul. Grenztemperatur gemäß Einstufung

t_{LN} = Bemessungs-Betriebsdauer bei Grenztemperatur = 20 000 h

$T_{1/2}$ = Halbwertszeit-Temperaturintervall: 8 K für die Isolierstoffklasse A, 10 K für die Isolierstoffklassen E und F und 12 K für die Isolierstoffklasse H

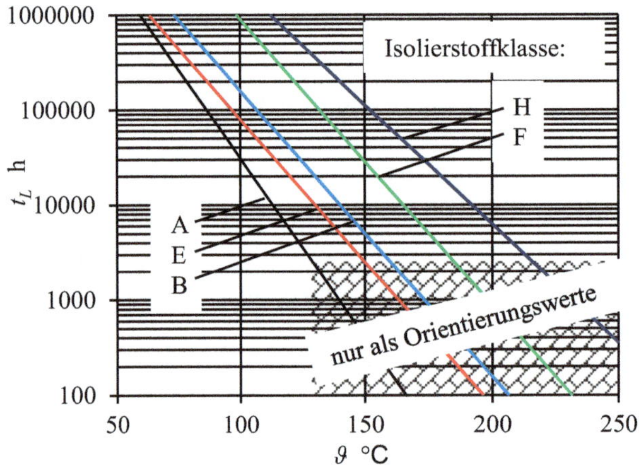

Bild 1.3 Nutzungsdauer in Abhängigkeit von der Betriebstemperatur

Dazu zeigt Bild 1.3 die zu erwartende Nutzungsdauer in Abhängigkeit von der Isolierstofftemperatur (Heißpunkttemperatur) bei den wichtigen Isolierstoffklassen A, E, B, F und H für elektrische Maschinen.

Auf dieser Basis lassen sich dann z. B. auch kurzzeitige Temperaturüberschreitungen (Störfälle) hinsichtlich des Lebensdauerverbrauches bewerten, oder man kann Versuche im sog. Zeitrafferverfahren durchführen.

So entspricht ein Versuch mit 50 K Übertemperatur in den Isolierstoffklassen E, F über ca. 1 Monat einem Dauerversuch bei Grenztemperatur mit ca. t_{LN} = 20 000 h.

Bedingung für die Zulässigkeit des Zeitrafferverfahrens ist, dass sich der Stoff bei der Testtemperatur noch nicht anderweitig chemisch oder physikalisch gegenüber seinem Zustand bei Grenztemperatur verändert.

Insbesondere sind daher bei Betriebszeiten unter 2500 h auch alle anderen physikalischen und chemischen Stoffeigenschaften, sowie ggf. Vorgaben zum Brand- und Explosionsschutz, zu beachten, die ja durch die angegebenen Gleichungen und Kennlinien nicht erfasst werden.

Für seriöse Aussagen sollte daher die Testtemperatur möglichst im Bereich $\vartheta - TI \leq 3\,T_{½}$ gewählt werden, was dann einem maximalen Zeitmultiplikator von ≤ 8 entspricht.

Ohne Einschränkungen gilt der o. g. Zusammenhang aber bei Temperaturen, die kleiner als der Temperaturindex des betrachteten Werkstoffes $\vartheta < TI$ sind, was u. a. bei angestrebten Betriebszeiten größer als die Bemessungs-Betriebsdauer $t_L > t_{LN} = 20\,000$ h erforderlich ist.

Beispiel 1.1

Verteilertransformatoren werden üblich für einen 30-jährigen Dauerbetrieb ausgelegt.

Welche Dauerbetriebstemperatur dürfen die darin verbauten Isolierstoffe der Isolierstoffklasse A dann maximal aufweisen?

Lösung:

Für die Isolierstoffe der Isolierstoffklasse A gilt:

$TI = 105°C$, $T_{1/2} = 8$ K, $t_{LN} = 20\,000$ h, $t = 30$ a = 30 · 365 · 24 h = 262 800 h.

Damit folgt nach Formel 1.1, umgestellt nach der maximal zulässigen Temperatur ϑ

$$\vartheta_{\max} \leq TI + 8\,\mathrm{K} \cdot \frac{\ln\left(t_{LN}/t\right)}{\ln 2} = 105°\mathrm{C} - 8\,\mathrm{K} \cdot 3,7159 = 75,273°\mathrm{C} \approx 75°\mathrm{C}$$

Die Dauerbetriebstemperatur der eingesetzten Isolierstoffe mit der Isolierstoffklasse A darf somit 75°C nicht überschreiten.

Aufgabe 1.1

Ein neuer Isolierstoff für die Isolierstoffklasse F soll schnellstmöglich im sog. Zeitrafferverfahren bei 185°C im Klimaschrank getestet werden.

Wie lange müssen die Proben dann im Klimaschrank gelagert werden?

Ergebnis:

Zeit im Klimaschrank $t_L = 2500$ h ≈ 3,5 Monate

2 Einleitung

Praktisch alle beim Betrieb elektrischer Maschinen anfallenden Verluste werden in Wärme umgesetzt. Da diese Eigenerwärmung durch die festgelegte Isolierstoffklasse und erwartete Nutzungsdauer nach oben begrenzt ist, müssen die Verluste:

- **entweder konstruktiv klein gehalten werden**

  Erreichen lässt sich dies bei bereits optimierten Konzepten nur durch den Einsatz von mehr bzw. höherwertigem Material. Dies führt dann i. d. R. zu meist größeren und/oder teureren Maschinen, was aber unter Berücksichtigung der Verlustkosten (Verlustkapitalisierung) insbesondere bei großen bzw. über lange Zeit genutzten Maschinen wirtschaftlich zunehmend durchaus vorteilhaft sein kann.

  Ebenso kann man bei Gleichstrom- bzw. Synchronmaschinen die verlustbehaftete elektrische Erregung evtl. durch moderne Hochenergie-Dauermagnete (SE-Magnete) ersetzen, die im Betrieb dann kaum Verluste aufweisen.

  Darüber hinaus gibt es auch Versuche, bestimmte Verluste durch den Einsatz von sog. Hochtemperatur-Supraleitern, z. B. durch supraleitende Erregerwicklungen bei großen Synchronmaschinen, möglichst ganz zu vermeiden.

- **und/oder sie müssen entsprechend wirksam aus der Maschine abgeführt werden.**

  Dies lässt sich durch geeignete Kühlmaßnahmen erreichen, wozu z. B. bei elektrischen Maschinen eine ganze Reihe von Möglichkeiten zur Verfügung stehen, wie

  - natürliche Luftkühlung,
  - forcierte Luftkühlung,
  - Wasserstoffkühlung,
  - indirekte Flüssigkeitskühlung (Öl, Wasser, Kühlmittel),
  - direkte Flüssigkeitskühlung (Öl, Wasser, Kühlmittel),
  - Siedekühlung in Kältemitteln.

Da aus wirtschaftlichen Gründen die zulässigen Grenztemperaturen zunehmend ausgenutzt werden, kommt der thermischen Kontrolle, Berechnung und Optimierung bei den elektrischen Maschinen und Geräten eine wachsende Bedeutung zu.

Dabei haben sich in der Praxis, je nach Situation und Anforderungen, unterschiedliche Vorgehensweisen bewährt.

2.1 Analogiebetrachtungen, Wachstumsgesetze [9, 10]

Innerhalb von Maschinenreihen mit bekannten Werten für einzelne konkrete Ausführungen lassen sich die zu erwartenden Eigenschaften geometrisch ähnlicher Maschinen mit lediglich geänderten Abmessungen einfach und zuverlässig auf der Grundlage von physikalisch gesicherten Wachstumsgesetzen umrechnen. Dies gilt somit auch für die Kühlbedingungen bzw. Temperaturen. Dabei kann man mit geeigneten Trendvorgaben auch spezielles Firmen-Know-how, oder mit Korrekturfaktoren Änderungen der Kühlintensität, z. B. als Folge von Drehzahländerungen etc., berücksichtigen.

Die diesbezüglich konkreten Zusammenhänge und die Vorgehensweise werden ausführlich in Kapitel 4 besprochen.

Leider funktioniert diese einfache und sichere Möglichkeit nicht, wenn, z. B. in der Angebotsphase neuer Ausführungen oder aus anderen Gründen, keine repräsentative, zuverlässige Mess- oder Rechenwerte bekannt sind.

Dann müssen die zu erwartenden Eigenschaften bzw. Temperaturen aus den geplanten bzw. vorgegebenen konstruktiven Abmessungen und Werkstoffen auf der Grundlage physikalischer Gesetze möglichst realistisch berechnet bzw. abgeschätzt werden.

2.2 FEM-Simulationen

Besonders aussichtsreich erscheinen dazu Berechnungen mithilfe der Finite-Elemente-Methode (FEM). Tatsächlich weichen aber auch die damit berechneten Temperaturwerte in der Praxis oft deutlich von den dann später im Versuch festgestellten Messwerten ab, was in erster Linie auf die großen Unsicherheiten bei der hierzu lokalen Festlegung der Wärmeübergänge und der ebenfalls lokalen Strömungsverhältnisse bei den meist flüssigen bzw. gasförmigen Kühlmitteln zurückzuführen ist.

Erst mithilfe von sog. Multiphysik-FEM-Simulationen (MP-FEMS), bei denen üblich iterativ parallel elektromagnetische, thermische, strömungstechnische und ggf. auch noch mechanische Festigkeits- und akustische FEM-Simulationen durchgeführt werden, lassen sich diese Unsicherheiten neuerdings deutlich reduzieren.

Allerdings erfordern diese MP-FEMS jeweils spezielle FEM-Software für die einzelnen Spezialdisziplinen mit einer automatisierten Werteübergabe zwischen den unterschiedlichen Teilaufgaben und eine sehr hohe verfügbare Rechenleistung für akzeptable Rechenzeiten.

Sie sind daher aktuell vorwiegend nur in Forschungsinstituten bzw. Großkonzernen verfügbar und werden im Rahmen dieses Buches nicht weiter betrachtet.

2.3 Wärmeschaltbilder, thermische Ersatzschaltungen [7, 8, 9]

Daher wird hier nachfolgend, neben den Wachstumsgesetzen, ein anderes, ebenfalls bewährtes Verfahren vorgestellt, bei dem sich die physikalischen Zusammenhänge jeweils durch überschaubare Netzwerke aus meist wenigen konzentrierten Einzelelementen in Form einer sog. thermischen Ersatzschaltung, auch als Wärmeschaltbild bezeichnet, darstellen lassen.

Dazu werden, ausgehend von den Verlustmechanismen, den Kühlungs- und den Betriebsarten, die physikalischen Grundlagen der Erwärmung, der Wärmeausbreitung und der Wärmeübergänge besprochen und daraus jeweils geeignete thermische Ersatzschaltungen entwickelt, die sich analog zur Vorgehensweise bei elektrischen Netzwerken auch sehr übersichtlich quantitativ auswerten lassen.

Beispielhaft wird dies für Transformatoren und Asynchronmaschinen in unterschiedlichen Kühlungs- und Betriebsarten ab Kapitel 6 konkret gezeigt.

Auch für die anderen wichtigen Maschinenarten lassen sich diese Wärmeschaltbilder entweder direkt übernehmen, wie z. B. für die Elektronikmotoren (≙ Transformator), die elektrisch bzw. permanent erregten Synchronmaschinen, sowie die Reluktanzmaschinen (≙ Asynchronmaschine), oder für die Gleichstrom- bzw. Stromwendermaschinen in analoger Form entwerfen.

Letztere werden hier wegen ihrer praktisch abnehmenden Bedeutung aber nur der Vollständigkeit halber angegeben und nicht in konkreten Zahlenbeispielen ausgewertet.

Für die konkrete Berechnung der an unterschiedlichen Stellen in der Maschine auftretenden Verluste wird auf die dazu ausführliche Literatur zur Berechnung und Auslegung „Elektrischer Maschinen“ verwiesen, die daher hier als bekannt vorausgesetzt wird.

Alternativ werden diese Werte oft auch durch standardisierte Messungen, gemäß den entsprechenden Normen, im Prüffeld bestimmt.

Demgegenüber ändern sich die Verluste, wie auch die anderen Elemente der thermischen Ersatzschaltung, meist in charakteristischer Weise mit der Temperatur selbst, sodass diese weniger bekannten Einflüsse zusätzlich in Kapitel 5 ausführlicher angegeben und diskutiert werden.

Darüber hinaus lassen sich die ebenfalls sehr ausführlich besprochenen Wärmeübergänge vorteilhaft auch bei den einfachen thermischen FEM-Simulationen berücksichtigen, wodurch sich deren erreichbare Rechengenauigkeit oft deutlich verbessert.

Die sehr aufwendigen MP-FEMS lassen sich damit dann manchmal sogar vermeiden.

3 Physikalische Grundlagen, Materialeigenschaften

3.1 Physikalische Grundlagen [9, 10, 11, 12]

Allgemein gilt für den zeitlichen Verlauf der räumlichen Temperaturverteilung und der Wärmeausbreitung in materiellen Körpern die sog. Wärmeleitungsgleichung

$$\operatorname{div}(\lambda \operatorname{grad}\vartheta) + \begin{matrix} 0 \\ p_v\left(\vec{r};t\right) \end{matrix} = c\rho\frac{\partial\vartheta}{\partial t} \tag{3.1}$$

die so eine

- homogene, partielle Differentialgleichung in Gebieten ohne Verluste bzw.
- inhomogene, partielle Differentialgleichung in Gebieten mit Verlusten

darstellt.

Demnach gehorchen die Temperaturfelder den gleichen Grundgesetzen wie die elektrischen Strömungsfelder und können daher auch völlig analog behandelt werden.

Insbesondere kann man entsprechende thermische Basiselemente definieren und das physikalische Zusammenwirken in einem thermischen Ersatzschaltbild, dem sog. Wärmeschaltbild, darstellen.

Die Auswertung erfolgt dann unter Berücksichtigung von analogen Kirchhoff'schen Sätzen für die Wärmeströme und die Temperaturunterschiede bzw. Temperaturgefälle.

Als Besonderheit wird die Verlustwärme bei den elektrischen Maschinen und Geräten i. d. R. letztendlich über flüssige oder gasförmige Stoffe an die Umgebung abgegeben. Die sich dabei einstellenden Strömungsverhältnisse und die daraus resultierende Kühlwirkung werden, unabhängig davon, ob durch natürliche oder erzwungene Konvektion verursacht, durch die mathematisch sehr anspruchsvolle Navier-Stokes-Gleichung beschrieben,

$$\rho \left[\frac{\partial \vec{v}}{\partial t} + (\vec{v} \cdot \text{grad})\, \vec{v} \right] = -\text{grad}\, p + \mu \Delta \vec{v} + (\mu + \lambda)\ \text{grad}\,\text{div}\, \vec{v} + \vec{f} \tag{3.2}$$

in die als wesentliche Einflussgrößen die Stoffdichte ρ, der Druck p, die relative Geschwindigkeit $\vec{v}$, evtl. lokal wirksame Kraftdichten $\vec{f}$, die dynamische Viskosität μ und die 1. Lamé-Konstante λ ($\neq$ Wärmeleitfähigkeit) eingehen.

Da für diese Gleichung bis heute keine allgemein gültigen, analytischen Lösungen bekannt sind, kann und muss sie, insbesondere auch bei den MP-FEMS, stets mit sehr hohem rechnerischem Aufwand numerisch gelöst werden. Dazu muss dann auch die reale Geometrie der kühlenden Flächen exakt bekannt und modelliert werden, was z. B. bei den hier besonders kritischen Wickelköpfen der elektrischen Maschinen in der Serie oft nicht reproduzierbar möglich ist.

Erfreulicherweise muss diese Gleichung bei den hier nachfolgenden Betrachtungen aber nicht allgemein gelöst werden, da sie bei den thermischen Ersatzschaltungen nur über die sog. Wärmeübergangszahlen (WÜZ) an den Grenzflächen zwischen festen und flüssigen bzw. gasförmigen Bereichen maßgeblich in Erscheinung tritt.

Allerdings müssen dann im Gegenzug die WÜZ für die unterschiedlichen Kühlsituationen stets situationsabhängig, meist basierend auf Messungen, definiert und berücksichtigt werden.

Die möglichst präzise Festlegung dieser stark situationsabhängigen WÜZ bildet daher einen zentralen Schwerpunkt bei den später besprochenen Grundlagen der thermischen Analyse, da von ihnen die Genauigkeit jeder thermischen Berechnung maßgeblich abhängt.

3.2 Materialeigenschaften gebräuchlicher Werkstoffe

Alle im Rahmen dieser Betrachtungen benötigten, wichtigen Materialeigenschaften über gebräuchliche Werkstoffe für elektrische Maschinen und deren Umgebung sind nach bestem Wissen aus einer Vielzahl von Quellen nachfolgend in Tabelle 3.1 bis Tabelle 3.8 zusammengestellt. Die Werte gelten überwiegend bei 20°C, lediglich bei den wichtigen Kühlmitteln sind auch deren Werte bei anderen Temperaturen angegeben.

Sofern erforderlich, müssen die Werte mithilfe entsprechender Temperaturkoeffizienten oder erweiterten Tabellen für abweichende Einsatz- bzw. Betriebstemperaturen umgerechnet bzw. korrigiert werden.

Leider unterscheiden sich manche Angaben in den unterschiedlichen Quellen leicht, was evtl. auf dort oft nicht spezifizierte Bezugstemperaturen zurückgeführt werden kann. Darüber hinaus existieren, z. B. bei Mehrstoffsystemen, oft eine Vielzahl von ähnlichen Rezepten mit dann auch ähnlichen Werkstoffeigenschaften, sodass für diese hier auch nur ein Wertebereich angegeben werden kann.

Fazit: Die nachfolgenden Angaben sind daher nur als Orientierungswerte zu verstehen, für die weder der Autor noch der Verlag irgendwelche Garantien übernehmen.

Im konkreten Fall sind somit stets die korrekten und garantierten Werte der Hersteller bzw. Lieferanten zu berücksichtigen.

Hinweis: Zur besseren/einfacheren Zuordnung sind die Quellen zu den Materialeigenschaften hier direkt bei den einzelnen Tabellen mit angegeben.

Tabelle 3.1 Typische Eigenschaften wichtiger Leiterwerkstoffe und Metalle

Werkstoff	Dichte in kg/m^3	Wärmeleitfähigkeit in W/(m·K)	spezif. Wärme in Ws/(kgK)	elektr. Leitfähigkeit in $m/(\Omega mm^2)$	Temperat.-Koeffizient $*10^{-3}$ in K^{-1}
Aluminium (E-Al)	2700	204	921	36	4,08
Rotor-Aluminium	2670	195	850	33	5,2
AlSi-Leg. (Leg. 231)	2650	159	880	18	2,6
Blei	11300	34,7	130	4,8	4,22
Bronze CuSn4	8850	90	377	11,8	1
Chrom	7190	69	452	6,7	3,0
Eisen (rein)	7870	75	460	10	6,57
Stahl	7850	52	480	7	5
Edelstahl (V2A)	7900	14	500	1,35	1,05
Gusseisen	7250	54	545	1,1	4,5
Gold	19300	295	130	45,7	3,98
Kupfer (E-Cu)	8900	385	385	56	3,92
Lithium	534		294	11,7	4,9
Magnesium	1740	172	1047	22,7	4,1
Messing CuZn40	8440	123	377	15	1,8
Neusilber CuNi18Zn20	8700	32	380	3,3	
Nickel	8850	59	461	10,5	5,5
Platin	21500	70	134	10,2	3,8
Silber	10500	426	234	60	4,1

Tabelle 3.1 Typische Eigenschaften wichtiger Leiterwerkstoffe und Metalle (*Fortsetzung*)

Werkstoff	Dichte in kg/m³	Wärmeleitfähigkeit in W/(m·K)	spezif. Wärme in Ws/(kgK)	elektr. Leitfähigkeit in m/(Ωmm²)	Temperat.-Koeffizient $*10^{-3}$ in K^{-1}
Titan	4540	15,5	528	1,25	5,46
Vanadium	6120	31,4	503	3,8	3,9
Wolfram	19300	130	142	18,2	4,6
Zink	7140	113	394	16	4,2
Zinn	7280	65,7	226	8,7	4,63
Konstantan	8900	49	410	2,04	0,04
Manganin	8400	22	406	2,33	0,01
Nickelin	8800	25	398	2,5	0,15

Quellen:
Dubbel, Taschenbuch für den Maschinenbau, 19. Auflage, Springer
Tabellenbuch Elektrotechnik, 21. Auflage, Europa Lehrmittel
VDI Wärmeatlas, 9. Auflage, Springer
https://www.electrical-contacts-wiki.com/index.php/Physikalische_Eigenschaften_der_wichtigsten_Metalle

Tabelle 3.2 Typische Eigenschaften wichtiger Elektrobleche und Magnetwerkstoffe

Sorte	Dichte in kg/m³	Wärmeleitfähigkeit in W/(m·K)	spezif. Wärme in Ws/(kgK)	elektr. Leitfähigkeit in m/(Ωmm²)
M235-35A	7600	20	460	1,7
M250-50 A	7600	20	460	1,7
M330-50 A	7650	25	460	2
M400-50 A	7700	29	460	2,4
M530-50 A	7700	34	460	2,8
M800-50 A	7800	46	460	4,4
M 150-30 S (kornor.)	7650	26	460	2,1
Ferrit (MnZn)	4700–4900	4–7	500–900	$< 10^{-4}$
SE-Magnet (NdFeB)	7500–7800	5–15	350–550	0,63–0,83

Quellen:
Firmenunterlagen, EBG Bochum, jetzt ThyssenKrupp Steel AG, Werk Bochum
Datenblätter, Cogent, jetzt Tata Steel
Carl Heck, Weichmagnetische Werkstoffe, 2. Auflage, Hüthig Verlag
techn. Unterlagen, Dauermagnete, Vacuumschmelze GmbH & Co. KG, Hanau

Tabelle 3.3 Typische Eigenschaften von wichtigen Kühlmitteln

Kühlmittel	Temperatur in °C	Dichte in kg/m^3	Wärmeleitfähigkeit in W/(m·K)	spezif. Wärme in Ws/(kgK)	kinemat. Viskosität in $*10^{-6}$ m^2/s
Luft	-20	1,377	0,02263	1007	11,78
	0	1,275	0,02418	1006	13,52
	20	1,188	0,02569	1007	15,35
	40	1,112	0,02716	1007	17,26
	60	1,045	0,0286	1009	19,27
	80	0,9859	0,03001	1010	21,35
	100	0,9329	0,03179	1012	23,51
	120	0,8854	0,03275	1014	25,75
	140	0,8425	0,03408	1016	28,07
Trafo-Öl (Diala S4 ZX-I)	0	820,1	0,145	2009	50
	20	805	0,143	2182	17
	40	789,7	0,142	2273	8
	60	774,2	0,14	2365	4,5
	80	758,7	0,138	2457	3
	100	743	0,137	2548	2,4
	120	727,2	0,135	2640	2
Wasser	10	999,7	0,59	4195	1,306
	20	998,21	0,5985	4185	1,003
	30	995,65	0,6155	4180	0,801
	40	992,22	0,6306	4179	0,658
	50	988,05	0,6436	4180	0,553
	60	983,21	0,6544	4183	0,474
	70	977,78	0,6631	4188	0,413
	80	971,8	0,67	4196	0,365
	90	965,32	0,6753	4205	0,326

Tabelle 3.3 Typische Eigenschaften von wichtigen Kühlmitteln (*Fortsetzung*)

Kühlmittel	Temperatur in °C	Dichte in kg/m^3	Wärmeleitfähigkeit in W/(m·K)	spezif. Wärme in Ws/(kgK)	kinemat. Viskosität in $*10^{-6}$ m^2/s
Glykol/Wasser (Glysofor-N) 40% Glykolanteil Frostschutz bis -25°C	-20	1077	0,4	3340	17,09
	0	1068	0,415	3470	6,84
	20	1059	0,43	3580	3,18
	40	1049	0,445	3670	1,72
	60	1037	046	3740	1,07
	80	1025	0,475	3790	0,78
	100	1013	0,49	3810	0,66

Quellen:
VDI-Wärmeatlas, 9. Auflage, Springer
Firmenunterlagen Fa. Shell
Technische Unterlagen Fa. Wittig Umweltchemie GmbH

Tabelle 3.4 Typische Eigenschaften einiger Kältemittel

Bezeichnung	Temp. in °C	Druck in bar	Dichte in kg/m^3		Enthalpie in kJ/kg		Entropie in J/(kgK)	
			flüssig	gasförmig	flüssig	gasförmig	flüssig	gasförmig
R 134a	-20	1,327	1358,3	6,785	173,64	386,55	0,9003	1,7413
	0	2,928	1294,8	14,43	200,0	398,6	1,0	1,7271
	20	5,717	1225,3	27,78	227,47	409,75	1,0962	1,7180
	40	10,17	1146,7	50,09	256,41	419,43	1,1905	1,7111
	60	16,82	1052,9	87,38	287,50	426,63	1,2848	1,7024
R 290	-20	2,445	554,45	5,505	151,36	552,13	0,8168	2,399
	0	4,745	528,59	10,35	200,0	574,87	1,0	2,3724
	20	6,366	514,73	13,78	225,4	585,67	1,0903	2,3626
	40	13,69	467,46	30,17	307,15	614,21	1,3594	2,3399
	60	21,17	427,97	49,49	368,16	627,36	1,5429	2,3210
R 600a	-20	0,725	602,88	2,069	155,3	527,61	0,8306	2,3013
	0	1,57	580,58	4,257	200,0	554,34	1,0	2,2972
	20	3,022	556,86	7,913	246,88	581,21	1,1647	2,3051
	40	5,312	531,19	13,67	296,28	607,8	1,3263	3,3211
	60	8,692	502,71	22,43	348,66	633,53	1,4863	2,3414

Quellen:
VDI-Wärmeatlas, 9. Auflage, Springer
https://www.tega.de/de/r134a
https://www.tega.de/de/r290
https://www.tega.de/de/r600a

Tabelle 3.5 Typische Eigenschaften wichtiger elektrischer Isolierstoffe

Isolierstoff	Dichte in kg/m^3	Wärmeleitfähigkeit in W/(m·K)	spezif. Wärme in Ws/(kgK)	Spannungsfestigkeit in kV/mm	spez. Widerst. in Ωcm
Schichtstoffe					
Hartpapier	1150–1420	0,23–0,28	1400–1450	20–30	10^{10}
Hartgewebe	1350	0,34		6,5	10^{8}
Lackglasseide	1400				10^{12}
Pressspan	1000–1400	0,18–0,19	1200	10–13	
Silikonglasseide	1500			30	10^{11}
Glimmererzeugnisse					
Mikanit	2000–2600			20–30	
Naturglimmer	2500–3200	0,67		30–70	10^{17}
Synt. Glimmer	3000	0,35		20	10^{14}
Zellulose					
Zelluloseacetat	1200–1300	0,26		15	10^{11}
Zellulose-acetobutyrat	1200	0,21		20	10^{13}
Harze					
Epoxidharz	1100–1400			35	10^{14}
Phenolharz	1250	0,2		20	10^{12}
Polyesterharz	1300	0,24		10–15	10^{11}
Silikonharz	1650			20–70	10^{15}
Tränkharz typisch	1000	0,2	1000–1200		
Gießharz ungefüllt	950–1100	0,2	1000–1200		
Gießharz gefüllt	1400–2200	0,6–1,54	1200–1600		
Glas und Keramik					
Glas	2500–2900	0,6–1,1	720		
Porzellan	2300–2600	0,8–1,9	730		
Quarzglas	2100–2500	1,4	1050		

Tabelle 3.5 Typische Eigenschaften wichtiger elektrischer Isolierstoffe (*Fortsetzung*)

Isolierstoff	Dichte in kg/m³	Wärmeleitfähigkeit in W/(m·K)	spezif. Wärme in Ws/(kgK)	Spannungsfestigkeit in kV/mm	spez. Widerst. in Ωcm
Sonstige					
Naturkautschuk	1100	0,17		25	10^{15}
Polytetrafluorethylen	2100	0,24		20–40	10^{18}
Polycarbonat	1200	0,2		20	10^{15}
PVC	1160–1550	0,15–0,23	850	40	10^{13}
Steatit	2700	2-3	800-900	30–45	10^{12}

Quellen:
Tabellenbuch Elektrotechnik, 21. Auflage, Europa Lehrmittel
https://www.schweizer-fn.de/stoff/wleit_isolierung/wleit_isolierung.php

Tabelle 3.6 Typische Eigenschaften wichtiger thermischer Isolier- und Baustoffe (Werte bei 20°C, sofern nicht anders angegeben)

Stoff		Dichte in kg/m³	Wärmeleitfähigkeit in W/(m·K)	spezif. Wärme in Ws/(kgK)
Gipskartonplatten		900	0,21	
Gipswandbauplatten leicht		600	0,29	
Gipswandbauplatten schwer		900	0,41	
Glaswolle		100–50	0,035–0,05	
Hartgummi		1150	0,12–0,16	
Hartpappe		790	0,15	
Holz	Balsa	200	0,06–0,075	
	Buche	800	0,2	
	Eiche	800	0,2	
	Fichte	600	0,13	
	Kiefer	600	0,13	
	Linde	400–500	0,08–0,14	
	Zeder	300–400	0,075–0,12	

Stoff		Dichte in kg/m³	Wärmeleitfähigkeit in W/(m·K)	spezif. Wärme in Ws/(kgK)
Holzwoll-Leichtbauplatte		360–450	0,065–0,09	
Korkplatte		0,045–0,055	80–500	
Leichtbauplatte mit Faserschicht		50–250	0,04–0,045	
Mineralfaserplatte		15–150	0,039	
Mineralwolle		100–150	0,035–0,05	
Phenolharz-Hartschaum			0,030–0,045	
Plexiglas		1180	0,184	
Polystyrol-Partikelschaum			0,035–0,040	
Polyurethan-Hartschaum			0,020–0,040	
Schaumgummi		400–500	0,07–0,09	
Silikon rein		1200	0,35	
Silikon mit Füllstoff		1450	0,5	
Styropor (10°C)	PS 15	13,5	0,038	1470
	PS 30	27	0,034	1470
	PS 60	54	0,034	1470
Wandbauplatten (Gips)		600–1200	0,03–0,06	

Quellen:
Technische Daten Fa. Schlaadt HighCut GmbH
https://www.schweizer-fn.de/stoff/wleit_isolierung/wleit_isolierung.php

Tabelle 3.7 Typische Eigenschaften von sonstigen Baustoffen (Werte bei 20°C, sofern nicht anders angegeben)

Stoff	Dichte in kg/m³	Wärmeleitfähigkeit in W/(m·K)	spezif. Wärme in Ws/(kgK)
Asphalt	2000–2300	0,7–0,9	
Beton	2200–2400	1,6–2,1	
Blähton	500–800	0,24–0,34	1090
Eis (0°C)	918	2,21	2120

Tabelle 3.7 Typische Eigenschaften von sonstigen Baustoffen (Werte bei 20°C, sofern nicht anders angegeben) (*Fortsetzung*)

Stoff		Dichte in kg/m³	Wärmeleitfähigkeit in W/(m·K)	spezif. Wärme in Ws/(kgK)
Fette		920–940	0,21	1009
Gips		1200	0,35	1700–2100
Leder		860	0,12–0,15	
Hohlblocksteine		500–1400	0,29–0,73	
Kalksandstein		1000–2200	0,5–1,3	
Klinker		1800–2200	0,81–1,2	
Kork		400–800	0,08–0,2	2100–2900
Leichtbeton		600–2000	0,34–0,99	
Mörtel	Leichtmauermörtel	700	0,21	
	allg.	1600–2000	0,8–1,4	
Putz	Wärmedämmputz	200	0,06–0,1	
	allg.	700–1800	0,21–0,9	
Stahlbeton		2300	2,3	
Zementmörtel		2000	1,4	

Quelle:
https://www.schweizer-fn.de/stoff/wleit_isolierung/wleit_isolierung.php

Tabelle 3.8 Emissionszahlen wichtiger Werkstoffe

Werkstoff	Emissionszahl
Aluminium roh	0,07–0,087
Aluminium oxidiert	0,24
Aluminium eloxiert	0,55
Aluminium schwarz eloxiert	0,86
Aluminium sandgestrahlt	0,4
Aluminium poliert	0,03–0,1
Aluminium Sandguss	0,3

Werkstoff	Emissionszahl
Bronze unbearbeitet	0,55
Bronze poliert	0,1
Edelstahl	0,07
Eisen poliert	0,07–0,38
Eisen leicht oxidiert	0,3–0,7
Grauguss	0,94
Gusseisen	0,81
Gusseisen oxidiert	0,95
Gusseisen poliert	0,21
Kupfer handelsüblich	0,07
Kupfer matt	0,15
Kupfer oxidiert	0,8
Kupfer poliert	0,02
Messing matt	0,22
Messing poliert	0,05
Silber poliert	0,01–0,03
Stahlblech blank	0,65
Stahlblech oxidiert	0,75
Stahlblech verzinkt	0,07–0,08
Stahlblech emailliert	0,88
Stahl poliert	0,07–0,1
Stahl verrostet	0,85
Stahl verzinkt	0,22–0,28
Stahl galvanisiert	0,28
Stahl Federstahl	0,87
Lacke, Emaillelack	0,85–0,95
Lacke, Isolation, weiß	0,8–0,95
Lacke, Isolation, grau	0,84–0,91
Lacke, Isolation schwarz	0,96–0,98

Tabelle 3.8 Emissionszahlen wichtiger Werkstoffe (*Fortsetzung*)

Werkstoff	Emissionszahl
Lack, Elektro-, Isolier-	0,9–0,95
Klarlack	0,87
Heizkörperfarbe	0,9–0.93
Ölfarben	0,88–0,97
Gummi	0,86–0,95
Leder	0,75–0,94
Papier	0,65–0,97
Holz, Beton, Mauerwerk	0,9–0,94
Wasser	0,9–0,98

Quellen:
VDI-Wärmeatlas, 9. Auflage, Springer
Dubbel, Taschenbuch für den Maschinenbau, 19. Auflage, Springer
https://www.schweizer-fn.de/stoff/strahlungswaerme/strahlungswaerme.php
https://www.testo.com/de-DE/services/wissensdatenbank-thermografie-emissionsgradtabelle

4 Wachstumsgesetze

Innerhalb von Leistungsreihen, d. h. bei geometrisch ähnlichen Ausführungen, können, unabhängig von der Maschinenart, bei einer festgelegten Materialausnutzung insbesondere hinsichtlich der magnetischen Flussdichte B und der Stromdichte J, interessante Trendaussagen über wichtige Maschineneigenschaften gemacht werden, die man allg. als Wachstumsgesetze bezeichnet [7, 9, 10].

Beispielhaft wird dies in Tabelle 4.1 für praktisch besonders wichtige Fälle der Materialausnutzung gezeigt, wobei nur für einige wenige Abhängigkeiten, als Folge der nichtlinearen Magnetisierungseigenschaften in den Maschinen bzw. von unterschiedlichen Verlusttendenzen, keine allgemeinen Aussagen möglich sind.

Dabei gilt bei wachsenden Abmessungen

- die linke Zuordnung mit einer konstanten Materialausnutzung gewissermaßen als Idealfall des technisch möglichen,
- die mittlere Reihe bei konstanter Flussdichte und leicht abnehmender Stromdichte vorzugsweise im Bereich der Kleintransformatoren und -maschinen und
- die rechte Spalte, mit abnehmender Fluss- und Stromdichte, eher bei Großgeräten und -maschinen.

So kann man z. B. ausgehend von einer bekannten Ausführung der charakteristischen Länge l mit den dabei ebenfalls bekannten Eigenschaften $S, P, M, m, \ldots$ für eine geometrisch ähnliche Ausführung der geänderten Länge l^* mit dem Maßstabsfaktor

$$k = \frac{l^*}{l} \tag{4.1}$$

unter den Bedingungen der linken Spalte der nachfolgenden Tabelle 4.1, folgende neue Eigenschaften $S^* = k^4 \cdot S$, $P^* = k^4 \cdot P$, $M^* = k^4 \cdot M$, $m^* = k^3 \cdot m$, u. s. w. erwarten.

Diese Zusammenhänge dienen u. a. dem Entwurf von ähnlichen Maschinen mit proportional geänderten Abmessungen und/oder der Inter- bzw. Extrapolation bei bestehenden Maschinenreihen.

Tabelle 4.1 Beispiele für praktisch realisierbare Wachstumsgesetze

Eigenschaften			Materialausnutzung		
Formelzeichen	Bedeutung	Einheit	$B \approx$ const.	$B \approx$ const.	$B \sim 1/\sqrt{k}$
			$J \approx$ const.	$J \sim 1/\sqrt{k}$	$J \sim 1/\sqrt{k}$
S	Scheinleistung	VA, kVA	k^4	$k^{3,5}$	k^3
P	Wirkleistung	W	k^4	$k^{3,5}$	k^3
M	Drehmoment (bei konstanter Drehzahl)	Nm	k^4	$k^{3,5}$	k^3
m	Masse	kg	k^3	k^3	k^3
K_M	Materialkosten	€	k^3	k^3	k^3
P_v	Verluste Kupfer	W	k^3	k^2	k^2
P_v	Verluste Eisen	W	k^3	k^3	k^2
S_0	Leerlauf-Scheinleistung	VA, kVA	k^3	k^3	
A_K, A_S	Kühlflächen	m^2	k^2	k^2	k^2
$\Delta\vartheta$	Erwärmung bei konstanter Kühlintensität	K	k		1
α	Kühlintensität für konst. Erwärmung	$W/(m^2K)$	k		1
J	Trägheitsmoment (drehende Maschinen)	kgm^2	k^5	k^5	k^5
T_A	Anlaufzeit (nur drehende Maschinen)	s	k	$k^{1,5}$	k^2
	spez. Materialkosten	€/kVA	k^{-1}	$k^{-0,5}$	1
	spezifische Leistung	kVA/kg	k	$k^{0,5}$	1
i_0	relativer Leerlaufstrom	%	k^{-1}	$k^{-0,5}$	
s	Schlupf (nur Asynchronmaschinen)	%	k^{-1}	$k^{-1,5}$	k^{-1}
η	Wirkungsgrad	%	$\frac{k}{(k-1)\cdot\eta+1}$		$\frac{k}{(k-1)\cdot\eta+1}$

Beispiel 4.1

Unter den idealen Bedingungen $B = \text{const.}$, $J = \text{const.}$ sollen alle Abmessungen einer Maschine verdoppelt werden. Dabei hat die ursprüngliche Ausführung einen Wirkungsgrad von 90 %.

a) Welchen Wert hat der Skalierungsfaktor?
b) Um welche Faktoren ändern sich dadurch die Wirkleistung, die Masse bzw. die Materialkosten, die Kupfer- bzw. Eisenverluste, die Kühlflächen und der Wirkungsgrad?
c) Wie muss dazu die Kühlung intensiviert werden, damit sich die vergrößerte Maschine nicht stärker erwärmt?

Lösung:

a) Für den Skalierungsfaktor gilt $k = l^*/l = 2$.
b) Dabei gilt unter den vorgegebenen Bedingungen die linke Spalte in Tabelle 4.1 und somit

$$P^*/P = 2^4 = 16$$

$$m^*/m = K_m^*/K_m = P_{vCu}^*/P_{vCu} = P_{vFe}^*/P_{vFe} = 2^3 = 8$$

$$A_K^*/A_K = A_S^*/A_S = 2^2 = 4$$

$$\eta^*/\eta = \frac{2}{(2-1)\cdot 0,9+1} = 1,0526$$

bzw.

$$\eta^* = 1,0526 \cdot 0,9 = 0,94734 \approx 94,7\%$$

c) Dazu muss die Kühlintensität gemäß $\alpha^*/\alpha = k = 2$ also ebenfalls verdoppelt werden.

Beispiel 4.2

Bei dem in Bild 1.1 rechts dargestellten Kleintransformator EI 84b mit seiner Bemessungsleistung $P_N = 100\,\text{VA}$ und den Verlusten $P_{vCu} = 10,5\,\text{W}$ bzw. $P_{vFe} = 7,2\,\text{W}$ werden alle Abmessungen verdoppelt.

Welche Leistung und welchen Wirkungsgrad kann man dann bei dem so vergrößerten Transformator bei ohmscher Belastung und unter Berücksichtigung der in der mittleren Spalte von Tabelle 4.1 angegebenen Wachstumsgesetze erwarten?

Lösung:

Mit dem Skalierungsfaktor $k = 2$ und der für Kleintransformatoren gültigen mittleren Spalte folgt für die zu erwartende Leistung P^* bei ohmscher Belastung

$$P^* = 2^{3,5} \cdot P = 1131,4\,\text{W} \approx 1130\,\text{W}$$

und mit den hier getrennt zu skalierenden Verlusten

$$P_{vCu}^* = 2^2 \cdot P_{vCu} = 42\,\text{W}$$

$$P_{vFe}^* = 2^3 \cdot P_{vFe} = 57,6\,\text{W}$$

$$P_{vges}^* = P_{vCu}^* + P_{vFe}^* = 99,6\,\text{W}$$

für den neuen Wirkungsgrad

$$\eta^* = \frac{P_{ab}^*}{P_{zu}^*} = \frac{P_{ab}^*}{P_{ab}^* + P_{vges}^*} = 91,9\%$$

Aufgabe 4.1

Für eine Großmaschine soll ein Grobkonzept mit doppelter Leistung im Vergleich zu einer existierenden geometrisch ähnlichen Ausführung entworfen werden.

a) Welche Materialausnutzung ist dabei realistisch?
b) Mit welchem Skalierungsfaktor lässt sich die Leistung verdoppeln?
c) In welchem Maße steigen dadurch die Masse und somit die Materialkosten der größeren Maschine an?

Ergebnis:

a) rechte Spalte in Tabelle 4.1
b) $k = 1{,}26$
c) Sie verdoppeln sich ebenfalls.

5 Maschinen- und Geräteverluste

Die Energieumwandlung in elektrischen Maschinen erfolgt niemals ohne die meist unerwünschten Verluste, deren Anteil an der umgesetzten Leistung dabei stark variieren kann.

Wie schon einleitend erwähnt, existiert zu deren Berechnung bereits eine umfangreiche Literatur im Zusammenhang mit der Auslegung der Maschinen, die hier somit als bekannt vorausgesetzt werden kann. Ebenso gibt es in DIN EN 60034-2-1 detaillierte Bestimmungen zu deren Messung für die unterschiedlichen Maschinentypen.

Dabei treten die Verluste, wie nachfolgend angegeben, in unterschiedlichen Formen und Abhängigkeiten in Erscheinung, wobei hier insbesondere auch deren Temperaturabhängigkeit von Interesse ist.

5.1 Verlustarten [7, 8, 9]

5.1.1 Last- bzw. stromunabhängige Verluste

Diese fallen bei laufender Maschine bzw. eingeschaltetem Transformator weitgehend unabhängig vom Laststrom und somit auch unabhängig von der Belastung ständig an. Hierzu zählen insbesondere die Eisenverluste, mit der klassischen Aufteilung in Hysterese- und Wirbelstromverluste und deren primärer Abhängigkeit von der Betriebsfrequenz f und der Aussteuerung $\hat{B}_{Fe}$ in der Form die in angegebener Weise etwa proportional zum Quadrat der Betriebsspannung sind.

$$\begin{aligned} P_{vFe} &= P_{vH} + P_{vW} = P_{vFe0} \cdot \left[c_H \cdot \left(\frac{f}{f_0}\right) + c_W \cdot \left(\frac{f}{f_0}\right)^2 \right] \cdot \left(\frac{\hat{B}_{Fe}}{\hat{B}_0}\right)^2 \\ &\approx P_{vFe0} \cdot \left(\frac{\hat{B}_{Fe}}{\hat{B}_0}\right)^2 \cdot \left(\frac{f}{f_0}\right)^{\kappa} \sim U^2 \end{aligned} \qquad (5.1)$$

Dabei sind P_{vFe0} die Verluste unter bekannten Betriebsbedingungen mit der Frequenz f_0 bzw. dem Induktionsscheitelwert $\hat{B}_0$ und c_H bzw. c_W deren Hysterese- bzw. Wirbelstromanteile, sowie κ ein von der Elektroblechsorte abhängiger Exponent in der sog. Steinmetz-Darstellung.

5.1.2 Last- bzw. stromabhängige Verluste

Diese hängen von der konkreten Maschinenbelastung und somit vom aktuellen Laststrom ab und man versteht darunter hauptsächlich

- alle Stromwärmeverluste, einschließlich von Skin- und Proximityeffekten

  $$P_{vCu} = \sum_{\mathrm{k}} R_{\mathrm{k}} \cdot I_{\mathrm{k}}^2 \sim I^2 \tag{5.2}$$

  die, wie angegeben, proportional zum Quadrat des Laststromes sind,

- sowie ggf. Übergangsverluste an Schleifringen bzw. Stromwendern

  $$P_{v\ddot{U}} = \sum_{\mathrm{k}} U_{\ddot{U}\mathrm{k}} \cdot I_{\mathrm{k}} \sim I \tag{5.3}$$

  mit ihrer linearen Stromabhängigkeit.

5.1.3 Mechanische Verluste

Dazu zählen alle Reibungs- und Lüftungsverluste

$$P_{vn} = P_{vR} + P_{vL} \tag{5.4}$$

- die als Lager- und Bürstenreibungsverluste etwa proportional zur Drehzahl n angesetzt werden

  $$P_{vR} \sim n \tag{5.5}$$

  bei den Großmaschinen eher vernachlässigbar sind,

  bei Kleinmaschinen aber durchaus erheblich zu den Gesamtverlusten beitragen,

- und die Lüftungs- bzw. Ventilationsverluste, die meist näherungsweise in der Form bei Eigenbelüftung

  $$P_{vL} \sim n^3 \tag{5.6}$$

  bzw. bei Fremdbelüftung

  $$P_{vL} \approx \text{const.} \tag{5.7}$$

berücksichtigt werden.

5.1.4 Erregerverluste

Hier werden alle in einem etwaigen Erregerkreis auftretenden Verluste, also auch die Verluste in Feldstellern, Endstufen von Reglern usw., erfasst. Aus praktischen Gründen gibt man heute aber meistens nur die von der Maschine selbst aufgenommene Erregerleistung an, wobei dann gilt

$$P_E = U_E I_E \tag{5.8}$$

5.1.5 Zusatzverluste

5.1.5.1 Klassische Zusatzverluste

Neben den normalen Eisen-, Kupfer-, Erreger-, Reibungs- und Lüftungsverlusten treten in den elektrischen Maschinen bei deren Betrieb noch weitere Verlustanteile auf, die sich praktisch oft kaum bzw. nicht berechnen lassen.

Diese zusätzlich auftretenden, überwiegend lastabhängigen Zusatzverluste, z. B. durch

- Streufelder und Wirbelströme in Konstruktionsteilen,
- mechanische Bearbeitung der Blechpakete,
- Leitwertschwankungen im Luftspalt infolge Nutung,
- Oberwellen des Stromes und/oder der Versorgungsspannung, usw.,

werden daher laut Norm bevorzugt messtechnisch durch standardisierte Methoden bestimmt. Damit sind diese dann normalerweise in den Ergebnissen, z. B. für den neuerdings besonders wichtigen Wirkungsgrad, enthalten und können so auch in den Datenblättern bzw. auf dem Typenschild korrekt berücksichtigt werden.

In der Phase der Auslegung und Optimierung der Maschinen stehen allerdings noch keine Messwerte zur Verfügung und man greift dann zwangsläufig auf entsprechende Erfahrungswerte zurück, für die es in den Normen auch entsprechende Vorgabewerte gibt. Insbesondere für die besonders wichtigen Asynchronmaschinen wurden diese in jüngerer Vergangenheit deutlich präzisiert und es gilt

$$P_{vZ} = \left\{ \begin{array}{c} 0{,}025 \\ 0{,}025 - 0{,}005 \cdot \lg\left(\frac{P_{2N}}{\mathrm{kW}}\right) \\ 0{,}005 \end{array} \right\} \cdot P_{1N} \cdot \frac{I^2 - I_0^2}{I_N^2 - I_0^2} \cdot \left(\frac{f}{50\,\mathrm{Hz}}\right)^2$$
$$\text{für} \quad \left\{ \begin{array}{c} P_{2N} \leq 1\,\mathrm{kW} \\ 1\,\mathrm{kW} < P_{2N} \leq 10\,\mathrm{MW} \\ P_{2N} > 10\,\mathrm{MW} \end{array} \right\} \tag{5.9}$$

Diese Vorgabe stellt aber, wie dort ausdrücklich erwähnt wird, keine typischen Werte, sondern bewusst eine sichere Abschätzung für die Zusatzverluste dar, wobei durch den zusätzlich angegebenen Frequenzeinfluss deren primäre Ursache als Wirbelströme mitberücksichtigt ist.

Demgegenüber gelten für die anderen Maschinenarten die bisherigen Zuschläge auch weiterhin in der Form

$$P_{vZ} = \left\{ \begin{matrix} 0,2\ldots 0,8 \\ 0,5 \\ 1 \end{matrix} \right\} \% \cdot P_{1N} \cdot \left(\frac{I}{I_N} \right)^2$$

(5.10)

$$\text{bei} \left\{ \begin{matrix} \text{Synchronmaschinen} \\ \text{kompensierten Gleichstrommaschinen} \\ \text{unkompensierten Gleichstrommaschinen} \end{matrix} \right\}$$

5.1.5.2 Zusatzverluste bei permanent erregten Synchronmaschinen

Durch den deutlich zunehmenden Einsatz von permanent erregten Synchronmaschinen im Bereich der Normmotoren wären entsprechende Richtwerte auch für diese Maschinenart interessant, zumal ja der Stator in beiden Fällen weitgehend identisch aufgebaut ist.

Daher wird hier in Bezug zu den präzisierten Angaben für Asynchronmaschinen nach Formel 5.9 unter Berücksichtigung der entfallenden Rotor-Kupferverluste dafür näherungsweise ein pauschaler Faktor 0,6 vorgeschlagen. Dies gilt vorbehaltlich einer zukünftigen Präzisierung von Formel 5.9 für die permanent erregten Synchronmaschinen durch die Normen.

Hinweis: Zusatzverluste durch den Betrieb am Umrichter sind in den vorigen Angaben aber noch nicht erfasst und müssen, z. B. wie nachfolgend vorgeschlagen, stets gesondert berücksichtigt werden.

5.1.5.3 Zusatzverluste durch Umrichterspeisung [13]

Nicht enthalten sind in den zuvor genannten Angaben die zusätzlichen Verluste in Asynchron- bzw. Synchronmaschinen bei deren Betrieb am Umrichter, die aber in starkem Maße vom Hardwarekonzept, dem verwendeten Steuerverfahren und insbesondere der Taktfrequenz f_P des Umrichters abhängen und daher stets gesondert erfasst werden müssen. Auch wirken sie sich mit unterschiedlicher Gewichtung auf die klassischen Maschinenverluste aus, wie die nachfolgende Abschätzung zeigt

$$P_{vFe\,UR} \approx 1,3 \cdot P_{vFe} \quad (5.11)$$

$$P_{vCu1\,UR} \approx \left(1 + 0,03 \cdot \frac{6\,\text{kHz}}{f_P} \right) P_{vCu1} \quad (5.12)$$

$$P_{vCu2\,UR} \approx \left(1 + 0,1 \cdot \frac{6\,\text{kHz}}{f_P}\right) P_{vCu2} \tag{5.13}$$

$$P_{vZ\,UR} \approx \left(1 + 0,25 \cdot \frac{6\,\text{kHz}}{f_P}\right) P_{vZ} \tag{5.14}$$

Demnach wirken sich diese besonders bei den Eisen- und klassischen Zusatzverlusten und weniger bei den ohmschen Maschinenverlusten aus. Ebenso entfallen bei den permanent erregten Synchronmaschinen wieder die typischen Rotorverluste der Asynchronmaschine, wo an deren Stelle dort aber die meist deutlich kleineren Magnetverluste treten können.

Man darf jedoch erwarten, dass diese Zusatzverluste durch Verbesserungen bei den Umrichtern (Leistungselektronik, Steuerverfahren) zukünftig tendenziell eher abnehmen.

5.2 Verlustminimum, maximaler Wirkungsgrad [8]

Der Wirkungsgrad kennzeichnet die Effektivität bei Energieumwandlungen und es gilt dafür allgemein

$$\eta = \frac{P_{ab}}{P_{zu}} = \frac{P_{zu} - P_{vges}}{P_{zu}} = 1 - \frac{P_{vges}}{P_{zu}} = \frac{P_{ab}}{P_{ab} + P_{vges}} \tag{5.15}$$

Dabei stehen die mathematisch gleichwertigen Formeln für eine laut Norm unterschiedliche Messung der Verluste im Prüffeld mit dem Ziel der Fehlerreduzierung.

Bei einer elektrischen Maschine beliebiger Abmessungen und Konzeption gilt für die abgegebene Leistung in ihrem optimalen Betriebsbereich mit der Strangzahl m_1 und einer Maschinenkonstante c

$$P = m_1 \eta \cos\varphi UI \approx cUI \tag{5.16}$$

Mit den lastunabhängigen Eisenverlusten P_{vFe}, erfasst durch c_{Fe}, den lastabhängigen Kupferverlusten P_{vCu} einschließlich der Zusatzverluste P_{vZ}, erfasst durch c_{Cu}, und den mechanischen Reibungs- und Lüftungsverlusten P_{vn} folgt dann bei konstant vorgegebenen Werten der Abgabeleistung P, der Drehzahl n und somit auch der mechanischen Verluste näherungsweise für die Gesamtverluste P_{vges}

$$P_{vn} = \text{const.} \tag{5.17}$$

$$P_{vFe} = m_1 \frac{U^2}{R_{Fe}} = c_{Fe} U^2 \tag{5.18}$$

$$P_{vCu} = m_1 R I^2 = c_{Cu} I^2 = c_{Cu} \left(\frac{P}{cU}\right)^2 \tag{5.19}$$

$$\begin{aligned} P_{vges} &= P_{vFe} + P_{vCu} + P_{vn} \\ &= c_{Fe} U^2 + c_{Cu} I^2 + P_{vn} \\ &= c_{Fe} U^2 + c_{Cu} \left(\frac{P}{cU}\right)^2 + P_{vn} \end{aligned} \tag{5.20}$$

Diese setzen sich somit in Abhängigkeit von der Betriebsspannung U, laut Bild 5.1, aus einem quadratischen, einem reziprok quadratischen und einem spannungsunabhängigen Anteil zusammen, wie dies für den hier beispielhaft betrachteten Normmotor bei 3/4 seiner Bemessungsbelastungen dargestellt ist.

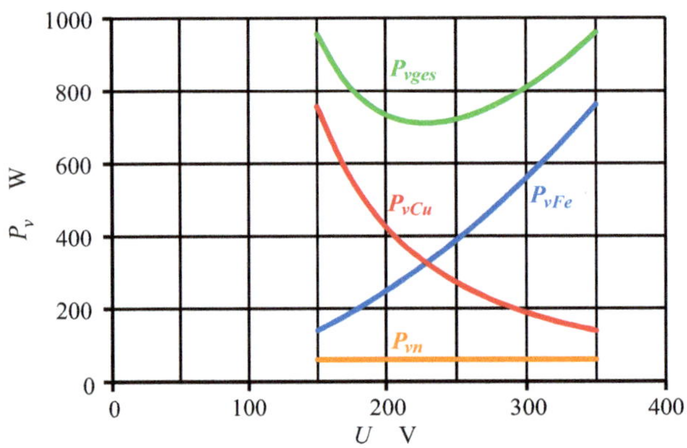

Bild 5.1 Verluste einer 11 kW-Asynchronmaschine bei 75 % der Bemessungsbelastung in Abhängigkeit von der Betriebsspannung

Wie daraus ersichtlich ist, werden die Gesamtverluste bei einer ganz bestimmten Betriebsspannung minimal und steigen sowohl zu kleineren wie auch zu größeren Spannungen hin an. Dabei verschiebt sich die Lage des Verlustminimums mit zunehmender Belastung zu größeren Spannungswerten, wobei die minimalen Gesamtverluste ihrerseits ansteigen.

Rechnerisch findet man für die optimale Betriebsspannung die dabei auftretenden Einzelverluste, die minimalen Gesamtverluste und den maximalen Wirkungsgrad

$$\begin{aligned} \frac{dP_{vges}}{dU} &= 2c_{Fe}U - 2c_{Cu}\frac{P^2}{c^2U^3} = 0 \\ \Rightarrow U_{opt} &= \sqrt[4]{\frac{c_{Cu}P^2}{c_{Fe}c^2}} \end{aligned} \tag{5.21}$$

$$P_{vFeopt} = P_{vCuopt} = \sqrt{c_{Fe}c_{Cu}}\frac{P}{c} = P_{vopt} \tag{5.22}$$

$$\eta_{\max} = \frac{P}{P + 2P_{vopt} + P_{vn}} \approx \frac{1}{1 + \frac{2}{c} \cdot \sqrt{c_{Fe}c_{Cu}}} \tag{5.23}$$

mit der angegebenen Näherung für $P_{vn} << P_{vopt}$.

Demnach kann z. B. eine gegebene Maschine bei konstanter Belastung genau dann mit maximalem Wirkungsgrad arbeiten, wenn die lastunabhängigen Eisenverluste und die lastabhängigen Kupferverluste (inkl. Zusatzverluste) etwa gleich groß sind.

Da die Maschinen in der Praxis erfahrungsgemäß überwiegend im Teillastbetrieb laufen (Sicherheitszuschläge), hat dies letztlich dazu geführt, dass Normmotoren einerseits für eine typische Belastung mit ca. (0,6–0,8) $\cdot P_N$ optimiert werden und andererseits die Spannungstoleranz bei Asynchronmaschinen im bevorzugten Bereich A auf ±5 % eingeengt ist.

Dies gilt in analoger Weise ohne mechanische Verluste, also mit $P_{vn} = 0$, auch bei den Transformatoren, wobei insbesondere die Verteilertransformatoren, entsprechend ihrem typischen Belastungsprofil, das Verlustminimum schon bei (0,2–0,4) $\cdot P_N$ aufweisen.

5.3 Temperaturabhängigkeit der Verluste [9, 14]

5.3.1 Allgemeine Situation und Vorgehensweise

Ursache für die Erwärmung von elektrischen Maschinen und Geräten sind die dort an unterschiedlichen Stellen auftretenden Verluste. Dabei hängen diese lokal verteilten Verluste ihrerseits in charakteristischer Weise wiederum von den ebenfalls lokal unterschiedlich auftretenden Temperaturen ab, sodass man die endgültige Verlust- und Temperaturverteilung i. d. R. nicht in einem einzigen Rechenschritt bestimmen kann.

Daher ist es üblich, die Rechnung mit einer sinnvoll angenommenen Temperaturverteilung zu starten, z. B. mit der anfänglich einheitlich kalten Maschine bei Raumtemperatur, und dafür die lokal verteilten Verluste zu bestimmen. Damit lässt sich dann in einer 1. Näherung eine korrigierte Temperaturverteilung in der Maschine bestimmen, aus der sich wiederum eine verbesserte 1. Näherung für die ebenfalls lokal temperaturabhängig korrigierten Verluste ergibt. Dann kann im nächsten Schritt eine weiter verbesserte 2. Näherung für die Temperaturverteilung ermittelt werden, aus der wiederum eine bessere Verlustverteilung resultiert.

Diese Vorgehensweise wird iterativ so lange fortgesetzt, bis sich die Temperaturverteilungen zwischen den Rechenschritten nicht mehr relevant bzw. nur noch in einem vorgegebenen Rahmen ändern. Die so letztlich gefundene Temperaturverteilung stellt dann einen guten Erwartungswert für die Erwärmung der realen Maschine dar.

Allerdings ist der dazu erforderliche Rechenaufwand erheblich, sodass man für praktische Anwendungen, unter Inkaufnahme von gewissen Ungenauigkeiten, wieder auf vereinfachte Verfahren angewiesen ist. In diesem Sinne werden für die hier betrachteten thermischen Ersatzschaltungen meist weder die Temperaturen noch die Verluste innerhalb der einzelnen Wärmequellen lokal räumlich aufgelöst. Vielmehr wird der Temperatureinfluss auf die Verluste, je nach gewählter Vorgehensweise, pauschal entweder für die mittlere oder die maximale Quellentemperatur berücksichtigt und in Bezug zu den jeweiligen Kaltwerten bei 20°C durch einen festen Skalierungsfaktor k_ϑ in folgender Form erfasst

$$P_{v\vartheta} = k_\vartheta \cdot P_{v20} \tag{5.24}$$

Diese Vereinfachung führt zwangsläufig zu einer gewissen Ungenauigkeit sowohl bei der Verlust- als auch bei der Temperaturberechnung. Soll diese Ungenauigkeit reduziert werden, kann man die betreffenden Wärmequellen bzw. Maschinenbereiche weiter unterteilen, wobei dies vorzugsweise bei denjenigen Bereichen mit den größten inneren Temperaturunterschieden zu empfehlen ist. Allerdings wird dadurch der Rechenaufwand bei der Auswertung, wie bereits angesprochen, zwangsläufig wieder deutlich vergrößert.

Eine andere Möglichkeit der Vereinfachung besteht darin, dass man die Verluste vorab für die erwarteten Zieltemperaturen bestimmt und damit die Erwärmungsrechnung durchführt. Liegen die dann gefundenen rechnerischen Temperaturen nicht allzu weit von ihren erwarteten Werten entfernt, hat man die Erwärmungssituation im Wesentlichen gelöst bzw. die Erwartungswerte durch die Kontrollrechnung bestätigt.

Diese Strategie wird üblicherweise von den erfahrenen Ingenieuren bevorzugt.

5.3.2 Temperaturabhängigkeit der Eisenverluste

Konkret setzen sich die Eisenverluste der Elektrobleche im Wesentlichen aus den Hysterese- und den Wirbelstromverlusten zusammen, deren Aufteilung herstellerseitig von der Legierungszusammensetzung, der Blechdicke, den Glühbedingungen, dem Stanz- und Paketierungsprozess und anwenderseitig insbesondere von der Betriebsfrequenz und der magnetischen Aussteuerung abhängt und daher für die Berechnung i. d. R. als nicht bekannt vorausgesetzt werden muss.

Dabei skalieren die Hysterese- und Wirbelstromverluste mit ihrerseits zwar bekannten, unterschiedlichen Temperaturabhängigkeiten, was aber wegen der meist unbekannten Verlustaufteilung in der Praxis nicht auswertbar ist.

Daher wird für die Eisenverluste bevorzugt eine für ein breites, gebräuchliches Elektroblech-Sortiment näherungsweise gültige, pauschale Temperaturskalierung in der nachfolgenden einfachen Form berücksichtigt

$$k_{\vartheta Fe} \approx 1 - \left(0{,}6 + 0{,}4 \cdot \sqrt{\frac{f}{50\,\mathrm{Hz}}}\right) \frac{\vartheta_{Fe} - 20°\mathrm{C}}{1000\,\mathrm{K}} \tag{5.25}$$

wonach die resultierenden Eisenverluste mit ansteigender Temperatur in der Tendenz also leicht abnehmen.

5.3.3 Temperaturabhängigkeit der Wicklungsverluste

5.3.3.1 Klassisch ohmsche Verluste, DC-Verluste

Maßgebend für die klassisch ohmschen Wicklungsverluste, allg. auch als DC-Verluste bezeichnet, ist die Temperaturabhängigkeit der elektrischen Leitfähigkeit κ der hier gebräuchlichen Leiterwerkstoffe.

Diese ändert sich, ausgehend von ihrem Wert κ_{20} bei Raumtemperatur 20°C nach Tabelle 3.1 und dem dort ebenfalls angegebenen Temperaturkoeffizienten α_{20}, laut Norm gemäß

$$\kappa_{\vartheta} = \frac{\kappa_{20}}{1 + \alpha_{20} \cdot (\vartheta - 20°\mathrm{C})} \tag{5.26}$$

sodass diese grundlegenden Wicklungsverluste mit zunehmender Temperatur u. U. deutlich ansteigen und so mit zu skalieren sind.

$$k_{\vartheta CuDC} = 1 + \alpha_{20} \cdot (\vartheta_{Cu} - 20°\mathrm{C}) \tag{5.27}$$

5.3.3.2 Wicklungszusatzverluste durch den Skineffekt

Insbesondere bei größeren Leiterabmessungen und/oder höheren Betriebsfrequenzen können in den Einzelleitern zusätzliche Verluste in Folge der, sich durch den eigenen Strom selbst einstellenden, inhomogenen Stromdichteverteilung auftreten, was allg. unter der Bezeichnung Skineffekt bekannt ist.

Kennzeichnend für die konkrete Situation ist dabei die sog. Eindringtiefe δ

$$\delta = \sqrt{\frac{2}{\omega\kappa\mu}} \tag{5.28}$$

mit der Kreisfrequenz $\omega = 2\pi \cdot f$, der elektrischen Leitfähigkeit des Wicklungsmaterials κ und dessen Permeabilität μ, im Vergleich zu den Leiterabmessungen d, wobei d bei Rundleitern den Drahtdurchmesser und bei Profildrähten die Leiterdicke senkrecht zur vorherrschenden Magnetfeldrichtung angibt.

Damit lässt sich die Temperaturabhängigkeit dieser Zusatzverluste in der Form

$$k_{\vartheta Skin} = [1 + \alpha_{20} \cdot (\vartheta_{Cu} - 20°\mathrm{C})]^{\beta} \tag{5.29}$$

mit $-1 \le \beta \le 0{,}5$

angeben, wobei β

- bei schwach ausgeprägtem Skineffekt mit $d/\delta \ll 1$ gegen –1 und
- bei stark ausgeprägtem Skineffekt mit $d/\delta \gg 1$ gegen +0,5

tendiert.

Leider lässt sich im Übergangsbereich der Wert von β nur in komplizierter Weise mit Hilfe der modifizierten Bessel'schen Funktionen komplexer Argumente angeben, wobei er jedoch in Abhängigkeit von d/δ monoton in den angegebenen Grenzen verläuft. Die genannten Abhängigkeiten gelten für Rundleiter exakt und für Profildrähte als Näherung.

Dabei kann der Skineffekt bei klassischen Maschinenkonzepten mit Wicklungen aus ggf. parallel geschalteten, dünnen Runddrähten oft vernachlässigt werden, wodurch dann auch seine komplizierte Temperaturabhängigkeit keine Rolle mehr spielt. Bei Wechselstromwicklungen aus großen Rund- bzw. Profildrähten (Einzelzahnwicklungen, Transformatoren, Drosseln, etc.) muss er i. d. R. aber berücksichtigt werden.

5.3.3.3 Wicklungszusatzverluste durch den Proximityeffekt

Anders als beim Skineffekt versteht man unter dem Proximityeffekt die Auswirkungen von globalen magnetischen Wechselfeldern, z. B. durch benachbarte stromdurchflossene Wicklungsteile, in einem konkret betrachteten Leiter, der selbst auch stromlos sein kann. Besonders markant tritt dieser Effekt bei den Wicklungen elektrischer Maschinen auf, wenn sie

- in Nuten hochpermeabler Elektrobleche untergebracht sind bzw.
- zur Querschnittsvergrößerung aus parallelen bzw. Flachlackdrähten bestehen.

Ebenfalls dominierend ist dieser Effekt in den Wicklungen von Transformatoren und Drosseln, bei denen ja die Wicklungsabmessungen i. d. R. wesentlich größer als die konkreten Drahtabmessungen sind.

Die als Folge dieser Fernwirkung verursachten Zusatzverluste werden durch die elektrische Leitfähigkeit des Leitermaterials bestimmt, wobei hier, im Unterschied zu den ohmschen Verlusten, die induzierte Spannung als eingeprägt betrachtet werden muss.

Diese Zusatzverluste nehmen daher mit ansteigender Temperatur somit ab, wobei gilt

$$k_{\vartheta Prox} = \frac{1}{1 + \alpha_{20} \cdot (\vartheta_{Cu} - 20°\text{C})} \qquad (5.30)$$

5.3.4 Übergangsverluste

Diese Verluste durch Schleifringe bzw. Kollektoren werden wesentlich durch das Bürstenmaterial bestimmt, wobei je nach Anwendung Weichkohle (Graphit), metallhaltige und Edelmetallbürsten zum Einsatz kommen. Dabei treten nur bei ersteren die Verluste und deren Temperaturabhängigkeit nennenswert in Erscheinung, wobei als Besonderheit bei Graphit der Temperaturkoeffizient negativ ist. Daher nehmen auch diese Verluste mit zunehmender Bürstentemperatur $\vartheta_Ü$ ab, wobei z. B. mit $\alpha_G \approx -0{,}0002\,\text{K}^{-1}$ dann bei Weichkohle gilt

$$k_{\vartheta\,\ddot{U}} = 1 + \alpha_G \cdot \left(\vartheta_{\ddot{U}} - 20°\text{C}\right) \approx 1 - 0{,}0002 \cdot \left(\vartheta_{\ddot{U}} - 20°\text{C}\right) \tag{5.31}$$

Mit zunehmendem Metallanteil im Bürstenmaterial steigt dort die elektrische Leitfähigkeit an und der Temperaturkoeffizient tendiert immer mehr gegen den Wert des betreffenden Metalls, wechselt somit also auch das Vorzeichen, wodurch dann auch die Übergangsverluste mit der Temperatur wieder zunehmen.

5.3.5 Temperaturabhängigkeit der mechanischen Verluste

Wie unter Abschnitt 5.1.3 angegeben, setzen sich die mechanischen Verluste einerseits aus den Lager- und sonstigen Reibungsverlusten, sowie andererseits aus den Lüftungs- und Ventilationsverlusten zusammen, wobei diese ihrerseits wieder von vielen konstruktiven (Lagerbauart, Dichtungskonzept, Schmiersituation, Lagerbelastung, etc.) bzw. betriebsbedingten (Drehzahl, Schutzart, Umgebungstemperatur, Aufstellungshöhe, usw.) Einflüssen abhängen. Daher findet man diesbezüglich auch kaum allgemein gültige Angaben zu ihrer Temperaturabhängigkeit.

Tatsächlich ist ihr Beitrag zu den Gesamtverlusten, abgesehen von Klein- und Kleinstmaschinen, aber meist klein und man kann somit deren Temperaturabhängigkeit im Rahmen ihrer ohnehin begrenzten Berechnungsmöglichkeit näherungsweise außer Acht lassen.

Eine realistische Temperaturskalierung kann daher für diese Verlustart hier, ebenso wie in der Literatur, nicht angegeben werden.

5.3.6 Temperaturabhängigkeit der Erregerverluste

Diese skalieren mit dem Temperaturkoeffizienten α_{20} des Leiterwerkstoffes der Erregerwicklung entsprechend Formel 5.25 wie die klassisch ohmschen Wicklungsverluste mit der Temperatur ϑ_E in der Form

$$k_{\vartheta E} = 1 + \alpha_{20} \cdot (\vartheta_E - 20°\text{C}) \tag{5.32}$$

und steigen ihrerseits mit zunehmender Temperatur an.

5.3.7 Vereinfachte Temperaturskalierung der gesamten Zusatzverluste

Bei einer der Betriebssituation angemessenen Wahl der Einzeldrahtabmessungen dominieren i. d. R. die Zusatzverluste durch den Proximityeffekt im Vergleich zum Skineffekt, sodass man bei der Wicklung in guter Näherung allein mit der Temperaturabhängigkeit des Proximityeffektes rechnen darf.

Diese Abhängigkeit gilt außerdem auch für die unter Abschnitt 5.1.5 aufgeführten sonstigen Zusatzverluste (z. B. als Folge von Streufeldern in metallischen Konstruktionsteilen), wobei dort i. d. R. aber andere Werkstoffe mit ihren entsprechenden Eigenschaften und Temperaturen betroffen sind.

Somit müssten die einzelnen Verlustanteile getrennt skaliert und zu den Gesamt-Zusatzverlusten addiert werden, was in der Praxis oft nicht oder doch nur mit hohem Aufwand möglich ist.

Daher fasst man vereinfachend oft alle Zusatzverluste in den Maschinen oder Geräten zusammen und skaliert diese insgesamt mit der für den primären Leiterwerkstoff, meist Kupfer, gültigen Temperatur und dessen Temperaturkoeffizienten

$$k_{\vartheta Zus} \approx k_{\vartheta Prox} = \frac{1}{1 + \alpha_{20} \cdot (\vartheta_{Cu} - 20°C)} = \frac{1}{k_{\vartheta CuDC}} \tag{5.33}$$

Die dadurch gemachten Fehler, z. B. in Folge der größeren Temperaturkoeffizienten bei den Elektroblechen und dem Gehäusematerial, werden durch die Berücksichtigung der im Vergleich meist höheren Wicklungstemperatur zumindest teilweise wieder kompensiert.

In dieser Form werden dann auch bei den konkreten Beispielen in Kapitel 8 die Zusatzverluste bei den Wicklungsverlusten automatisch miterfasst.

Wie schon unter Abschnitt 5.1.5 angegeben, werden dabei aber die durch den Betrieb am Umrichter verursachten Zusatzverluste noch nicht erfasst, die somit stets situationsabhängig gesondert berücksichtigt werden müssen.

6 Grundlagen der thermischen Analyse

6.1 Grundlagen der thermischen Ersatzschaltbilder [9]

6.1.1 Basiselemente thermischer Ersatzschaltungen

6.1.1.1 Wärmequellen, Symbol und Eigenschaften

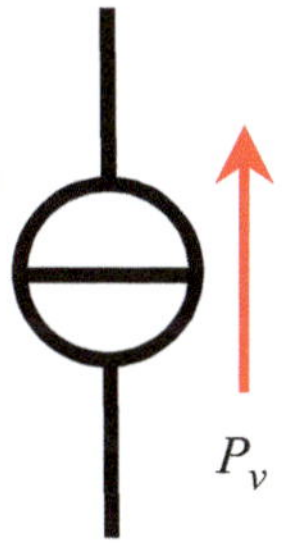

Ursache der Erwärmung von elektrischen Maschinen und Geräten sind die an den unterschiedlichen Stellen innerhalb der Maschine lokalisierten Verluste

$$P_v = P_v\left(\vec{r}, t\right) \tag{6.1}$$

Wärmequellen haben physikalisch den Charakter von Stromquellen.

6.1.1.2 Wärmewiderstände, Symbol und Eigenschaften

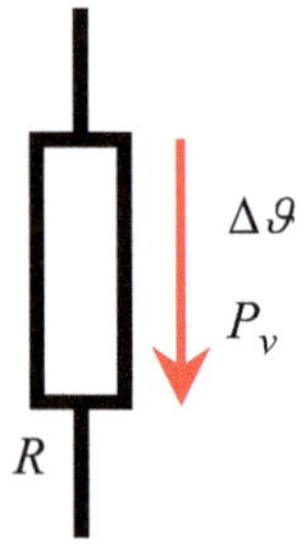

Wärme kann nur von Stellen höherer zu Stellen tieferer Temperatur fließen. In Anlehnung an das Ohm'sche Gesetz gilt dabei für die Temperaturdifferenz $\Delta\vartheta$

$$\Delta\vartheta = R \cdot P_v \tag{6.2}$$

Dabei ist P_v der Wärmestrom durch einen Bereich mit dem Wärmewiderstand R.

6.1.1.3 Wärmekapazitäten, Symbol und Eigenschaften

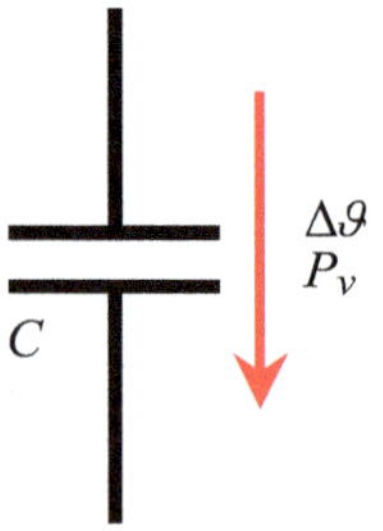

Jeder materielle Stoff besitzt aufgrund seiner Masse m und seiner spezifischen Wärme c eine Wärmekapazität

$$C = m \cdot c \tag{6.3}$$

Ändert sich die Temperatur einer betrachteten festen Stoffmenge, so führt dies zu einem Wärmeaustausch über seine Hüllfläche gemäß

$$P_v = C \cdot \frac{\mathrm{d}\,\Delta\vartheta}{\mathrm{d}t} \tag{6.4}$$

Als Besonderheit gibt es in den Wärmenetzwerken keine den Induktivitäten L der Elektrotechnik entsprechende Elemente.

Beispiel 6.1

Ein Asynchronmotor mit dem Wärmewiderstand 0,15 K/W zwischen der Gehäuseoberfläche und der umgebenden Kühlluft hat im Bemessungsbetrieb ca. 327 W Verluste.

Seine Statorwicklung besteht aus 2,5 kg Kupfer-Rundlackdraht.

a) Welche Gehäuseübertemperatur weist der Motor nach längerer Betriebszeit im Bemessungsbetrieb auf?

b) Wie groß ist die Wärmekapazität der Statorwicklung?

Lösung:

a) Nach Formel 6.2 beträgt die Gehäuseübertemperatur im stationären Endzustand

$$\Delta\vartheta = 0,15\,\frac{\mathrm{K}}{\mathrm{W}} \cdot 327\,\mathrm{W} = 49,05\,\mathrm{K}$$

b) Mit der spezifischen Wärme von Kupfer laut Tabelle 3.1 hat die Statorwicklung des Motors nach Formel 6.3 eine Wärmekapazität

$$C = 2,5\,\mathrm{kg} \cdot 385\,\frac{\mathrm{Ws}}{\mathrm{kg} \cdot \mathrm{K}} = 962,5\,\frac{\mathrm{Ws}}{\mathrm{K}} \approx 963\,\frac{\mathrm{Ws}}{\mathrm{K}}$$

6.1.2 Grundgleichungen thermischer Ersatzschaltungen

6.1.2.1 Wärmeströme, 1. Kirchhoff'scher Satz

Man versteht darunter die Verlustleistungen P_v = Wärmeleistungen = Wärmeströme, die über definierte Pfade (Bereiche, Querschnitte), beschrieben durch ihre Wärmewiderstände R, übertragen werden. Dabei wird der physikalische Wärmefluss in Bezug zu beliebig festgelegten Zählrichtungen in Form von Pfeilen, durch positive bzw. negative Zahlenwerte quantitativ erfasst. Sie entsprechen somit den Strömen in elektrischen Netzwerken.

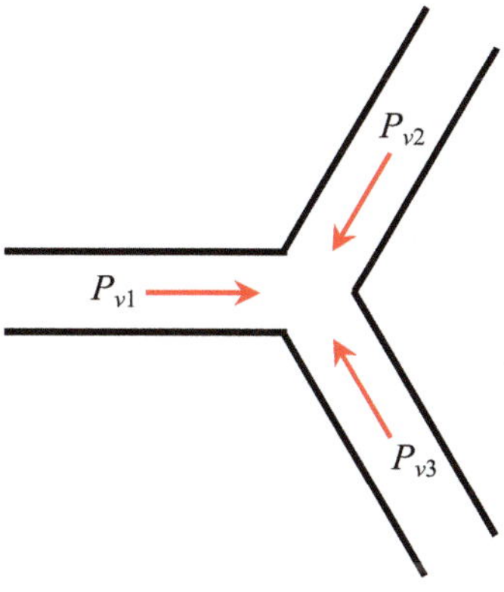

Bild 6.1 Zählrichtungen für Wärmeströme, 1. Kirchhoff'scher Satz

Da für die Wärme als Energieform ein Erhaltungssatz gilt, folgt für die Wärmeströme P_{vk} mit dem Zählindex k für jeden Knotenpunkt unter Beachtung der Zählrichtung, in Analogie zur Elektrotechnik, ein entsprechender 1. Kirchhoff'scher Satz

$$\sum_k P_{vk} = P_{v1} + P_{v2} + \ldots + P_{vk} \ldots = 0 \tag{6.5}$$

6.1.2.2 Temperaturgefälle, 2. Kirchhoff'scher Satz

Wärme fließt stets von Stellen höherer zu Stellen tieferer Temperatur. Entscheidend für den Wärmestrom ist dabei die Temperaturdifferenz $\Delta\vartheta_1 = \vartheta_1 - \vartheta_2$, d. h. das Temperaturgefälle über der betrachteten Strecke, und der Wärmewiderstand R_1 des betreffenden Abschnittes. Dabei entsprechen die Temperaturen ϑ_k den Potentialen φ_k in elektrischen Netzwerken und die Temperaturdifferenzen $\Delta\vartheta$ den Spannungen u bzw. U. Eine der Spannung in elektrischen Netzwerken entsprechende Größe ist in der Thermik aber nicht zusätzlich definiert.

Da aus mathematischen Gründen die Summe der Temperaturdifferenzen in jeder geschlossenen Masche verschwinden muss, gilt für diese ebenfalls ein analoger 2. Kirchhoff'scher Satz

$$\sum_k \Delta\vartheta_k = \Delta\vartheta_1 + \Delta\vartheta_2 + \ldots + \Delta\vartheta_k \ldots = 0 \tag{6.6}$$

Dazu zeigt Bild 6.2 den Ausschnitt eines Wärmenetzwerkes mit einer zentralen Masche aus den drei Wärmewiderständen R_1, R_2 und R_3 und den wieder willkürlich festgelegten Zählrichtungen, deren Umlaufsumme offensichtlich verschwindet

$$\begin{aligned}\sum_k \Delta\vartheta_k &= \Delta\vartheta_1 + \Delta\vartheta_2 + \Delta\vartheta_3 = (\vartheta_1 - \vartheta_2) + (\vartheta_2 - \vartheta_3) + (\vartheta_3 - \vartheta_1) = 0\\ &= R_1 \cdot P_{v1} + R_2 \cdot P_{v2} + R_3 \cdot P_{v3}\end{aligned}$$

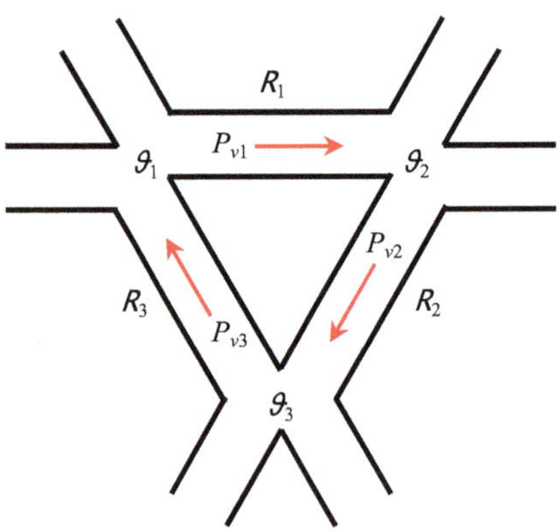

Bild 6.2 Geschlossene Masche im Wärmenetz, 2. Kirchhoff'scher Satz

6.1.2.3 Verfahren der Netzwerkanalyse

Da sich alle speziellen Auswerteverfahren bei der Schaltungsanalyse in der Elektrotechnik letztlich auf die beiden Kirchhoff'schen Sätze zurückführen lassen, können folglich auch alle Verfahren von dort für die Analyse der thermischen Ersatzschaltungen analog übernommen werden.

So werden z. B. auch hier die in Reihe geschalteten thermischen Widerstände addiert

$$R_R = \sum_{\mathrm{k}} R_{\mathrm{k}} = R_1 + R_2 + \ldots\ldots \tag{6.7}$$

und bei parallel geschalteten Widerständen deren Kehrwerte addiert und die Summe invertiert

$$R_P = \frac{1}{\sum_{\mathrm{k}} {}^1/_{R_{\mathrm{k}}}} = \frac{1}{{}^1/_{R_1} + {}^1/_{R_2} + \ldots} = \frac{R_1 \cdot R_2}{R_1 + R_2} \tag{6.8}$$

wobei der letzte Ausdruck speziell wieder für zwei parallele Widerstände gilt.

Weiterhin addieren sich bei parallel geschalteten Wärmekapazitäten deren Kapazitätswerte gemäß Formel 6.9 ebenso wie bei parallel geschalteten idealen Wärmestromquellen ihre Wärmeströme nach Formel 6.10.

$$C_{ges} = \sum_{\mathrm{k}} C_{\mathrm{k}} = C_1 + C_2 + \ldots \tag{6.9}$$

$$P_{vges} = \sum_{\mathrm{k}} P_{v\mathrm{k}} = P_{v1} + P_{v2} + \ldots \tag{6.10}$$

Ebenso gelten analoge formelmäßige Zusammenhänge

- beim Superpositionsgesetz,
- für das Maschenstrom- bzw. das Knotenpotential-Verfahren,
- bei Stern-Dreieck-Umwandlungen,
- usw.,

wie man sie in der einschlägigen Literatur über die Grundlagen der Elektrotechnik nachlesen kann.

6.2 Praktische Berechnung der Wärmeleitungswiderstände [9]

6.2.1 Wärmeleitung in einfachen Körpern

6.2.1.1 Wärmeleitung in zylindrischen bzw. quaderförmigen Körpern

Alle materiellen Körper weisen als Materialeigenschaft eine sog. Wärmeleitfähigkeit λ auf, welche bei einem vorgegebenen Temperaturunterschied innerhalb des Körpers dort zu einer Wärmestromdichte von Stellen höherer zu solcher tieferer Temperatur führt. Dabei verläuft der Wärmestrom antiparallel zum Temperaturgradienten im Körper und somit völlig analog zum elektrischen Strom in Leitern.

Für näherungsweise homogene Feldbereiche kann man daher nach Bild 6.3 einen sog. Wärmewiderstand R des zylindrischen Volumens der beliebigen, nicht notwendig rechteckförmigen Querschnittsfläche A und der Länge l, in völliger Analogie zum elektrischen Widerstand, definieren

$$R = \frac{l}{\lambda A} \tag{6.11}$$

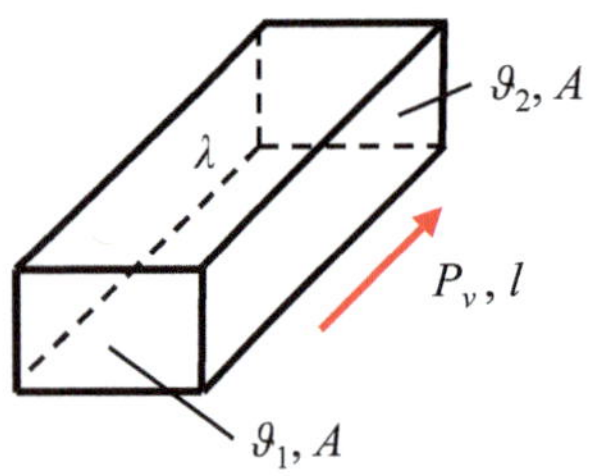

Bild 6.3 Wärmewiderstand bei homogener Wärmeausbreitung in einem quaderförmigen Bereich

Beispiel 6.2

Eine ebene Stahlbetonwand der Länge 12 m, der Höhe 3 m und der Dicke 20 cm ist auf der Außenseite mit 15 cm Hartschaum der Qualität WLS 035 isoliert, über dem noch ein Außenputz von ca. 1 cm aufgebracht ist.

Die Wärmeleitfähigkeiten der verbauten Stoffe betragen für

- Stahlbeton 2,3 W/(m·K),
- Hartschaum WLS 035 0,035 W/(m·K),
- Außenputz 1 W/(m·K).

a) Wie groß sind die Wärmewiderstände der einzelnen Schichten und der gesamten Wand?

b) In einer kalten Winternacht beträgt die Wandtemperatur auf der Innenseite 19°C und auf der Außenseite −10°C. Wie viel Wärme geht dabei durch die Wand verloren?

c) Welcher Wärmeverlust durch die Wand entsteht ohne die Hartschaumisolation bei den vorgegebenen Temperaturen und wie groß ist somit das Verlustverhältnis?

Lösung:

a) Mit der Wandfläche $A = L \cdot H = 36\,\text{m}^2$ folgt nach Formel 6.11 für die einzelnen Wärmewiderstände:

$$R_W = \frac{0,2\,\text{m}}{2,3\,\frac{\text{W}}{\text{m·K}} \cdot 36\,\text{m}^2} = 0,0024154\,\frac{\text{K}}{\text{W}}$$

für die Betonwand, analog $R_H = 0{,}11905\,\text{K/W}$ für den Hartschaum und ebenfalls analog für den Außenputz $R_P = 0{,}00027778\,\text{K/W}$.

Da die Wärmewiderstände hier in Reihe geschaltet sind, müssen sie zum Gesamtwiderstand addiert werden

$$R_{ges} = 0,0024154\,\text{K/W} + 0,11905\,\text{K/W} + 0,00027778\,\text{K/W} = 0,12174\,\text{K/W}$$

b) Mit der maximalen Temperaturdifferenz $\Delta\vartheta = \vartheta_i - \vartheta_a = 19°\text{C} - (-10°\text{C}) = 29\,\text{K}$ zwischen der Wandinnen- und -außenseite folgt dann nach Formel 6.2 für den Wärmeverlust durch die Wand

$$P = \frac{\Delta\vartheta}{R_{ges}} = \frac{29\,\text{K}}{0,12174\,\text{K/W}} = 238,2\,\text{W}$$

c) Ohne die Hartschaumisolation beträgt der Wärmewiderstand nur noch

$$R_{ges} = R_W + R_P = 0,0024154\,\text{K/W} + 0,00027778\,\text{K/W} = 0,0026932\,\text{K/W}$$

und somit der Wärmeverlust durch die Wand

$$P = \frac{\Delta\vartheta}{R_{ges}} = \frac{29\,\text{K}}{0,0026932\,\text{K/W}} = 10,768\,\text{kW}$$

was rund das 45-fache im Vergleich mit der zusätzlich isolierten Wand ist.

Aufgabe 6.1

Die Statorwicklung einer Asynchronmaschine ist durch eine dünne Folie gegen das Eisenblechpaket isoliert. Dabei hat der Stator 36 Nuten, wobei die einzelnen Nuten einen Umfang von ca. 40 mm aufweisen und das Blechpaket insgesamt die Länge 140 mm hat.

Die Nutisolation hat, incl. Unebenheiten mit Tränkharzfüllung, die resultierende Dicke 0,3 mm und weist pauschal die Wärmeleitfähigkeit $\lambda = 0{,}2\,\text{W/(m·K)}$ auf.

Wie groß ist der Wärmewiderstand zwischen der Wicklung und dem Statorblechpaket?

Ergebnis:

Der Wärmewiderstand beträgt 0,0074405 K/W.

6.2.1.2 Wärmeleitung in einer Rohrwand

Bei Erwärmungs- bzw. Kühlsituationen spielen Rohrleitungen, z. B. zum Transport von Kühlmitteln, eine wichtige Rolle, wobei ein Wärmeaustausch mit der Umgebung aus Funktions- bzw. Sicherheitsgründen normalerweise unerwünscht ist.

Diese Situation ist in Bild 6.4 dargestellt, wozu die meist kreiszylindrischen Rohrleitungen dann mit einer Wärmeisolation konstanter Dicke ummantelt werden.

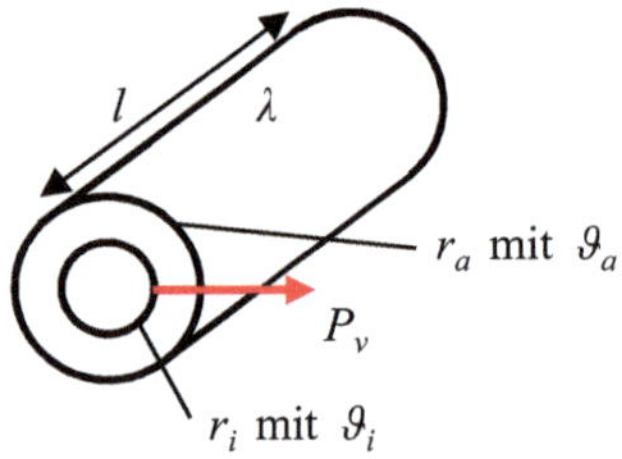

Bild 6.4 Kreiszylindrisches Rohr mit Isolation konstanter Dicke

Für die hier radiale Wärmeausbreitung in der Rohrisolation mit dem Innenradius r_i bei der Temperatur ϑ_i, dem Außenradius r_a bei ϑ_a, der Länge l und der Wärmeleitfähigkeit λ gilt dann für den Wärmewiderstand R

$$R = \frac{1}{2\,\pi\, l \lambda} \cdot \ln \frac{r_a}{r_i} \tag{6.12}$$

Beispiel 6.3

Eine Heißdampfleitung des Außendurchmessers 10 cm ist mit Keramikfasern der Wärmeleitfähigkeit λ_{400} = 0,1 W/(m·K) und der radialen Dicke 5 cm isoliert.

Wie viel Wärme geht bei einer Dampftemperatur von 400°C und der normalen Umgebungstemperatur 20°C pro 1 m Rohrlänge verloren?

Lösung:

Mit r_i = 5 cm und r_a = 10 cm folgt pro l = 1 m Rohrlänge für den Wärmewiderstand der Isolation nach Formel 6.12

$$R = \frac{1}{2\pi \cdot 1\,\mathrm{m} \cdot 0,1\,\mathrm{W/(m \cdot K)}} \cdot \ln \frac{10\,\mathrm{cm}}{5\,\mathrm{cm}} = 1,1032\,\frac{\mathrm{K}}{\mathrm{W}}$$

Bei der Temperaturdifferenz $\Delta\vartheta = \vartheta_i - \vartheta_a = 400°\mathrm{C} - 20°\mathrm{C} = 380\,\mathrm{K}$ berechnet sich der spezifische Wärmeverlust pro 1 m Rohrlänge dann nach Formel 6.2 zu

$$P = \frac{\Delta\vartheta}{R} = \frac{380\,\mathrm{K}}{1,1032\,\mathrm{K/W}} = 344,5\,\mathrm{W}$$

Aufgabe 6.2

Das rohrförmige Motorgehäuse einer Asynchronmaschine besteht aus AlSi-Legierung mit der Wärmeleitfähigkeit laut Tabelle 3.1 und hat die thermisch wirksamen Abmessungen

d_{iG} = 150 mm, d_{aG} = 160 mm, l_G = 140 mm.

Zu bestimmen ist sein radial wirksamer Wärmewiderstand.

Ergebnis:

Der Wärmewiderstand des Motorgehäuses beträgt 0,00046144 K/W.

Lösung:

a) Mit der Wandfläche $A = L \cdot H = 36\,\text{m}^2$ folgt nach Formel 6.11 für die einzelnen Wärmewiderstände:

$$R_W = \frac{0,2\,\text{m}}{2,3\,\frac{\text{W}}{\text{m}\cdot\text{K}} \cdot 36\,\text{m}^2} = 0,0024154\,\frac{\text{K}}{\text{W}}$$

für die Betonwand, analog $R_H = 0{,}11905$ K/W für den Hartschaum und ebenfalls analog für den Außenputz $R_P = 0{,}00027778$ K/W.

Da die Wärmewiderstände hier in Reihe geschaltet sind, müssen sie zum Gesamtwiderstand addiert werden

$$R_{ges} = 0,0024154\,\text{K/W} + 0,11905\,\text{K/W} + 0,00027778\,\text{K/W} = 0,12174\,\text{K/W}$$

b) Mit der maximalen Temperaturdifferenz $\Delta\vartheta = \vartheta_i - \vartheta_a = 19°\text{C} - (-10°\text{C}) = 29\,\text{K}$ zwischen der Wandinnen- und -außenseite folgt dann nach Formel 6.2 für den Wärmeverlust durch die Wand

$$P = \frac{\Delta\vartheta}{R_{ges}} = \frac{29\,\text{K}}{0,12174\,\text{K/W}} = 238,2\,\text{W}$$

c) Ohne die Hartschaumisolation beträgt der Wärmewiderstand nur noch

$$R_{ges} = R_W + R_P = 0,0024154\,\text{K/W} + 0,00027778\,\text{K/W} = 0,0026932\,\text{K/W}$$

und somit der Wärmeverlust durch die Wand

$$P = \frac{\Delta\vartheta}{R_{ges}} = \frac{29\,\text{K}}{0,0026932\,\text{K/W}} = 10,768\,\text{kW}$$

was rund das 45-fache im Vergleich mit der zusätzlich isolierten Wand ist.

Aufgabe 6.1

Die Statorwicklung einer Asynchronmaschine ist durch eine dünne Folie gegen das Eisenblechpaket isoliert. Dabei hat der Stator 36 Nuten, wobei die einzelnen Nuten einen Umfang von ca. 40 mm aufweisen und das Blechpaket insgesamt die Länge 140 mm hat.

Die Nutisolation hat, incl. Unebenheiten mit Tränkharzfüllung, die resultierende Dicke 0,3 mm und weist pauschal die Wärmeleitfähigkeit $\lambda = 0{,}2$ W/(m·K) auf.

Wie groß ist der Wärmewiderstand zwischen der Wicklung und dem Statorblechpaket?

Ergebnis:

Der Wärmewiderstand beträgt 0,0074405 K/W.

6.2.1.2 Wärmeleitung in einer Rohrwand

Bei Erwärmungs- bzw. Kühlsituationen spielen Rohrleitungen, z. B. zum Transport von Kühlmitteln, eine wichtige Rolle, wobei ein Wärmeaustausch mit der Umgebung aus Funktions- bzw. Sicherheitsgründen normalerweise unerwünscht ist.

Diese Situation ist in Bild 6.4 dargestellt, wozu die meist kreiszylindrischen Rohrleitungen dann mit einer Wärmeisolation konstanter Dicke ummantelt werden.

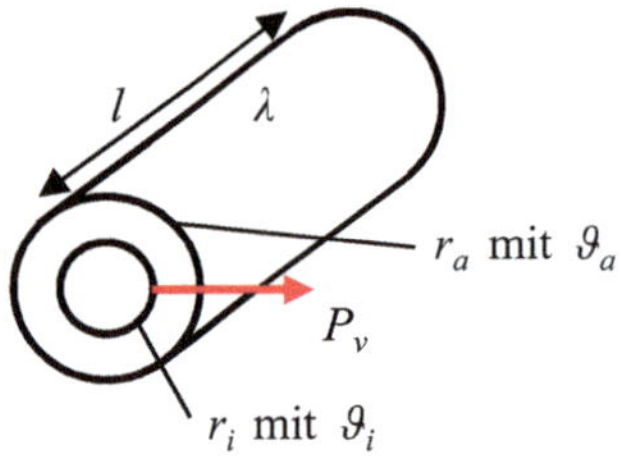

Bild 6.4 Kreiszylindrisches Rohr mit Isolation konstanter Dicke

Für die hier radiale Wärmeausbreitung in der Rohrisolation mit dem Innenradius r_i bei der Temperatur ϑ_i, dem Außenradius r_a bei ϑ_a, der Länge l und der Wärmeleitfähigkeit λ gilt dann für den Wärmewiderstand R

$$R = \frac{1}{2\pi l \lambda} \cdot \ln \frac{r_a}{r_i} \tag{6.12}$$

Beispiel 6.3

Eine Heißdampfleitung des Außendurchmessers 10 cm ist mit Keramikfasern der Wärmeleitfähigkeit $\lambda_{400} = 0{,}1$ W/(m·K) und der radialen Dicke 5 cm isoliert.

Wie viel Wärme geht bei einer Dampftemperatur von 400°C und der normalen Umgebungstemperatur 20°C pro 1 m Rohrlänge verloren?

Lösung:

Mit $r_i = 5$ cm und $r_a = 10$ cm folgt pro $l = 1$ m Rohrlänge für den Wärmewiderstand der Isolation nach Formel 6.12

$$R = \frac{1}{2\pi \cdot 1\,\text{m} \cdot 0{,}1\,\text{W/(m} \cdot \text{K)}} \cdot \ln \frac{10\,\text{cm}}{5\,\text{cm}} = 1{,}1032\,\frac{\text{K}}{\text{W}}$$

Bei der Temperaturdifferenz $\Delta\vartheta = \vartheta_i - \vartheta_a = 400°\text{C} - 20°\text{C} = 380\,\text{K}$ berechnet sich der spezifische Wärmeverlust pro 1 m Rohrlänge dann nach Formel 6.2 zu

$$P = \frac{\Delta\vartheta}{R} = \frac{380\,\text{K}}{1{,}1032\,\text{K/W}} = 344{,}5\,\text{W}$$

Aufgabe 6.2

Das rohrförmige Motorgehäuse einer Asynchronmaschine besteht aus AlSi-Legierung mit der Wärmeleitfähigkeit laut Tabelle 3.1 und hat die thermisch wirksamen Abmessungen

$d_{iG} = 150$ mm, $d_{aG} = 160$ mm, $l_G = 140$ mm.

Zu bestimmen ist sein radial wirksamer Wärmewiderstand.

Ergebnis:

Der Wärmewiderstand des Motorgehäuses beträgt 0,00046144 K/W.

6.2.1.3 Wärmeleitung durch eine Kugelschale

Gelegentlich werden Bauelemente, Baugruppen, Geräte, Transformatoren, etc. aus Sicherheitsgründen komplett ummantelt, was dann näherungsweise der in Bild 6.5 dargestellten Situation entspricht.

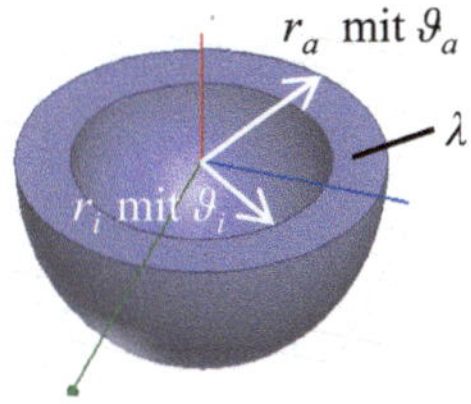

Bild 6.5 Wärmeleitung durch eine Hohlkugel

Dafür lässt sich der Wärmewiderstand R für die hier ebenfalls radiale Wärmeausbreitung in der Kugelschale mit dem inneren Radius r_i bei der Temperatur ϑ_i, dem äußeren Radius r_a bei ϑ_a und der Wärmeleitfähigkeit λ direkt von der Elektrotechnik übernehmen als

$$R = \frac{1}{4\pi\lambda}\left(\frac{1}{r_i} - \frac{1}{r_a}\right) \tag{6.13}$$

Beispiel 6.4

Ein Kleintransformator nach Bild 1.1 rechts wird aus Sicherheitsgründen komplett mit gefülltem Gießharz der Wärmeleitfähigkeit $\lambda = 0{,}6\,\mathrm{W/(m{\cdot}K)}$ umgossen und so gegen Umwelteinflüsse und Beschädigungen geschützt. Näherungsweise lässt sich diese Situation, entsprechend Bild 6.5, durch eine Hohlkugel mit dem Innenradius 35 mm und der Wandstärke 3 mm beschreiben.

Im Normalbetrieb hat der Transformator 17,7 W Verluste und erwärmt sich, ohne die zusätzliche Schutzhülle, um 63 K gegenüber seiner Umgebung mit maximal 40°C.

Zu welcher zusätzlichen Erwärmung führt dann diese Schutzmaßnahme und erfüllt der Transformator dann noch die Vorgaben für die Isolierstoffklasse E?

Lösung:

Mit dem Wärmewiderstand nach Formel 6.13

$$R = \frac{1}{4\pi \cdot 0{,}6\,\mathrm{W/(m \cdot K)}}\left(\frac{1}{0{,}035\,\mathrm{m}} - \frac{1}{0{,}038\,\mathrm{m}}\right) = 0{,}29916\,\frac{\mathrm{K}}{\mathrm{W}}$$

folgt nach Formel 6.2 mit den vorgegebenen Verlusten für die Temperaturzunahme durch die Schutzhülle

$$\Delta\vartheta = 0{,}29916\,\mathrm{K/W} \cdot 17{,}7\,\mathrm{W} = 5{,}295\,\mathrm{K} \approx 5{,}3\,\mathrm{K}$$

sodass der Transformator auch noch mit diesem zusätzlichen Schutz gemäß

$$\vartheta_{\max} = \vartheta_{U\max} + \Delta\vartheta_N + \Delta\vartheta = 40^\circ\mathrm{C} + 63\,\mathrm{K} + 5{,}3\,\mathrm{K} = 108{,}3^\circ\mathrm{C} \leq 115^\circ\mathrm{C}$$

die Isolierstoffklasse E erfüllt.

6.2.2 Effektive Wärmeleitung in Wicklungen

Wicklungen in elektrischen Maschinen bestehen i. d. R. aus einer kompakten Zusammenfassung von isolierten Leitern zu Spulen, die je nach Anforderungen zusätzlich mit Harz getränkt, mit Gießharz vergossen, von Isolieröl umspült oder in Sonderfällen auch ohne eine weitere Isolation bzw. Imprägnierung eingesetzt werden.

Im Hinblick auf die Temperaturverteilung handelt es sich dabei um Bereiche mit lokal kleinräumig verteilten, sehr unterschiedlichen Wärmeleitfähigkeiten. Zur Reduzierung des Rechenaufwandes bietet es sich daher an, solche Bereiche thermisch als näherungsweise homogene Körper mit einer mittleren effektiven Wärmeleitfähigkeit λ^* zu beschreiben.

Dieser Wert hängt dann allerdings in hohem Maße davon ab,

- welches Wicklungskonzept ausgeführt ist,
- in welcher Richtung der Wärmestrom relativ zu den Leitern verläuft und
- welche Wärmeleitfähigkeit in den Leitern bzw. in den Zwischenräumen wirksam ist.

Für die folgenden Beispiele wurden als Wärmeleitfähigkeiten berücksichtigt:

- Kupfer 385 W/(m·K),
- Luft 0,026 W/(m·K),
- Drahtisolation, Tränkharz 0,2 W/(m·K),
- Verguss (gefüllt) 0,6 W/(m·K).

Hinweis: Wegen der vergleichsweise guten Wärmeleitfähigkeit bei allen Metallen gelten die nachfolgenden Angaben sinngemäß auch bei anderen Leiterwerkstoffen mit ihren zugehörigen Materialeigenschaften, so insbesondere auch bei Wicklungen z. B. aus Aluminiumleitern.

6.2.2.1 Wicklungen aus Rundlackdraht

Dabei unterscheidet man insbesondere

- die normale effektive Wärmeleitfähigkeit λ^* entsprechend Bild 6.6,

  wobei der Wärmestrom normal, senkrecht bzw. transversal zu den Drahtachsen verläuft und wesentlich von der Drahtisolation bestimmt wird,
- die tangentiale effektive Wärmeleitfähigkeit λ^*_t,

  mit einem tangential, parallel bzw. axial zu den Drahtachsen verlaufenden Wärmestrom mit dem in Formel 6.14 angegebenen Näherungswert,

- und die sog. homogenisierte Wärmeleitfähigkeit λ^*_h,

  die z. B. im Wickelkopf von elektrischen Maschinen, mit ihren oft kleinräumig, chaotisch verteilten Drahtrichtungen, durch einen für die drei Raumrichtungen gewichteten Mittelwert entsprechend Formel 6.15 beschrieben werden kann.

Dazu zeigt Bild 6.6 oben schematisch den Ausschnitt einer Wicklung aus lackisolierten Runddrähten. Dabei steigt die Isolationsdicke entsprechend IEC 60317-0-1 mit dem Leiterdurchmesser an und je nach Anforderungen wird zwischen einer dünneren Isolation Grad 1 (Einfachlackdraht) für normale, bzw. einer dickeren Isolation Grad 2 (Doppellackdraht) für hohe spannungsmäßige Beanspruchungen unterschieden.

Darüber hinaus werden bei besonderen Anforderungen, z. B. beim Betrieb am Umrichter, auch Drähte mit zusätzlich verstärkter Isolation (Overcoat) eingesetzt.

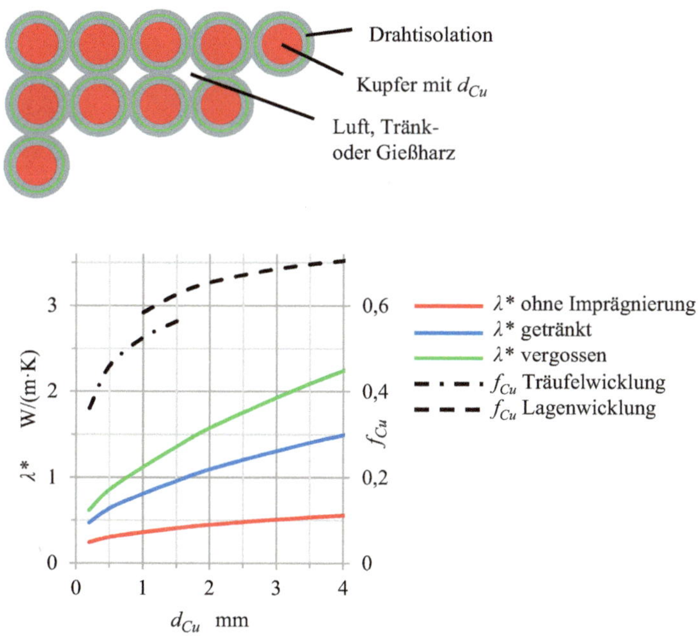

Bild 6.6 Aufbau, Füllfaktor und effektive Wärmeleitfähigkeit bei typischen Wicklungen aus Rundlackdraht. Oben: Wicklungsquerschnitt aus lackisolierten Rundlackdrähten (Isolationsdicke nicht maßstäblich dargestellt), unten: typischer Füllfaktor und effektive Wärmeleitfähigkeit senkrecht zur Drahtrichtung

Dementsprechend hängt die normale effektive Wärmeleitfähigkeit λ^* dieser Wicklungsanordnung von den Drahtabmessungen, deren Isolation und dem sog. Kupferfüllfaktor f_{Cu} ab, sowie davon, ob die Wicklung getränkt, vergossen, von Öl umspült oder aber nicht zusätzlich isoliert ist.

In Bild 6.6 unten sind dazu für übliche Wicklungen aus Doppellackdraht realistische Anhaltswerte für den Füllfaktor und die dabei zu erwartende effektive Wärmeleitfähigkeit in Abhängigkeit vom Leiterdurchmesser d_{Cu} für die überwiegend betrachtete Wärmeausbreitungsrichtung normal zur Drahtrichtung, jeweils bezogen auf die tatsächlich genutzte Wickelfläche (d. h. ohne zusätzliche Isolationen und Sicherheitsabstände), dargestellt.

Für die gelegentlich ebenfalls interessierende Wärmeausbreitung parallel, also tangential zur Drahtrichtung, z. B. im Übergangsbereich zwischen den Statornuten und dem Wickelkopf von elektrischen Maschinen, gilt dann mit dem in Bild 6.6 unten dargestellten Füllfaktor f_{Cu} und der Wärmeleitfähigkeit des Leitermaterials, z. B. Kupfer mit λ_{Cu}, näherungsweise

$$\lambda_t^* \approx f_{Cu} \cdot \lambda_{Cu} \tag{6.14}$$

Weiterhin kann für den Bereich der Wickelköpfe, mit seinen teils systematisch bzw. auch zufällig wechselnden Drahtrichtungen, eine gemittelte richtungsunabhängige Wärmeleitfähigkeit wie folgt abgeschätzt werden

$$\lambda_h^* \approx \frac{6 \cdot \lambda^* + \lambda_t^*}{7} \tag{6.15}$$

Beispiel 6.5

Für eine getränkte Träufelwicklung aus 1 mm Rundlackdrähten sind die drei charakteristischen Richtwerte für ihre effektive Wärmeleitfähigkeit anzugeben.

Lösung:

Die Wärmeleitfähigkeit normal zur Drahtrichtung, wie sie z. B. üblich in den Statornuten der elektrischen Maschinen wirksam ist, wird Bild 6.6 unten entnommen zu

$$\lambda^* \approx 0,8 \, \frac{\mathrm{W}}{\mathrm{m \cdot K}}$$

Für die in tangentialer Richtung wirksame Wärmeleitfähigkeit gilt nach Formel 6.14 mit dem Bild 6.6 unten entnommenen Füllfaktor $f_{Cu} = 0{,}52$ und der Wärmeleitfähigkeit für Kupfer laut Tabelle 3.1

$$\lambda_t^* \approx 0,52 \cdot 385 \, \frac{\mathrm{W}}{\mathrm{m \cdot K}} \approx 200 \, \frac{\mathrm{W}}{\mathrm{m \cdot K}}$$

Damit lässt sich dann für den Wickelkopf eine wirksame, homogenisierte Wärmeleitfähigkeit gemäß Formel 6.15 abschätzen zu

$$\lambda_h^* \approx \frac{6 \cdot 0,8 + 200}{7} \, \frac{\mathrm{W}}{\mathrm{m \cdot K}} \approx 29 \, \frac{\mathrm{W}}{\mathrm{m \cdot K}}$$

6.2.2.2 Wicklungen aus Flachlackdraht

Auch für Wicklungen aus Flachlackdraht der Leiterdicke d_{Cu} gemäß Bild 6.7 oben lassen sich typische Werte für den Füllfaktor und die effektive Wärmeleitfähigkeit normal/senkrecht zur Drahtrichtung für die hier gebräuchlichen Ausführungen mit Doppellackisolation und getränkten Wicklungen entsprechend Bild 6.7 unten angeben. Die Werte gelten wieder für das tatsächlich genutzte Wicklungsvolumen, ohne zusätzliche Isolationen oder etwaige Sicherheitsabstände.

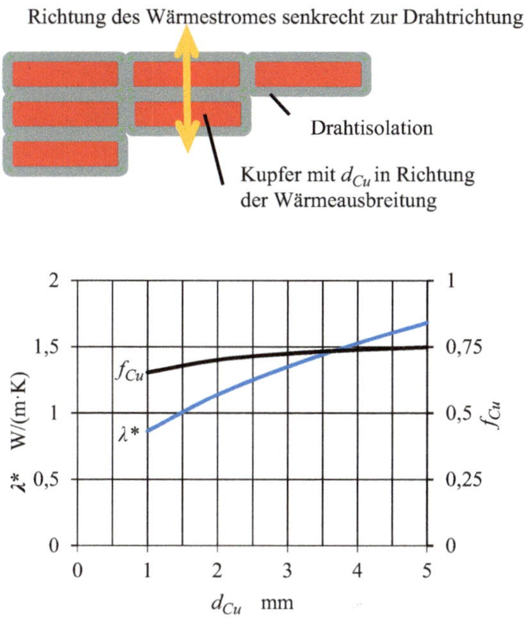

Bild 6.7 Aufbau, Füllfaktor und Wärmeleitfähigkeit bei typischen Wicklungen aus Flachlackdrähten. Oben: Wicklungsquerschnitt aus lackisolierten Flachlackdrähten (Isolationsdicke nicht maßstäblich dargestellt, unten: typischer Füllfaktor und effektive Wärmeleitfähigkeit senkrecht zur Drahtrichtung.

Die Breite der Drähte hat dabei keinen wesentlichen Einfluss auf λ^*, sofern die Wicklung wie üblich spiralförmig dicht und ohne Abstand gewickelt ist.

Für die hier in seltenen Fällen ebenfalls interessante effektive Wärmeleitfähigkeit des Wicklungsquerschnittes in Drahtrichtung gilt analog zu den Wicklungen mit Rundlackdrähten wieder Formel 6.14.

Anders als bei Wicklungen mit Rundlackdrähten kommen chaotische Drahtlagen bei Flachlackdrähten aber praktisch nicht vor und brauchen somit hier auch nicht betrachtet werden.

Aufgabe 6.3

Die mehrlagige Wicklung eines Transformators ist mit Flachlackdraht der Breite 10 mm und der Dicke 2,5 mm gewickelt.

Mit welchem Füllfaktor kann dabei gerechnet werden und wie groß ist die mittlere radiale Wärmeleitfähigkeit der Wicklung?

Ergebnis:

Die typischen Werte betragen beim Füllfaktor 72 % und bei der mittleren Wärmeleitfähigkeit ca. 1,25 W/(m·K).

6.2.2.3 Folienwicklungen

Bei Hochstromanwendungen werden oftmals sog. Folienwicklungen vorgesehen, bei denen z. B. ein Kupfer- oder Aluminiumband nach Bild 6.8 zusammen mit einer dünnen Isolationsfolie spiralförmig zur Spule aufgewickelt ist.

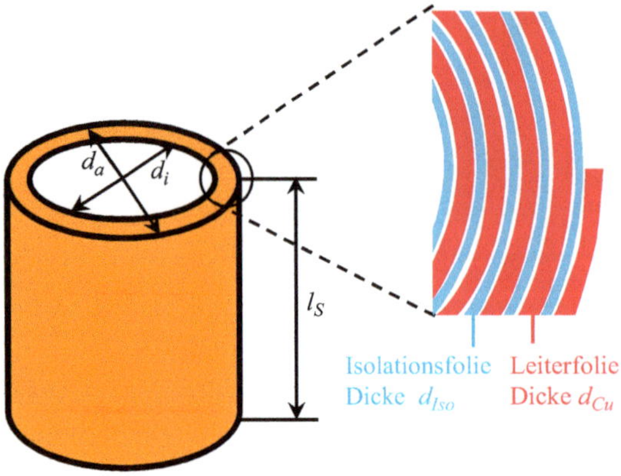

Bild 6.8 Aufbau und Bezeichnungen einer Folienwicklung

Insbesondere bei Transformatoren und Drosseln können so, ohne Parallelschaltung vieler Einzeldrähte, große Leiterquerschnitte realisiert werden. Durch die in radialer Richtung dann dünnen Leiter bleiben dabei die Zusatzverluste in Folge des Skin- und Proximityeffektes meistens auch akzeptabel klein.

Mit der Leiterdicke d_{Cu} und der Isolationsdicke d_{Iso} kann hier der Füllfaktor f_{Cu} der dicht gewickelten und entweder zusätzlich getränkten bzw. vergossenen oder von Isolieröl umspülten Spule einfach zu

$$f_{Cu} = \frac{d_{Cu}}{d_{Cu} + d_{Iso}} \tag{6.16}$$

abgeschätzt werden, mit dem sich dann die wirksame Wärmeleitfähigkeit in der Leiterebene, also in Umfangs- oder Axialrichtung, wieder mit Formel 6.14 bestimmen lässt.

Die meist besonders interessierende, resultierende Wärmeleitfähigkeit λ^* normal zur Folienebene, also in radialer Richtung, lässt sich dabei wie folgt abschätzen

$$\lambda^* \approx \frac{(d_{Cu} + d_{Iso}) \cdot \lambda_{Cu} \cdot \lambda_{Iso}}{d_{Cu} \cdot \lambda_{Iso} + d_{Iso} \cdot \lambda_{Cu}} \tag{6.17}$$

Beispiel 6.6

Bei einem Verteilertransformator ähnlich Bild 1.1 links ist die innen liegende Sekundärwicklung, die sog. Niederspannungswicklung, als Folienwicklung mit der radialen Leiterdicke $d_{Cu} = 0{,}8$ mm und der Isolationsdicke $d_{Iso} = 0{,}2$ mm ausgeführt.

a) Zu bestimmen ist die wirksame Wärmeleitfähigkeit der Sekundärwicklung sowohl in tangentialer als auch in radialer Richtung.

b) Die Primärwicklung besteht aus Rundlackdraht des Leiterdurchmessers 2,5 mm, bei der die Zwischenräume mit Öl der Wärmeleitfähigkeit $\lambda = 0{,}14$ W/(m·K) bei 60°C ausgefüllt sind. Auch dafür ist die wirksame Wärmeleitfähigkeit in radialer Richtung auf der Grundlage von Bild 6.6 abzuschätzen.

Lösung:

a) Nach Formel 6.17 folgt für die Wärmeleitfähigkeit der Folienwicklung in radialer Richtung

$$\lambda^* \approx \frac{(0{,}8\,\mathrm{mm} + 0{,}2\,\mathrm{mm}) \cdot 385\,\frac{\mathrm{W}}{\mathrm{m \cdot K}} \cdot 0{,}2\,\frac{\mathrm{W}}{\mathrm{m \cdot K}}}{0{,}8\,\mathrm{mm} \cdot 0{,}2\,\frac{\mathrm{W}}{\mathrm{m \cdot K}} + 0{,}2\,\mathrm{mm} \cdot 385\,\frac{\mathrm{W}}{\mathrm{m \cdot K}}} = 0{,}99793\,\frac{\mathrm{W}}{\mathrm{m \cdot K}} \approx 1\,\frac{\mathrm{W}}{\mathrm{m \cdot K}}$$

Mit dem Füllfaktor nach Formel 6.16

$$f_{Cu} = \frac{0{,}8\,\mathrm{mm}}{0{,}8\,\mathrm{mm} + 0{,}2\,\mathrm{mm}} = 0{,}8$$

ergibt Formel 6.14 für die wirksame Leitfähigkeit in tangentialer Richtung den Wert

$$\lambda_t^* \approx f_{Cu} \cdot \lambda_{Cu} \approx 0{,}8 \cdot 385\,\frac{\mathrm{W}}{\mathrm{m \cdot K}} \approx 308\,\frac{\mathrm{W}}{\mathrm{m \cdot K}}$$

b) Für diesen Fall gibt es in Bild 6.6 keine konkrete Kennlinie.
Allerdings gibt es dort Diagramme für Luft (ohne Imprägnierung) mit $\lambda = 0{,}026$ W/(m·K) und Tränkharz mit $\lambda = 0{,}2$ W/(m·K).
Da die Wärmeleitfähigkeit von Öl zwischen diesen beiden Werten liegt, muss auch die wirksame Wärmeleitfähigkeit der ölgetränkten Primärwicklung zwischen den dort dargestellten Kennlinien liegen.
Mit den zugehörigen Werten $\lambda^*_{\mathrm{Luft}} \approx 0{,}49$ W/(m·K) und $\lambda^*_{\mathrm{Harz}} \approx 1{,}2$ W/(m·K) beim Leiterdurchmesser 2,5 mm findet man den gesuchten Näherungswert für die ölgefüllte Wicklung näherungsweise durch lineare Interpolation zu $\lambda^*_{\mathrm{Öl}} \approx 0{,}95517$ W/(m·K) $\approx 0{,}96$ W/(m·K).

6.2.3 Effektive Wärmeleitung in Elektroblechpaketen

Auch in den Blechpaketen sind als Folge der notwendigen Blechisolation und der unvermeidlichen Unebenheiten deutlich unterschiedliche Wärmeleitfähigkeiten auf engstem Raum wirksam. Bei den üblichen Maschinenkonzepten ist die wirksame Wärmeleitfähigkeit des Elektroblechpaketes entsprechend Bild 6.9 dabei ebenfalls richtungsabhängig.

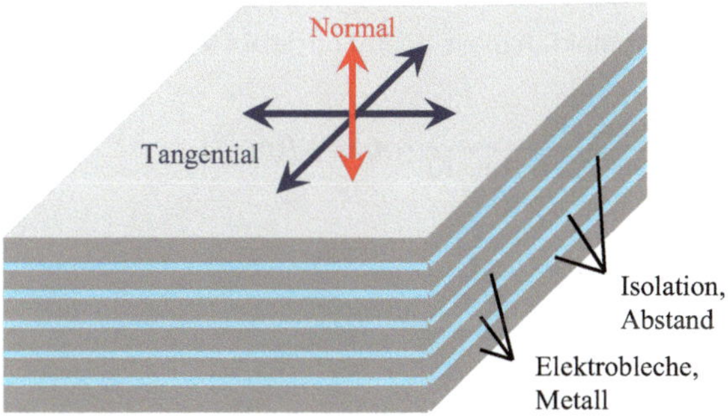

Bild 6.9 Richtungsabhängigkeit der wirksamen Wärmeleitfähigkeit in Elektroblechpaketen

6.2.3.1 Effektive Wärmeleitung in der Blechebene

Mit dem heutzutage typischen Eisenfüllfaktor der Blechpakete im Bereich $0{,}95 \leq f_{Fe} < 1$ gilt für die Wärmeausbreitung $\lambda^*_{Fe,t}$ in der Blechebene (tangential) wieder

$$\lambda^*_{Fe,t} \approx f_{Fe} \cdot \lambda_{Fe} \approx \lambda_{Fe} \tag{6.18}$$

wonach hier in guter Näherung, wie angegeben, mit der durch das konkrete Elektroblech vorgegebenen Wärmeleitfähigkeit λ_{Fe} gerechnet werden darf.

Für ausgewählte Elektroblechqualitäten sind diese Werte in Tabelle 3.2 angegeben.

6.2.3.2 Effektive Wärmeleitung senkrecht zur Blechebene

Demgegenüber verschlechtert sich die wirksame Wärmeleitfähigkeit senkrecht zur Blechebene (normal) durch die notwendige, dünne Blechisolation bzw. die unvermeidlichen Blechunebenheiten, die ja zusammen letztlich wie ein kleiner Blechabstand wirken, der mit Isolationsmaterial bzw. Tränkharz, Öl oder Luft gefüllt ist.

Trotz dem heute üblich hohen Eisenfüllfaktor reduziert sich dadurch die effektive Wärmeleitfähigkeit λ^*_{Fe} des Blechpaketes senkrecht zur Blechebene merklich, wobei mit der Wärmeleitfähigkeit des Elektrobleches λ_{Fe} bzw. der Isolierschicht λ_{Iso} gilt

$$\lambda^*_{Fe} \approx \frac{\lambda_{Fe} \cdot \lambda_{Iso}}{(1 - f_{Fe}) \cdot \lambda_{Fe} + f_{Fe} \cdot \lambda_{Iso}} \tag{6.19}$$

Beispiel 6.7

Für ein getränktes Paket aus Elektroblechen der Qualität M 530 – 50A sollen die beiden charakteristischen Wärmeleitfähigkeiten tangential bzw. normal zur Blechebene angegeben werden. Dabei hat der Eisenfüllfaktor den Wert $f_{Fe} = 0{,}96$ und der Zwischenraum der Bleche einschließlich der Blechisolation die Wärmeleitfähigkeit 0,2 W/(m·K).

Lösung:

Die Wärmeleitfähigkeit des genannten Elektrobleches hat laut Tabelle 3.2 den Wert $\lambda_{Fe} = 34$ W/(m·K).

Damit berechnet sich der tangentiale Wert nach Formel 6.18 zu

$$\lambda^*_{Fe,t} = 0,96 \cdot 34\,\mathrm{W/(m \cdot K)} = 32,64\,\mathrm{W/(m \cdot K)} \approx \lambda_{Fe} = 34\,\mathrm{W/(m \cdot K)}$$

Weiterhin gilt für die normale Wärmeleitfähigkeit nach Formel 6.19 der schon deutlich kleinere Wert

$$\lambda^*_{Fe} \approx \frac{34\,\mathrm{W/(m \cdot K)} \cdot 0,2\,\mathrm{W/(m \cdot K)}}{(1 - 0,96) \cdot 34\,\mathrm{W/(m \cdot K)} + 0,96 \cdot 0,2\,\mathrm{W/(m \cdot K)}} \approx 4,38\,\mathrm{W/(m \cdot K)}$$

6.3 Wärmeübergang durch natürliche bzw. freie Konvektion [9, 10, 11, 12, 15]

Während sich die Wärmeleitung in materiellen Körpern, wie zuvor betrachtet, einigermaßen problemlos durch Wärmewiderstände auch quantitativ beschreiben lässt, ist dies für die Wärmübergänge auf die i. d. R. flüssigen bzw. gasförmigen Kühlmittel nur sehr begrenzt mit wünschenswerter Genauigkeit möglich.

Dies ist auch der Grund dafür, dass mit einfachen thermischen FEM-Simulationen oft keine befriedigenden Wärmeberechnungen möglich sind. Für eine gute Genauigkeit muss man daher auf die sehr aufwendige, rechen- und zeitintensive Multiphysik-FEM zurückgreifen, mit der sich auch die teilweise irregulären Oberflächen und die dabei auftretenden kleinräumigen, lokalen Strömungsverhältnisse einigermaßen exakt erfassen lassen.

Alternativ betrachtet man daher charakteristische Kühlsituationen, für die man dann situationsbezogene Wärmeübergangszahlen definiert, welche letztlich auf Erfahrungs- und Messwerten beruhen. Sie bilden daher die Grundlage der thermischen Ersatzschaltungen und somit einen zentralen, ausführlichen Schwerpunkt auch von diesem Buch.

Damit lassen sich dann auch die Ergebnisse bei einfachen thermischen FEM-Simulationen wieder deutlich verbessern.

Als grundsätzliche Situation betrachtet man dazu, entsprechend Bild 6.10, einen hinreichend kleinen Ausschnitt im Übergangsbereich zwischen Maschinenelement und umgebendem Kühlmittel, bei dem die Oberfläche als Folge von inneren Verlusten eine Wand- bzw. Oberflächentemperatur ϑ_W aufweist. Durch den Kontakt des Kühlmittels der ungestörten Umgebungstemperatur ϑ_U mit der wärmeren Wand $\vartheta_W - \vartheta_U > 0$ findet dann ein Wärmeaustausch zwischen beiden statt, durch den im Normalfall Wärme an das Kühlmittel übertragen und so die Maschine gekühlt wird.

Dabei ist es zunächst unerheblich, ob das Kühlmittel ruht, sich aufgrund von Dichteunterschieden von selbst bewegt, oder zwangsweise, z. B. durch Ventilatoren, bewegt wird.

Da sich die thermischen Eigenschaften der Kühlmittel allgemein mit der Temperatur ändern, werden diese bei größeren Temperaturunterschieden, wie z. B. bei Transformatoren oder elektrischen Maschinen üblich, für eine mittlere Kühlmitteltemperatur

$$\vartheta_m = \frac{\vartheta_W + \vartheta_U}{2} = \vartheta_W - \frac{\Delta\vartheta}{2} = \vartheta_U + \frac{\Delta\vartheta}{2} \tag{6.20}$$

ausgewertet, wobei $\Delta\vartheta = \vartheta_W - \vartheta_U$ hier den Temperaturunterschied zwischen der Wand und dem umgebenden Kühlmittel angibt.

Da zu Beginn der Betrachtung die Wandtemperatur naturgemäß noch nicht bekannt ist (dann müsste diese ja nicht mehr berechnet werden), berücksichtigt man dazu vorteilhaft einen gebräuchlichen Erwartungs- bzw. Erfahrungswert, der sich z. B. an der zulässigen Temperatur entsprechend der vorgegebenen Isolierstoffklasse, inklusive einem gewissen Sicherheitsabstand, orientiert. Dabei ist ihr Einfluss in üblichen Situationen meist eher klein, sodass man hier durchaus gewisse Abweichungen zum gewählten Erwartungswert akzeptieren und so eine diesbezügliche Iteration daher oftmals entfallen kann.

Dies gilt insbesondere auch bei kleinen Temperaturunterschieden zwischen Wand und Kühlmittel, z. B. bei Gebäudewänden etc., wo man dann vereinfachend, ohne diesen Einfluss, direkt mit der umgebenden Kühlmitteltemperatur rechnet.

Zur rechnerischen Beschreibung definiert man für den Wärmeübergang an der Grenzfläche zwischen der festen Wand und den flüssigen bzw. gasförmigen Medien einen sog. Wärmeübergangswiderstand für Konvektion

$$R_K = \frac{1}{\alpha_K \cdot A_K} \tag{6.21}$$

mit

α_K = Wärmeübergangszahl (WÜZ) für Konvektion

A_K = wirksame Wärmeübergangsfläche für Konvektion (dabei Vergrößerung, z. B. durch Rippen, möglich).

Die dabei wirksamen Wärmeübergangszahlen α_K können einen großen Wertebereich überdecken und hängen wesentlich von den geometrischen Verhältnissen der Anordnung, der konkreten Kühlsituation und dem Kühlmedium selbst, und, wie zuvor erläutert, bei größeren Temperaturdifferenzen auch von dessen mittlerer Temperatur ϑ_m ab.

Allgemein spricht man dabei von natürlicher bzw. freier Konvektion, wenn sich das umgebende Kühlmedium allein aufgrund von temperaturabhängigen Dichteunterschieden bewegt. Dabei erwärmt sich das Kühlmedium an der zu kühlenden Fläche, wird dadurch leichter, steigt auf und nimmt die aufgenommene Wärme mit. Im unteren Bereich der Kühlfläche strömt dann im Gegenzug wieder kaltes Medium nach, erwärmt sich seinerseits, steigt auf, usw., so wie dies schematisch in Bild 6.10 dargestellt ist.

Mit den weiteren Bezeichnungen und Einheiten laut Tabelle 6.1 sind für alle wichtigen vorkommenden Situationen nachfolgend die in der Praxis bevorzugt ausgewerteten Wärmeübergangszahlen unter Berücksichtigung der wichtigsten Einflussgrößen angegeben.

Die Werte basieren dabei weitgehend auf entsprechenden Angaben im VDI-Wärmeatlas, die dort aber sehr allgemein mit den dimensionslosen Kennzahlen wie Froude-, Grashof-, Nußelt-, Prandtl-, Reynold-Zahlen etc. formuliert sind, was bei der praktisch konkreten Auswertung eher umständlich und nachteilig ist und ein tieferes Verständnis in der Strömungsmechanik voraussetzt.

Wegen den dazu notwendigen Approximationen sind jeweils zusätzlich auch Gültigkeitsgrenzen zur Orientierung mit angegeben, innerhalb derer das Bestimmtheitsmaß $R^2 > 0{,}9$ bleibt, was so eine gute Übereinstimmung zu den Angaben im Wärmeatlas sichert.

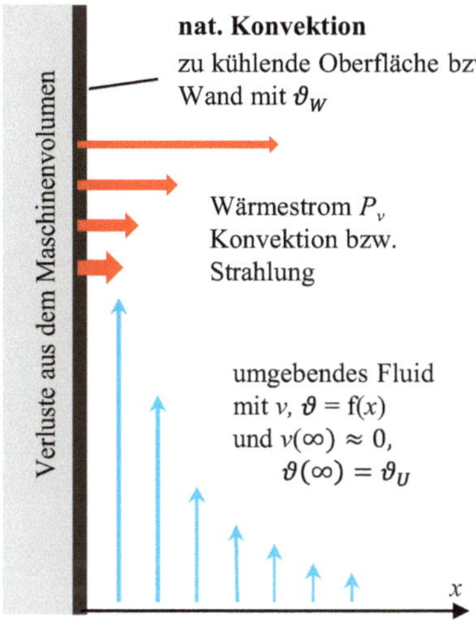

Bild 6.10 Situation beim Wärmeübergang durch Konvektion

Tabelle 6.1 Wichtige Bezeichnungen und Einheiten

Formelzeichen	Einheit	Bedeutung
$\Delta\vartheta$	K	sog. Temperatursprung = Temperaturdifferenz zwischen der zu kühlenden Oberfläche (Wand) und dem umgebenden, kalten Kühlmedium
h	m	vertikale bzw. senkrechte Höhe der zu kühlenden Fläche
l	m	Länge der überströmten Kühlfläche oder des Kühlrohres bzw. eine charakteristische Länge für die betrachtete Kühlsituation
p	hPa	wirksamer Luftdruck, z. B. in Abhängigkeit von der Aufstellungshöhe, mit $p_0 = 1013$ hPa als Normalwert des Luftdruckes auf Meereshöhe, oder Arbeitsdruck im Kühlsystem bei Siedekühlung
w	W/m²	spezifische Flächenbelastung auf der zu kühlenden Fläche
v	m/s	vorgegebene Geschwindigkeit des Kühlmediums bei forcierter bzw. Rohrkühlung

Dabei entsprechen die jeweiligen Vorfaktoren weitgehend auch den praktisch gebräuchlichen groben Richtwerten, sodass die zusätzlich angegebenen Einflussfaktoren nur bei deutlichen Abweichungen von den jeweiligen Bezugswerten zu berücksichtigen sind.

Für überschlägige Abschätzungen genügt es daher oft, nur mit den jeweiligen Vorfaktoren zu rechnen.

6.3.1 Natürliche Konvektion an vertikalen Flächen

6.3.1.1 Luftkühlung

An freien Flächen entsprechend Bild 6.11

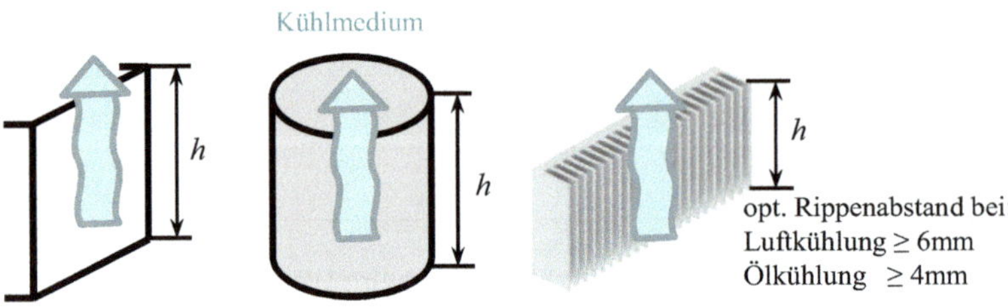

Bild 6.11 Natürliche Konvektion an typischen vertikalen Kühlflächen: links ebene Fläche, Mitte zylindrische Fläche, rechts Fläche mit Rippen

Dabei erwärmt sich die umgebende Luft durch den Kontakt mit der zu kühlenden Wand, wodurch ihre Dichte abnimmt und sie sich, ohne zusätzlichen Antrieb, allein als Folge des Auftriebes nach oben bewegt. Die umgebende Kühlluft kann hier ungehindert im unteren Bereich zu- und im oberen Bereich wieder abströmen.

Der dabei mit angegebene Einfluss des Luftdruckes dient allein der Berücksichtigung der Druckabnahme bei großen Aufstellungshöhen und der daraus resultierend abnehmenden Kühlwirkung und bleibt bei Aufstellungshöhen unterhalb von 1000 m ü. NN allgemein unberücksichtigt.

Gültigkeitsbereich: $20°C \leq \vartheta_m \leq 100°C$ $10\,K \leq \Delta\vartheta \leq 100\,K$ $0{,}05\,m \leq h \leq 1\,m$

$$\alpha_K \approx 8\frac{W}{m^2K} \cdot \left(\frac{333\,K}{273\,K + \vartheta_m}\right)^{0{,}575} \cdot \left(\frac{\Delta\vartheta}{60\,K}\right)^{0{,}304} \cdot \left(\frac{0{,}5\,m}{h}\right)^{0{,}126} \cdot \left(\frac{p}{p_0}\right)^{0{,}5} \tag{6.22}$$

Beispiel 6.8

Ein Kleintransformator EI 84b, ähnlich Bild 1.1 rechts, hat im Bemessungsbetrieb 17,7 W Verluste und erwärmt sich dabei im Mittel um ca. 60 K gegenüber seiner Umgebung mit maximal 40°C. Dabei lässt sich seine Kühlsituation näherungsweise durch einen Hüllquader der Abmessungen

Breite $b = 84$ mm, Tiefe $t = 42$ mm und Höhe $h = 70$ mm

abschätzen.

Welche Verluste werden dabei durch Konvektion über die senkrechten Seitenflächen des Hüllquaders abgegeben?

Lösung:

Die Seitenfläche des Hüllquaders beträgt

$$2 \cdot (b + t) \cdot h = 2 \cdot (84\,mm + 42\,mm) \cdot 70\,mm = 0{,}01764\,m^2.$$

Bei der maximalen Umgebungstemperatur $\vartheta_U = 40°C$ und der Übertemperatur des Transformators $\Delta\vartheta = 60\,K$ folgt für die Wandtemperatur

$$\vartheta_W = \vartheta_U + \Delta\vartheta = 40°C + 60\,K = 100°C$$

und somit für die mittlere Kühlmitteltemperatur nach Formel 6.17

$$\vartheta_m = \frac{100°C + 40°C}{2} = 70°C$$

Nach Formel 6.22 ergibt sich damit für die Wärmeübergangszahl der Wert

$$\alpha_K \approx 8\frac{W}{m^2K} \cdot \left(\frac{333\,K}{273\,K + 70°C}\right)^{0{,}575} \cdot \left(\frac{60\,K}{60\,K}\right)^{0{,}304} \cdot \left(\frac{0,5\,m}{0,07\,m}\right)^{0{,}126} = 10\frac{W}{m^2K}$$

und damit für den Wärmewiderstand durch Konvektion nach Formel 6.21

$$R_K = \frac{1}{\alpha_K A_K} = \frac{1}{10\frac{W}{m^2K} \cdot 0,01764\,m^2} = 5,669\frac{K}{W}$$

Bei der vorgegebenen Temperaturdifferenz werden dann laut Formel 6.2

$$P_K = \frac{\Delta\vartheta}{R_K} = \frac{60\,K}{5,669\,K/W} = 10,58\,W$$

der Verluste durch Konvektion über die Seitenflächen abgeführt.

In Kühlkanälen

Anders als bei der freien Kühlung kann die Luft in den Kühlkanälen nur auf der Unterseite zu- und oben wieder abströmen. Damit sich die Strömungsverhältnisse dadurch nicht wesentlich verschlechtern, muss die Kanalbreite beginnend ab ca. 8 mm und dann weiter zunehmend mit der Kanalhöhe gewählt werden.

Trotzdem kann sich die Luft im Kühlkanal u. U. stärker erwärmen als bei offenen Kühlflächen mit ihrem freien Luftaustausch. Resultierend fällt daher die Kühlwirkung in Kühlkanälen, im Vergleich zur freien Kühlung, spürbar niedriger aus, was insbesondere auch am kleineren Vorfaktor deutlich wird.

Alle anderen Hinweise gelten analog zur Kühlung an freien Flächen.

Gültigkeitsbereich: $40°C \leq \vartheta_m \leq 100°C$ $10\,K \leq \Delta\vartheta \leq 100\,K$ $0,1\,m \leq h \leq 1,3\,m$

$$\alpha_K \approx 5\frac{W}{m^2K} \cdot \left(\frac{333\,K}{273\,K + \vartheta_m}\right)^{1{,}023} \cdot \left(\frac{\Delta\vartheta}{60\,K}\right)^{0{,}469} \cdot \left(\frac{0,5\,m}{h}\right)^{0{,}236} \cdot \left(\frac{p}{p_0}\right)^{0{,}5} \quad (6.23)$$

Aufgabe 6.4

Die Wicklung eines luftgekühlten Transformators weist einen inneren Kühlkanal der Höhe 0,6 m auf und erwärmt sich bei der maximalen Umgebungstemperatur von 40°C und voller Belastung auf 100°C.

Zu bestimmen sind die mittlere Kühlmitteltemperatur ϑ_m, die Temperaturdifferenz zwischen Wicklung und Umgebungsluft $\Delta\vartheta$, sowie die wirksame Wärmeübergangszahl α_K.

Ergebnisse:

$\vartheta_m = 70°C$, $\Delta\vartheta = 60\,K$, $\alpha_K = 4{,}6466\,W/(m\cdot K)$

6.3.1.2 Ölkühlung

Neben Luft ist Öl das wichtigste Kühlmittel für elektrische Geräte und Maschinen, wobei Öl als Flüssigkeit eine um den Faktor ca. 10 höhere Kühlwirkung aufweist.

Darüber hinaus besitzt Öl eine hohe Spannungsfestigkeit, wodurch es bei Hochspannungsanwendungen, z. B. für Hochspannungstransformatoren, oftmals alternativlos ist.

Nachteilig sind allerdings seine Brennbarkeit und auch die Umweltschädlichkeit, wodurch dessen Einsatz z. B. in Naturschutzgebieten nach Möglichkeit vermieden wird. Daher kommen zunehmend auch weniger problematische, synthetische Ersatzstoffe zum Einsatz.

An freien Flächen

Die Situation entspricht wieder Bild 6.11, wobei hier in der Praxis üblich die sog. spezifische Flächenbelastung w in kW/m^2 als markante Einflussgröße ausgewertet wird. Damit folgt dann für die wirksame Wärmeübergangszahl

Gültigkeitsbereich: $20°\text{C} \leq \vartheta_m \leq 100°\text{C}$ $\quad 1\,\text{kW/m}^2 \leq w \leq 10\,\text{kW/m}^2$ $\quad 0{,}1\,\text{m} \leq h \leq 1\,\text{m}$

$$\alpha_K \approx 110\frac{\text{W}}{\text{m}^2\text{K}} \cdot \left(\frac{\vartheta_m}{60°\text{C}}\right)^{0{,}349} \cdot \left(\frac{w}{3000\,\text{W/m}^2}\right)^{0{,}243} \cdot \left(\frac{0{,}5\,\text{m}}{h}\right)^{0{,}036} \tag{6.24}$$

In Kühlkanälen

Wie schon bei Luft ist wegen den dort angesprochenen Effekten auch bei Öl die Kühlwirkung in Kühlkanälen gegenüber der freien Kühlung reduziert, wobei die Kanalweite nicht unter 6 mm gewählt und mit zunehmender Kanallänge auch wieder entsprechend vergrößert werden sollte.

Damit lässt sich die Wärmeübergangszahl für diese Situation wie folgt abschätzen

Gültigkeitsbereich: $20°\text{C} \leq \vartheta_m \leq 100°\text{C}$ $\quad 1\,\text{kW/m}^2 \leq w \leq 5\,\text{kW/m}^2$ $\quad 0{,}1\,\text{m} \leq h \leq 1{,}5\,\text{m}$

$$\alpha_K \approx 70\frac{\text{W}}{\text{m}^2\text{K}} \cdot \left(\frac{\vartheta_m}{60°\text{C}}\right)^{0{,}305} \cdot \left(\frac{w}{2000\,\text{W/m}^2}\right)^{0{,}209} \cdot \left(\frac{0{,}5\,\text{m}}{h}\right)^{0{,}205} \tag{6.25}$$

Beispiel 6.9

Ein moderner Verteilertransformator in der Kühlungsart ONAN ist ähnlich Bild 1.1 links aufgebaut und hat im Betrieb die mittlere Kühlmitteltemperatur $\vartheta_m \approx 50°\text{C}$.

Die innen angeordnete Sekundärwicklung ist als Bandwicklung auf Wickelrohr ausgeführt und hat folgende Abmessungen:

Länge $h_S = 60$ cm, Innendurchmesser $d_{Si} = 30$ cm, Außendurchmesser $d_{Sa} = 34$ cm

und ihre spezifische Flächenbelastung beträgt $w_S = 1100\,\text{W/m}^2$.

Analog ist die außen angeordnete Primärwicklung als Runddrahtwicklung auf Wickelrohr gefertigt mit den Abmessungen

Länge $h_P = 55$ cm, Innendurchmesser $d_{Pi} = 37$ cm, Außendurchmesser $d_{Pa} = 43$ cm.

Dabei beträgt ihre spezifische Flächenbelastung auf der Innenseite $w_{Pi} = w_S = 1100\,\text{W/m}^2$ und auf der Außenseite $w_{Pa} = 1500\,\text{W/m}^2$.

Zu bestimmen sind die Wärmeübergangszahlen und die resultierenden Wärmewiderstände für beide Wicklungen.

Dazu soll der Einfluss durch die Wickelrohre hier zunächst vereinfachend vernachlässigt werden und der Abstand zwischen dem Eisenkern und der Sekundärwicklung darf wie ein normaler innerer Kühlkanal betrachtet werden.

Lösung:

Für die beiden Kühlflächen der innen angeordneten Sekundärwicklung gilt nach Formel 6.25

$$\alpha_K \approx 70\frac{\text{W}}{\text{m}^2\text{K}} \cdot \left(\frac{50°\text{C}}{60°\text{C}}\right)^{0{,}305} \cdot \left(\frac{1100\,\text{W/m}^2}{2000\,\text{W/m}^2}\right)^{0{,}209} \cdot \left(\frac{0{,}5\,\text{m}}{0{,}6\,\text{m}}\right)^{0{,}205} = 56{,}293\,\text{W}/\left(\text{m}^2\text{K}\right)$$

und für die Innenfläche der Primärwicklung analog

$$\alpha_{KPi} \approx 70\frac{\text{W}}{\text{m}^2\text{K}} \cdot \left(\frac{50°\text{C}}{60°\text{C}}\right)^{0{,}305} \cdot \left(\frac{1100\,\text{W/m}^2}{2000\,\text{W/m}^2}\right)^{0{,}209} \cdot \left(\frac{0{,}5\,\text{m}}{0{,}55\,\text{m}}\right)^{0{,}205} = 57{,}306\,\text{W}/\left(\text{m}^2\text{K}\right)$$

Analog folgt für die Außenfläche der Primärwicklung nach Formel 6.24

$$\alpha_{KPa} \approx 110\frac{\text{W}}{\text{m}^2\text{K}} \cdot \left(\frac{50°\text{C}}{60°\text{C}}\right)^{0{,}349} \cdot \left(\frac{1500\,\text{W/m}^2}{3000\,\text{W/m}^2}\right)^{0{,}243} \cdot \left(\frac{0{,}5\,\text{m}}{0{,}55\,\text{m}}\right)^{0{,}036} = 86{,}92\,\text{W}/\left(\text{m}^2\text{K}\right)$$

Mit den zugehörigen Flächen, z. B. für die Innenseite der Sekundärwicklung

$$A_{Si} = \pi \cdot d_{Si} \cdot h_S = \pi \cdot 0{,}3\,\text{m} \cdot 0{,}6\,\text{m} = 0{,}56549\,\text{m}^2$$

bzw. analog $A_{Sa} = 0{,}64088\,\text{m}^2$, $A_{Pi} = 0{,}63931\,\text{m}^2$, $A_{Pa} = 0{,}74299\,\text{m}^2$

ergibt sich dann nach Formel 6.21 für die jeweiligen Wärmewiderstände

$$R_{KSi} = \frac{1}{56{,}293\,\text{W}/(\text{m}^2\text{K}) \cdot 0{,}56549\,\text{m}^2} = 0{,}031414\,\frac{\text{K}}{\text{W}}$$

und wieder analog $R_{KSa} = 0{,}027718$ K/W, $R_{KPi} = 0{,}027295$ K/W, $R_{KPa} = 0{,}015485$ K/W.

Dabei wirken die beiden Wärmewiderstände je Wicklung als Parallelschaltung für die somit nach Formel 6.8 resultierend gilt

$$R_S = \frac{R_{Si} \cdot R_{Sa}}{R_{Si} + R_{Sa}} = \frac{0{,}031414\,\text{K/W} \cdot 0{,}027718\,\text{K/W}}{0{,}031414\,\text{K/W} + 0{,}027718\,\text{K/W}} = 0{,}014725\,\text{K/W}$$

$$R_P = \frac{R_{Pi} \cdot R_{Pa}}{R_{Pi} + R_{Pa}} = \frac{0{,}027295\,\text{K/W} \cdot 0{,}015485\,\text{K/W}}{0{,}027295\,\text{K/W} + 0{,}015485\,\text{K/W}} = 0{,}0098798\,\text{K/W}$$

6.3.1.3 Wasserkühlung an freien Flächen

Gelegentlich, z. B. bei Offshore-Anwendungen, werden elektrische Geräte und Maschinen auch im bzw. unter Wasser eingesetzt, wobei dieses dann eine besonders effektive Kühlung bewirkt. Ohne erzwungene Wasserbewegung kommt diese praktisch aber nur bei freien Kühlflächen vor, auf die somit nachfolgend ausschließlich eingegangen wird.

Dabei gilt analog zu den Verhältnissen bei Ölkühlung:

Gültigkeitsbereich: $20°C \le \vartheta_m \le 90°C$ $0\,kW/m^2 \le w \le 50\,kW/m^2$ $0{,}1\,m \le h \le 2\,m$

$$\alpha_K \approx 360\,\frac{W}{m^2K} \cdot \left(\frac{\vartheta_m}{20°C}\right)^{0{,}364} \cdot \left(\frac{w}{3000\,W/m^2}\right)^{0{,}242} \cdot \left(\frac{0{,}5\,m}{h}\right)^{0{,}039} \tag{6.26}$$

Beispiel 6.10

Eine Tiefbrunnenpumpe wird von einem Asynchronmotor mit dem Gehäuseaußendurchmesser $d_G = 196$ mm und der Gehäuselänge $l_G = 1550$ mm angetrieben. Er steht mit senkrechter Welle im Brunnen und ist am Gehäuseumfang vollflächig von ca. 4°C kaltem Wasser umgeben.

Die Gesamtverluste des Motors betragen ca. $P_v \approx 15$ kW.

Zu bestimmen sind

a) die Flächenbelastung auf dem Motorgehäuse,
b) die wirksame Wärmeübergangszahl an der Mantelfläche,
c) der Wärmewiderstand vom Motor zum umgebenden Brunnenwasser und
d) der Temperaturunterschied zwischen Motorgehäuse und Wasser.
e) Zu kontrollieren ist abschließend noch die mittlere Kühlwassertemperatur.

Lösung:

a) Mit der Mantelfläche

$$A_K = \pi \cdot d_G \cdot l_G = \pi \cdot 0{,}196\,m \cdot 1{,}55\,m = 0{,}9544\,m^2$$

ergibt sich die spezifische Flächenbelastung auf der Gehäuseoberfläche zu

$$w = \frac{P_v}{A_K} = \frac{15.000\,W}{0{,}9544\,m^2} = 15.720\,W/m^2$$

b) Da zunächst kein Erwartungswert für die Gehäusetemperatur bekannt ist, lässt man im 1. Schritt diesen Einfluss außer Acht und bestimmt so die Wärmeübergangszahl nach Formel 6.26 zu

$$\alpha_K \approx 360\,\frac{W}{m^2K} \cdot \left(\frac{15720\,W/m^2}{3000\,W/m^2}\right)^{0{,}242} \cdot \left(\frac{0{,}5\,m}{1{,}55\,m}\right)^{0{,}039} \approx 514{,}3\,\frac{W}{m^2K}$$

c) Daraus ergibt sich dann der Wärmewiderstand nach Formel 6.26

$$R_K = \frac{1}{514{,}3\,W/(m^2K) \cdot 0{,}9544\,m^2} = 0{,}002037\,\frac{K}{W}$$

d) Mit den vorgegebenen Motorverlusten folgt für die Gehäuseerwärmung laut Formel 6.2

$$\Delta\vartheta = R_K \cdot P_v = 0{,}002037\,K/W \cdot 15.000\,W = 30{,}6\,K$$

und somit für deren Außentemperatur

$$\vartheta_W = \vartheta_U + \Delta\vartheta = 4°C + 30{,}6\,K = 34{,}6\,K$$

e) Damit lässt sich nun die mittlere Kühlwassertemperatur laut Formel 6.20 bestimmen

$$\vartheta_m = \frac{\vartheta_W + \vartheta_U}{2} = \frac{34{,}6\,K + 4°C}{2} = 19{,}3°C$$

mit der sich dann der zunächst vernachlässigte Einfluss zu

$$\left(\frac{19,3°C}{20°C}\right)^{0,364} = 0,98712$$

angeben lässt.

Demnach wäre die zu erwartende Wärmeübergangszahl minimal (ca. 1,3 %) kleiner als zunächst berücksichtigt, was man in einer Iteration prinzipiell korrigieren könnte.

Bei dem geringen Unterschied scheint dies jedoch nicht erforderlich und man akzeptiert i. d. R. das so gefundene Ergebnis.

6.3.2 Natürliche Konvektion an horizontalen Flächen

Auch über horizontale Flächen wird Wärme an die Umgebung abgegeben, wobei entsprechend Bild 6.12 grundsätzlich zwischen den Fällen mit der Wärmeabgabe auf der Oberseite (nach oben) und der Wärmeabgabe auf der Unterseite (nach unten) zu unterscheiden ist.

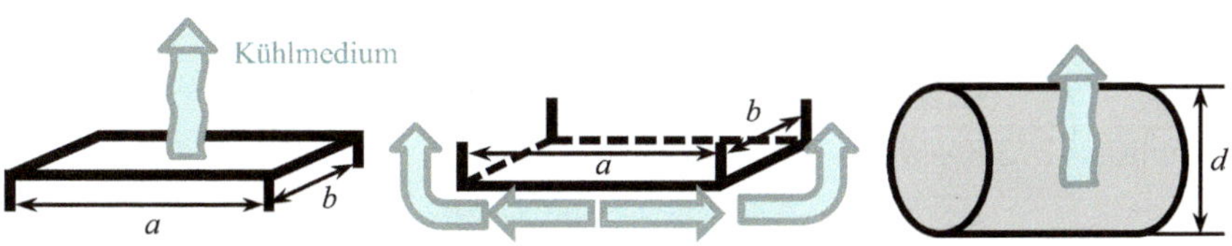

Bild 6.12 Natürliche Konvektion an horizontalen Kühlflächen: Wärmeabgabe: links nach oben, Mitte nach unten, rechts bei horizontalen Zylindern

Während auf der Oberseite das erwärmte Kühlmedium an jeder Stelle ungehindert nach oben aufsteigen kann, muss es auf der Unterseite erst entlang der Begrenzungsfläche bis zu deren Rand horizontal strömen und kann erst dann aufsteigen. Daher ist auch die Kühlwirkung an unteren Kühlflächen im Vergleich zu oberen Kühlflächen allg. deutlich schwächer.

Dementsprechend haben auch die Abmessungen bei oberen Kühlflächen keinen Einfluss auf die Wärmeübergangszahlen und kommen daher in den entsprechenden Gleichungen nicht vor, während sie für Unterseiten einen deutlichen Einfluss haben und dort durch eine charakteristische Länge l erfasst werden müssen.

Da horizontale kreiszylindrische Kühlflächen bei den elektrischen Maschinen häufig vorkommen, werden sie hier als Sonderform zusätzlich separat aufgeführt.

Dazu definiert man für die betreffenden Unterseiten bei einer Wärmeabgabe nach unten die charakteristische Länge l aus deren Fläche A und ihrem Umfang U gemäß

$$l = \frac{A}{U} = \left\{ \begin{matrix} \frac{d}{4} \\ \frac{a \cdot b}{2(a+b)} \end{matrix} \right\} \text{ für } \left\{ \begin{matrix} \text{Kreisflächen des Durchmessers } d \\ \text{Rechteckflächen der Seitenlängen } a \text{ und } b \end{matrix} \right\} \qquad (6.27)$$

und ebenso gilt dafür beim Sonderfall des langen, glatten, horizontalen Zylinders mit dem Durchmesser d nach Bild 6.12 unabhängig von dessen Länge

$$l = \frac{d}{4} \tag{6.28}$$

6.3.2.1 Luftkühlung

Mit den für die Luftkühlung bereits genannten Hinweisen werden nachfolgend die wesentlichen Zusammenhänge für die wichtigsten Kühlsituationen, jedoch ohne Wiederholung der entsprechenden Kommentare, nach Bild 6.12 angegeben.

Ebene Kühlfläche, Wärmeabgabe nach oben

Gültigkeitsbereich: $20°C \le \vartheta_m \le 100°C$ $10\,K \le \Delta\vartheta \le 100\,K$

$$\alpha_K \approx 7\,\frac{W}{m^2K} \cdot \left(\frac{333\,K}{273\,K + \vartheta_m}\right)^{0{,}702} \cdot \left(\frac{\Delta\vartheta}{60\,K}\right)^{0{,}333} \cdot \left(\frac{p}{p_0}\right)^{0{,}5} \tag{6.29}$$

Ebene Kühlfläche, Wärmeabgabe nach unten

Gültigkeitsbereich: $20°C \le \vartheta_m \le 100°C$ $10\,K \le \Delta\vartheta \le 100\,K$ $0{,}05\,m \le l \le 2\,m$

$$\alpha_K \approx 2{,}2\,\frac{W}{m^2K} \cdot \left(\frac{333\,K}{273\,K + \vartheta_m}\right)^{-0{,}089} \cdot \left(\frac{\Delta\vartheta}{60\,K}\right)^{0{,}2} \cdot \left(\frac{0{,}5\,m}{l}\right)^{0{,}4} \cdot \left(\frac{p}{p_0}\right)^{0{,}5} \tag{6.30}$$

Horizontaler Zylinder, Durchmesser *d, l = d/4*

Gültigkeitsbereich: $20°C \le \vartheta_m \le 100°C$ $10\,K \le \Delta\vartheta \le 100\,K$ $0{,}05\,m \le l \le 2\,m$

$$\alpha_K \approx 4{,}4\,\frac{W}{m^2K} \cdot \left(\frac{333\,K}{273\,K + \vartheta_m}\right)^{0{,}584} \cdot \left(\frac{\Delta\vartheta}{60\,K}\right)^{0{,}307} \cdot \left(\frac{0{,}5\,m}{l}\right)^{0{,}09} \cdot \left(\frac{p}{p_0}\right)^{0{,}5} \tag{6.31}$$

Beispiel 6.11

In Fortsetzung der Beispiele 6.4 und 6.8 sollen auch die Verluste bestimmt werden, welche über die Oberseite des Kleintransformators abgegeben werden.

Hinweis: Da Kleintransformatoren oft direkt auf ebenen Flächen befestigt werden, wird die Wärmeabgabe nach unten hier laut Norm nicht berücksichtigt. Daher müssen sie bei Erwärmungsmessungen auf eine ebene, wärmeisolierende Unterlage gestellt werden.

Lösung:

Mit der Deckfläche des Hüllquaders $A_K = b \cdot t = 0{,}084\,m \cdot 0{,}042\,m = 0{,}003528\,m^2$ und der für eine Wärmeabgabe nach oben gültigen Wärmeübergangszahl nach Formel 6.29

$$\alpha_K \approx 7\,\frac{W}{m^2K} \cdot \left(\frac{333\,K}{273\,K + 70°C}\right)^{0{,}702} \cdot \left(\frac{60\,K}{60\,K}\right)^{0{,}333} = 6{,}86\,\frac{W}{m^2K}$$

berechnet sich der Wärmewiderstand der Deckfläche nach Formel 6.21 zu

$$R_K = \frac{1}{6,86\,\frac{W}{m^2K} \cdot 0,003528\,m^2} = 41,32\,\frac{K}{W}$$

Bei der vorgegebenen Temperaturdifferenz werden dann über die Deckfläche laut Formel 6.2

$$P_K = \frac{\Delta\vartheta}{R_K} = \frac{60\,K}{41,32\,K/W} = 1,45\,W$$

zusätzlich an die Umgebung abgegeben.

6.3.2.2 Ölkühlung

Siehe dazu auch die entsprechenden allgemeinen Hinweise unter Abschnitt 6.3.1.2.

Ebene Kühlfläche, Wärmeabgabe nach oben

Gültigkeitsbereich: $20°C \leq \vartheta_m \leq 100°C$ $\quad 1\,kW/m^2 \leq w \leq 10\,kW/m^2$

$$\alpha_K \approx 110\,\frac{W}{m^2K} \cdot \left(\frac{\vartheta_m}{60°C}\right)^{0,481} \cdot \left(\frac{w}{3000\,W/m^2}\right)^{0,25} \tag{6.32}$$

Ebene Kühlfläche, Wärmeabgabe nach unten

Gültigkeitsbereich: $20°C \leq \vartheta_m \leq 100°C$ $\quad 0,1\,kW/m^2 \leq w \leq 5\,kW/m^2$ $\quad 0,05\,m \leq l \leq 2\,m$

$$\alpha_K \approx 18\,\frac{W}{m^2K} \cdot \left(\frac{\vartheta_m}{60°C}\right)^{0,277} \cdot \left(\frac{w}{500\,W/m^2}\right)^{0,167} \cdot \left(\frac{0,5\,m}{l}\right)^{0,4} \tag{6.33}$$

Horizontaler Zylinder, Durchmesser *d*, *l* = *d*/4

Gültigkeitsbereich: $20°C \leq \vartheta_m \leq 100°C$ $\quad 1\,kW/m^2 \leq w \leq 10\,kW/m^2$ $\quad 0,05\,m \leq l \leq 2\,m$

$$\alpha_K \approx 100\,\frac{W}{m^2K} \cdot \left(\frac{\vartheta_m}{60°C}\right)^{0,46} \cdot \left(\frac{w}{3000\,W/m^2}\right)^{0,243} \cdot \left(\frac{0,5\,m}{l}\right)^{0,052} \tag{6.34}$$

6.3.2.3 Wasserkühlung

Siehe dazu auch die entsprechenden Hinweise unter Abschnitt 6.3.1.3.

Ebene Kühlfläche, Wärmeabgabe nach oben

Gültigkeitsbereich: $20°C \leq \vartheta_m \leq 90°C$ $\quad 0\,kW/m^2 \leq w \leq 50\,kW/m^2$

$$\alpha_K \approx 360\,\frac{W}{m^2K} \cdot \left(\frac{\vartheta_m}{20°C}\right)^{0,508} \cdot \left(\frac{w}{3000\,W/m^2}\right)^{0,333} \tag{6.35}$$

Ebene Kühlfläche, Wärmeabgabe nach unten

Gültigkeitsbereich: $20°C \leq \vartheta_m \leq 90°C$ $\quad 0,1\,kW/m^2 \leq w \leq 10\,kW/m^2$ $\quad 0,05\,m \leq l \leq 2\,m$

$$\alpha_K \approx 65\,\frac{W}{m^2K} \cdot \left(\frac{\vartheta_m}{20°C}\right)^{0,332} \cdot \left(\frac{w}{500\,W/m^2}\right)^{0,2} \cdot \left(\frac{0,5\,m}{l}\right)^{0,4} \tag{6.36}$$

Horizontaler Zylinder, Durchmesser *d*, *l* = *d*/4

Gültigkeitsbereich: $20°C \leq \vartheta_m \leq 90°C$ $\quad 0\,kW/m^2 \leq w \leq 50\,kW/m^2$ $\quad 0{,}05\,m \leq l \leq 2\,m$

$$\alpha_K \approx 325\,\frac{W}{m^2K}\cdot\left(\frac{\vartheta_m}{20°C}\right)^{0{,}479}\cdot\left(\frac{w}{3000\,W/m^2}\right)^{0{,}32}\cdot\left(\frac{0{,}5\,m}{l}\right)^{0{,}056} \tag{6.37}$$

Beispiel 6.12

Der Motor einer Umwälzpumpe wird mit horizontaler Welle unter Wasser eingesetzt.

Er hat ein glattes Gehäuse der Länge $l_G = 0{,}2\,m$ mit dem Außendurchmesser $d_G = 0{,}16\,m$ und im Bemessungsbetrieb ca. 340 W Verluste.

Zu bestimmen ist die spezifische Flächenbelastung, die wirksame Wärmeübergangszahl bei einer Wassertemperatur von 25°C, der zugehörige Wärmewiderstand und die dabei auftretende Temperaturdifferenz zwischen der Gehäuseoberfläche und dem umgebenden Wasser.

Lösung:

Mit der wirksamen Gehäuseoberfläche

$$A_G = \pi\cdot d_G\cdot l_G = \pi\cdot 0{,}16\,m\cdot 0{,}2\,m = 0{,}10053\,m^2$$

folgt für die spezifische Flächenbelastung

$$w = \frac{P_v}{A_G} = \frac{340\,W}{0{,}10053\,m^2} = 3382{,}1\,W/m^2$$

Für die charakteristische Länge gilt nach Formel 6.28

$$l = \frac{0{,}16\,m}{4} = 0{,}04\,m$$

Die noch unbekannte mittlere Kühlmitteltemperatur wird vorläufig auf 30°C geschätzt und muss ggf. später iterativ korrigiert werden.

Damit folgt nach Formel 6.37 für die Wärmeübergangszahl

$$\alpha_K \approx 325\,\frac{W}{m^2K}\cdot\left(\frac{30°C}{20°C}\right)^{0{,}479}\cdot\left(\frac{3382{,}1\,W/m^2}{3000\,W/m^2}\right)^{0{,}32}\cdot\left(\frac{0{,}5\,m}{0{,}04\,m}\right)^{0{,}056} = 472{,}41\,\frac{W}{m^2K}$$

mit der sich der Wärmewiderstand nach Formel 6.21 berechnet zu

$$R_K = \frac{1}{472{,}41\,W/(m^2K)\cdot 0{,}10053\,m^2} = 0{,}021056\,K/W$$

Nach Formel 6.2 kann man damit die Temperaturdifferenz

$$\Delta\vartheta = 0{,}021056\,K/W\cdot 340\,W = 7{,}1592\,K$$

und so die Gehäusetemperatur zu

$$\vartheta_G = \vartheta_U + \Delta\vartheta = 25°C + 7{,}1592\,K = 32{,}1592°C$$

bestimmen.

Damit folgt für die mittlere Kühlmitteltemperatur nach Formel 6.20

$$\vartheta_m = \frac{32{,}1592\,K + 25\,K}{2} = 28{,}58°C$$

was wiederum gut mit dem angenommenen Wert übereinstimmt und somit keine iterative Korrektur erfordert.

Alle gefragten Werte sind somit bekannt.

6.4 Wärmeübergang durch forcierte Konvektion [9, 10, 11, 12, 15]

Bei der forcierten Kühlung wird das Kühlmedium, im Unterschied zu der zuvor betrachteten natürlichen Kühlung, zwangsweise bewegt, wodurch dann allgemein eine definierte Relativgeschwindigkeit v zwischen der zu kühlenden Fläche und dem Kühlmedium vorgegeben ist. Wegen den dabei üblich höheren Relativgeschwindigkeiten des Kühlmediums ist die Kühlintensität i. d. R. größer und auch weitgehend unabhängig von der geometrischen Gestalt und Lage der Kühlflächen.

Insbesondere haben dadurch z. B. die horizontale, schräge oder vertikale Lage der Kühlflächen keinen wesentlichen Einfluss auf die Wärmeübergangszahlen α_K.

Die bei der natürlichen Kühlung angegebenen Hinweise zu den Kühlmitteln gelten auch bei forcierter Kühlung und können dort nachgelesen werden. Sie werden daher hier nicht wiederholt.

Des Weiteren basieren die nachfolgend angegebenen Wärmeübergangszahlen ebenfalls weitgehend auf entsprechenden Angaben im VDI-Wärmeatlas.

Auch hier ist für die Kühlwirkung wieder die mittlere Kühlmitteltemperatur ϑ_m maßgebend, die in bereits bekannter Weise nach Formel 6.20 als arithmetischer Mittelwert aus der zu kühlenden Wandtemperatur ϑ_W und der ungestörten Umgebungstemperatur des Kühlmediums ϑ_U zu bestimmen ist.

6.4.1 Offene Kühlkreise

Bei offenen Kühlkreisen, wie z. B. bei der Außenkühlung der in Bild 1.2 dargestellten Asynchronmaschine, wird das umgebende Medium als Kühlmittel genutzt und dazu zwangsweise mit einer vorgegebenen Geschwindigkeit v über die zu kühlende Fläche bewegt.

Auffallend ist die dadurch intensivere Kühlwirkung hier wieder an den deutlich größeren Vorfaktoren.

6.4.1.1 Luftkühlung

Gültigkeitsbereich: $20°\mathrm{C} \le \vartheta_m \le 100°\mathrm{C}$ $\quad 0{,}1\,\mathrm{m} \le l \le 2\,\mathrm{m}$ $\quad 1\,\mathrm{m/s} \le v \le 10\,\mathrm{m/s}$

$$\alpha_K \approx 16{,}3\,\frac{\mathrm{W}}{\mathrm{m^2K}} \cdot \left(\frac{333\,\mathrm{K}}{273\,\mathrm{K}+\vartheta_m}\right)^{0{,}405} \cdot \left(\frac{\mathrm{m}}{l}\right)^{0{,}343} \cdot \left(\frac{v}{4\,\mathrm{m/s}}\right)^{0{,}721} \cdot \left(\frac{p}{p_0}\right)^{0{,}5} \qquad (6.38)$$

Beispiel 6.13

Bei einem Normmotor ähnlich Bild 1.2 wird die äußere Kühlluft mit der mittleren Geschwindigkeit $v = 1{,}8\,\text{m/s}$ über das Motorgehäuse geblasen. Das zur Intensivierung der Kühlung mit Rippen versehene Gehäuse hat die für Konvektion wirksame Länge $l_G = 0{,}2\,\text{m}$ und die resultierende Wärmeübergangsfläche $A_K = 0{,}36\,\text{m}^2$.

Der Motor wird bei einer typischen Umgebungstemperatur von $\vartheta_U = 25°\text{C}$ betrieben, wobei sich sein Gehäuse um ca. 50 K gegenüber seiner Umgebung erwärmt.

Zu bestimmen ist die mittlere Kühlmitteltemperatur, die dabei für Konvektion wirksame Wärmeübergangszahl und der zu erwartende Wärmeübergangswiderstand zur umgebenden Luft.

Lösung:

Mit der Wandtemperatur

$$\vartheta_W = \vartheta_U + \Delta\vartheta = 25°\text{C} + 50\,\text{K} = 75°\text{C}$$

und somit der mittleren Kühlmitteltemperatur nach Formel 6.20

$$\vartheta_m = \frac{75°\text{C} + 25°\text{C}}{2} = 50°\text{C}$$

folgt nach Formel 6.38 für die Wärmeübergangszahl, wieder ohne den Einfluss des Luftdruckes

$$\alpha_K \approx 16{,}3\,\frac{\text{W}}{\text{m}^2\text{K}} \cdot \left(\frac{333\,\text{K}}{273\,\text{K} + 50°\text{C}}\right)^{0{,}405} \cdot \left(\frac{\text{m}}{0{,}2\,\text{m}}\right)^{0{,}343} \cdot \left(\frac{1{,}8\,\text{m/s}}{4\,\text{m/s}}\right)^{0{,}721} = 16{,}116\,\frac{\text{W}}{\text{m}^2\text{K}}$$

und damit nach Formel 6.22 für den zugehörigen Wärmewiderstand

$$R_K = \frac{1}{\alpha_K A_K} = \frac{1}{16{,}116\,\frac{\text{W}}{\text{m}^2\text{K}} \cdot 0{,}36\,\text{m}^2} = 0{,}17236\,\frac{\text{K}}{\text{W}}$$

6.4.1.2 Ölkühlung

Gültigkeitsbereich: $20°\text{C} \leq \vartheta_m \leq 100°\text{C}$ $\quad 0{,}1\,\text{m} \leq l \leq 2\,\text{m}$ $\quad 0{,}5\,\text{m/s} \leq v \leq 3\,\text{m/s}$

$$\alpha_K \approx 300\,\frac{\text{W}}{\text{m}^2\text{K}} \cdot \left(\frac{\vartheta_m}{60°\text{C}}\right)^{0{,}701} \cdot \left(\frac{\text{m}}{l}\right)^{0{,}206} \cdot \left(\frac{v}{\text{m/s}}\right)^{0{,}844} \tag{6.39}$$

Aufgabe 6.5

Ein Verteilertransformator in der Kühlungsart OFAF hat bei voller Belastung die Gesamtverluste 9,8 kW. Die glatte Innenfläche des Ölkessels hat eine wirksame Fläche von $4{,}5\,\text{m}^2$ und die mittlere Kühlmitteltemperatur beträgt ca. 75°C. Dabei wird das Öl mit der Geschwindigkeit von 1,2 m/s in vertikaler Richtung mit der freien Länge 1 m umgewälzt.

Zu bestimmen sind die Wärmeübergangszahl, der Wärmewiderstand zwischen Öl und Kesselwand und die dabei auftretende Temperaturdifferenz.

Ergebnisse:

Wärmeübergangszahl $409{,}15\,\text{W/(m}^2\,\text{K)}$,

Wärmewiderstand 0,00054313 K/W,

Temperaturdifferenz $5{,}3227\,\text{K} \approx 5{,}3\,\text{K}$.

6.4.1.3 Wasserkühlung

Gültigkeitsbereich: $20°C \leq \vartheta_m \leq 90°C$ $0{,}1\,m \leq l \leq 2\,m$ $0{,}5\,m/s \leq v \leq 3\,m/s$

$$\alpha_K \approx 4000\,\frac{W}{m^2K} \cdot \left(\frac{\vartheta_m}{40°C}\right)^{0{,}293} \cdot \left(\frac{m}{l}\right)^{0{,}17} \cdot \left(\frac{v}{m/s}\right)^{0{,}839} \tag{6.40}$$

6.4.2 Geschlossene Kühlkreise, z. B. Rohrkühlung

Geschlossene Kühlkreise, z. B. in Form von Kühlrohren, werden sowohl zur direkten wie auch zur indirekten Kühlung eingesetzt und überwiegend mit flüssigen Kühlmitteln (Thermoöl, Wasser, Kühlflüssigkeit) betrieben. Die direkte Flüssigkeitskühlung bietet sich z. B. bei den Hochstromwicklungen von Transformatoren an, wobei diese dann aus isoliertem Kupferrohr besteht, das direkt vom Kühlmittel durchströmt wird. Dabei ist die Kühlwirkung besonders intensiv.

Manchmal kann bzw. darf das Kühlmedium die Verlustquelle aber nicht direkt kühlen, sondern muss in einem separaten, geschlossenen Kühlkreislauf dem zu kühlenden Bereich zugeführt werden. Diese indirekte Flüssigkeitskühlung wird z. B. gerne bei hochausgenutzten elektrischen Maschinen angewendet, wo die Kühlrohre dann oft in entsprechenden Aussparungen des Statorrückens bzw. einer am Umfang angebrachten Manschette eingebracht sind und eine gute thermische Kopplung zu den Verlustquellen aufweisen müssen. Dabei wird die Kühlflüssigkeit als geführte Strömung mit der definierten Geschwindigkeit v durch das Kühlrohr der Länge l bewegt, in dessen Verlauf es sich durch die Wärmeaufnahme selbst zunehmend erwärmt.

Meist kommen dabei Kupferrohre mit einer kreisförmigen Bohrung für die Kühlflüssigkeit zum Einsatz, aber es werden gelegentlich auch andere Rohrformen, z. B. mit rechteckförmigen Strömungsquerschnitten der Innenabmessungen a und b verwendet.

Die sich dabei ausbildenden konkreten Strömungsverhältnisse werden durch den sog. hydraulischen Durchmesser d_{hyd} erfasst, der allgemein wieder aus den konkreten Werten des inneren Kühlquerschnittes A und dessen Umfang U bestimmt werden muss

$$d_{hyd} = 4 \cdot \frac{A}{U} = \left\{ \begin{matrix} d_i \\ 2 \cdot \frac{a_i \cdot b_i}{a_i + b_i} \end{matrix} \right\} \quad \text{bei} \quad \left\{ \begin{matrix} \text{Rundrohren des Innendurchmessers } d_i \\ \text{Rechteckrohren der Innenabmessungen } a_i \text{ und } b_i \end{matrix} \right\} \tag{6.41}$$

Da die mittlere Kühlmitteltemperatur stets einen maßgeblichen Einfluss auf die Kühlwirkung hat, muss diese hier unter Berücksichtigung der Wärmeaufnahme aus der Wandtemperatur ϑ_W sowie der Kühlmitteleingangs- ϑ_{ein} und der Kühlmittelausgangstemperatur ϑ_{aus} bestimmt werden

$$\vartheta_m = \frac{2 \cdot \vartheta_W + \vartheta_{ein} + \vartheta_{aus}}{4} \tag{6.42}$$

6.4.2.1 Ölkühlung

hier üblich im Übergangsbereich von laminarer zu turbulenter Rohrströmung

Gültigkeitsbereich: $20°C \leq \vartheta_m \leq 80°C$ $\quad 0{,}1\,m \leq l \leq 2\,m$ $\quad 0{,}5\,cm \leq d_{hyd} \leq 2\,cm$ $\quad 0{,}5\,m/s \leq v \leq 3\,m/s$

$$\alpha_K \approx 250\,\frac{W}{m^2K} \cdot \left(\frac{\vartheta_m}{60°C}\right)^{0{,}066} \cdot \left(\frac{m}{l}\right)^{0{,}398} \cdot \left(\frac{cm}{d_{hyd}}\right)^{0{,}23} \cdot \left(\frac{v}{m/s}\right)^{0{,}384} \tag{6.43}$$

6.4.2.2 Wasserkühlung

hier vorwiegend als turbulente Rohrströmung

Gültigkeitsbereich: $20°C \leq \vartheta_m \leq 90°C$ $\quad 0{,}1\,m \leq l \leq 2\,m$ $\quad 0{,}5\,cm \leq d_{hyd} \leq 2\,cm$ $\quad 0{,}5\,m/s \leq v \leq 3\,m/s$

$$\alpha_K \approx 6000\,\frac{W}{m^2K} \cdot \left(\frac{\vartheta_m}{40°C}\right)^{0{,}326} \cdot \left(\frac{m}{l}\right)^{0{,}054} \cdot \left(\frac{cm}{d_{hyd}}\right)^{0{,}137} \cdot \left(\frac{v}{m/s}\right)^{0{,}816} \tag{6.44}$$

Beispiel 6.14

Der Motor eines Elektroautos wird am Statorumfang mit einer Kühlmanschette gekühlt, über die dauerhaft 2,5 kW Verluste abgeführt werden können. In der Kühlmanschette sind vier parallel geschaltete Kühlrohre der Längen 2,4 m und der Innendurchmesser 0,6 cm gleichmäßig am Umfang verteilt, durch die das Kühlmedium mit der einheitlichen Geschwindigkeit 0,8 m/s gepumpt wird. Als Kühlmittel wird ein Glykol-Wasser-Gemisch mit 40 % Glykolanteil verwendet, wobei von einer mittleren Kühlmitteltemperatur von 80°C ausgegangen werden kann. Dazu können die erforderlichen Kühlmitteleigenschaften Tabelle 3.3 entnommen werden.

Dabei reduziert sich die Wärmeübergangszahl für das genannte Kühlmittel im Vergleich zu reinem Wasser nach [16] auf etwa die Hälfte.

Zu bestimmen sind:

a) Der hydraulische Durchmesser der Kühlrohre, die darin wirksame Wärmeübergangszahl, der Wärmewiderstand der vier parallelen Rohre und die mittlere Temperaturdifferenz zwischen dem Kühlmittel und der Rohrinnenwand.
b) Um wie viel erwärmt sich das Kühlmittel zwischen Rohranfang und -ende?
c) Welche Ein- und Austrittstemperatur hat das Kühlmittel und welche Rohrinnentemperaturen treten somit näherungsweise auf?

Lösung:

a) Mit dem hydraulischen Rohrdurchmesser $d_{hyd} = d_i = 0{,}6\,cm$ und dem Korrekturfaktor 0,5 für die Wärmeübergangszahl des vorgegebenen Kühlmittels im Vergleich zu Wasser ergibt sich diese nach Formel 6.44 in den Kühlrohren zu

$$\alpha_K \approx \frac{6000\,\frac{W}{m^2K}}{2} \cdot \left(\frac{80°C}{40°C}\right)^{0{,}326} \cdot \left(\frac{m}{2{,}4\,m}\right)^{0{,}054} \cdot \left(\frac{cm}{0{,}6\,cm}\right)^{0{,}137} \cdot \left(\frac{0{,}8\,m/s}{m/s}\right)^{0{,}816}$$
$$= 3206{,}6\,\frac{W}{m^2K}$$

Mit der gesamten Innenfläche der vier Kühlrohre

$$A_{Ri} = 4 \cdot \pi \cdot 0{,}006\,m \cdot 2{,}4\,m = 0{,}18096\,m^2$$

folgt für deren Wärmewiderstand nach Formel 6.21

$$R_i = \frac{1}{3206,6\,\mathrm{W/(m^2K)} \cdot 0,18096\,\mathrm{m^2}} = 0,0017234\frac{\mathrm{K}}{\mathrm{W}}$$

und mit Formel 6.2 für den Temperaturunterschied zwischen Rohrwand und Kühlmittel

$$\Delta\vartheta = 0,0017234\,\frac{\mathrm{K}}{\mathrm{W}} \cdot 2500\,\mathrm{W} = 4,3085\,\mathrm{K}$$

b) Aus Formel 6.20 lassen sich dann die mittlere Umgebungs- und Wandtemperatur bestimmen zu

$$\vartheta_{Umi} = 80°\mathrm{C} - \frac{4,3085\,\mathrm{K}}{2} = 77,846°\mathrm{C}$$

bzw.

$$\vartheta_{Wmi} = 80°\mathrm{C} + \frac{4,3085\,\mathrm{K}}{2} = 82,154°\mathrm{C}$$

c) Mit der Verweildauer des Kühlwassers in den Kühlrohren

$$t_R = \frac{2,4\,\mathrm{m}}{0,8\,\mathrm{m/s}} = 3\,\mathrm{s}$$

folgt aus einer Energiebilanz $P \cdot t_R = m \cdot c \cdot \Delta\vartheta_R$ für die Temperaturdifferenz zwischen ab- und zufließendem Kühlwasser

$$\Delta\vartheta_R = \frac{P}{\pi d_{Ri}^2 \cdot v \cdot \rho \cdot c}$$

$$= \frac{2500\,\mathrm{W}}{\pi \cdot (0,006\,\mathrm{m})^2 \cdot 0,8\,\mathrm{m/s} \cdot 1025\,\mathrm{kg/m^3} \cdot 3790\,\mathrm{Ws/(kgK)}} = 7,1127\,\mathrm{K}$$

Damit lassen sich dann die Kühlwasserein- bzw. -auslauftemperatur

$$\vartheta_{Uein} = 77,846°\mathrm{C} - \frac{7,1127\,\mathrm{K}}{2} = 74,289°\mathrm{C}$$

bzw.

$$\vartheta_{Uaus} = 77,846°\mathrm{C} + \frac{7,1127\,\mathrm{K}}{2} = 81,402°\mathrm{C}$$

und damit die entsprechenden Rohrinnentemperaturen zu

$$\vartheta_{Wein} = 74,289°\mathrm{C} + 4,3085\,\mathrm{K} = 78,598°\mathrm{C}$$

bzw.

$$\vartheta_{Waus} = 81,402°\mathrm{C} + 4,3085\,\mathrm{K} = 85,711°\mathrm{C}$$

angeben.

6.5 Siedekühlung in Kältemittel

In Sonderfällen werden elektrische Bauteile, Geräte oder Maschinen direkt von einem Kältemittel umspült. Dabei kommen vorteilhaft meist Kältemittel zur Anwendung, bei denen die druckabhängige Siedetemperatur in einem technisch günstigen Bereich, z. B. bei $\vartheta_{Si} \approx 60°\mathrm{C}$, liegt.

Durch das Sieden und die damit verbundene Kühlmittelbewegung erreicht man so eine sehr intensive Kühlung bei der etwa konstanten, druckabhängigen Siedetemperatur.

Beim Kältemittel R134a kann man so in Abhängigkeit vom Betriebsdruck p im Kühlsystem und der spez. Flächenbelastung w der zu kühlenden Fläche einen Orientierungswert für die Wärmeübergangszahl wie folgt erwarten

$$\alpha_K \approx 860\,\frac{\mathrm{W}}{\mathrm{m^2K}} \cdot \left(\frac{p}{p_0}\right)^{0{,}35} \cdot \left(\frac{w}{5000\,\mathrm{W/m^2}}\right)^{0{,}75} \tag{6.45}$$

Dabei ist $p_0 = 1013{,}25\,\mathrm{hPa} = 1{,}01325\,\mathrm{bar}$ der natürliche Umgebungsdruck.

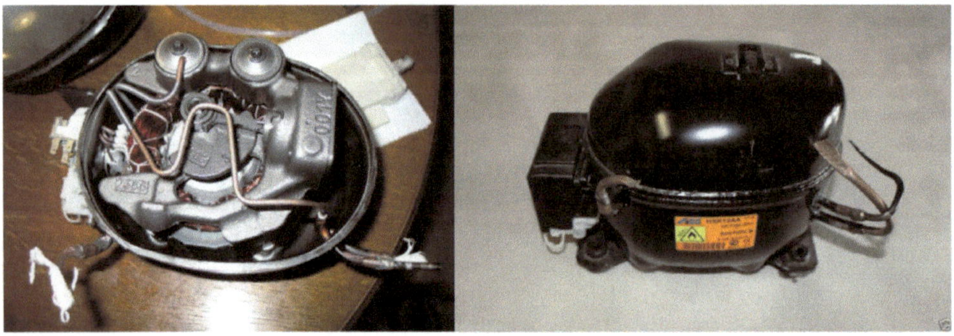

Bild 6.13 Motor eines Kühlgerätes zum Betrieb in Kältemittel (Quelle: just-like.club, ebay.de, für Lehrzwecke)

Beispiel 6.15

Ein Mittelfrequenz-Versorgungstransformator ist zusammen mit der Leistungselektronik in einem Druckgefäß zur internen Siedekühlung untergebracht.

Es kommt das umweltverträgliche Kältemittel R600a (Isobutan) zum Einsatz, welches bei der gewünschten Siedetemperatut $\vartheta_S \approx 60°\mathrm{C}$ laut Tabelle 3.4 den Dampfdruck von $p = 8{,}692\,\mathrm{bar}$ aufweist. Dabei wird die spezifische Flächenbelastung des Transformators zu ca. $3000\,\mathrm{W/m^2}$ angenommen.

Zu bestimmen ist die zu erwartende Wärmeübergangszahl im Druckgefäß.

Wegen ihrer ähnlichen Kälteleistung kann die Wärmeübergangszahl für das Kältemittel R600a ebenfalls mit Formel 6.45 abgeschätzt werden, wobei jedoch der dafür gültige Dampfdruck zu berücksichtigen ist.

Lösung:

Nach Formel 6.45 kann unter den gegebenen Bedingungen mit einer Wärmeübergangszahl

$$\alpha_K \approx 860\,\frac{\mathrm{W}}{\mathrm{m^2K}} \cdot \left(\frac{8{,}692\,\mathrm{bar}}{1{,}01325\,\mathrm{bar}}\right)^{0{,}35} \cdot \left(\frac{3000\,\mathrm{W/m^2}}{5000\,\mathrm{W/m^2}}\right)^{0{,}75} \approx 1244\,\frac{\mathrm{W}}{\mathrm{m^2K}}$$

gerechnet werden, was durch die sehr wirkungsvolle Kühlung eine kleine und kompakte Ausführung des Transformators, inkl. der dort mit untergebrachten Leistungselektronik, zulässt.

6.6 Besondere Wärmeübergänge

6.6.1 Wärmeübergang über den Luftspalt von elektrischen Maschinen [17]

Bei vielen elektrischen Maschinen, z. B. den besonders wichtigen Asynchronmaschinen, müssen die beim Betrieb im Rotor entstehenden Verluste Großteils über den Luftspalt auf den Stator übertragen und von dort letztlich an die Umgebung abgeführt werden. Dabei herrschen im Luftspalt als Folge der Rotation komplizierte Strömungsverhältnisse, die u. a. zur Ausbildung von sog. Taylorwirbeln führen können und somit deutliche Konsequenzen für diesen Wärmeübergang haben.

Konkret treten dabei, entsprechend Bild 6.14, zwei in Reihe wirksame Wärmeübergänge auf, und zwar von der Rotoroberfläche an das Luftspaltmedium und dann von diesem weiter auf die Statorbohrung. Praktisch fasst man diese beiden Übergänge jedoch üblich zu einem direkten Wärmeübergang vom Rotor auf den Stator mit der wirksamen Wärmeübergangszahl α_L zusammen.

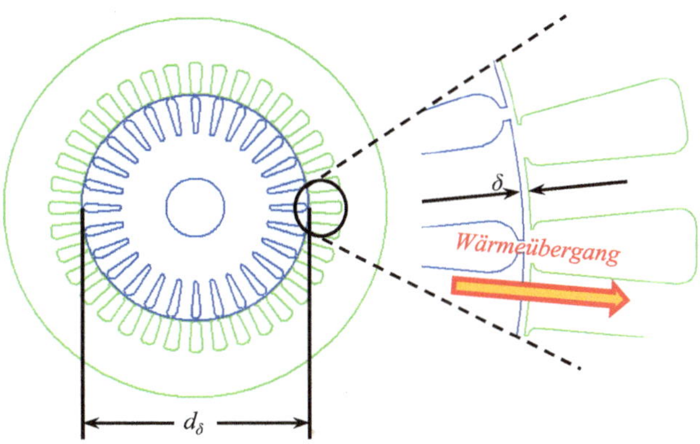

Bild 6.14 Wärmeübergang über den Luftspalt

Mit den in Bild 6.14 angegebenen Bezeichnungen und der Rotordrehzahl n gilt dann für diese zusammengefasste Wärmeübergangszahl α_L, wobei wegen den komplizierten und drehzahlabhängigen Strömungsverhältnissen im Luftspalt hier die angegebene Fallunterscheidung notwendig ist

$$\alpha_L \approx k_\delta \cdot \text{Max}\left\{\begin{pmatrix} 27 \\ 123 \\ 631 \end{pmatrix} \cdot \frac{\text{mm}}{\delta}\ ; \quad \begin{pmatrix} 0,29 \\ 1,35 \\ 35,7 \end{pmatrix} \cdot \left(\frac{n}{\text{min}^{-1}}\right)^{0,508} \cdot \left(\frac{d_\delta}{\text{mm}}\right)^{0,254} \cdot \left(\frac{\text{mm}}{\delta}\right)^{0,238}\right\} \frac{\text{W}}{\text{m}^2\text{K}} \tag{6.46}$$

Dabei gilt der obere in den runden Klammern stehende Wert bei Luft, der mittlere bei Öl und der untere bei Wasser als Kühl- bzw. Übertragungsmittel im Luftspalt.

Tatsächlich hängt der Wärmeübergang über den Luftspalt auch noch von konstruktiven Besonderheiten, wie z. B. etwaigen Nutschlitzen im Stator- bzw. Rotorblechpaket, ab, welche bei stillstehender Maschine die Kühlwirkung i. d. R. verschlechtern (Vergrößerung des mittleren Luftspaltes), während sie sich bei nicht zu kleinen Drehzahlen durch zusätzliche Wirbelbildung dadurch wiederum verbessert.

Diesen speziellen Einfluss auf die Wärmeübergangszahl kann man durch den konstruktions- und situationsabhängigen Korrekturfaktor k_δ berücksichtigen, der üblich in einem Bereich zwischen $0{,}9 \leq k_\delta \leq 1{,}5$ liegt.

Außerdem lässt sich so bei einfachen 2D-Betrachtungen auch die Kühlwirkung über die Rotorstirnseiten, evtl. verstärkt durch zusätzliche Lüfterflügel/Wirbler bzw. Wuchtnocken, sowie ggf. über die Motorwelle berücksichtigen.

Bei dem hier üblich dominierenden Wärmeübergang durch Konvektion kann man den im Prinzip auch im Luftspalt wirksamen Strahlungsaustausch (siehe Abschnitt 6.7 mit 2 Übergängen in Reihe) normalerweise vernachlässigen.

Beispiel 6.16

Eine 4-polige Asynchronmaschine ähnlich Bild 1.2 hat den Luftspaltdurchmesser $d_\delta = 90$ mm, die Eisenpaketlänge $l_{Fe} = 140$ mm und die Luftspaltweite $\delta = 0{,}3$ mm. Im Netzbetrieb läuft sie mit $n = 1446\,\text{min}^{-1}$, wobei der Korrekturfaktor für den Wärmeübergang über den Luftspalt hier den Wert $k_\delta = 1{,}2$ aufweist.

Zu bestimmen ist die Wärmeübergangszahl im Luftspalt und der dadurch wirksame Wärmeübergangswiderstand über den Luftspalt, ohne Berücksichtigung der Strahlung.

Lösung:

Nach Formel 6.46

$$\alpha_L \approx 1,2 \cdot \text{Max}\left\{27 \cdot \tfrac{1}{0{,}3} \quad \text{oder} \quad 0,29 \cdot (1446)^{0{,}508} \cdot (90)^{0{,}254} \cdot \left(\tfrac{1}{0{,}3}\right)^{0{,}238}\right\} \tfrac{\text{W}}{\text{m}^2\text{K}}$$
$$\approx 1,2 \cdot \text{Max}\{\,90 \quad \text{oder} \quad 48,819\,\} \tfrac{\text{W}}{\text{m}^2\text{K}} \approx 108 \tfrac{\text{W}}{\text{m}^2\text{K}}$$

muss der größere Wert, wie angegeben, gewählt werden.

Damit folgt dann mit der Luftspaltfläche $A_L = \pi \cdot 0,09\,\text{m} \cdot 0,14\,\text{m} = 0,039584\,\text{m}^2$ für den resultierenden Wärmewiderstand zwischen Stator und Rotor über den Luftspalt

$$R_L = \frac{1}{\alpha_L A_L} = \frac{1}{108\,\frac{\text{W}}{\text{m}^2\text{K}} \cdot 0,039584\,\text{m}^2} = 0,23391\,\frac{\text{K}}{\text{W}}$$

Aufgabe 6.6

Die Asynchronmaschine aus Beispiel 6.16 wird in der $\sqrt{3}$-Schaltung mit 87 Hz bei höherer Leistung und der neuen Bemessungsdrehzahl $2552\,\text{min}^{-1}$ betrieben.

a) Ändert sich dadurch der Wärmeübergang über den Luftspalt?

b) Ab welcher Mindestdrehzahl verbessert sich Wärmeübergang mit zunehmender Drehzahl?

Ergebnisse:

a) Nein

b) Der Wärmeübergang verbessert sich erst für Drehzahlen $n > 4821\ \text{min}^{-1}$.

6.6.2 Wärmewiderstand von Kühlrippen [9, 10]

Kühlrippen sind bei elektrischen Maschen ein übliches und oft unverzichtbares Element zur wirkungsvollen Intensivierung der Kühlung.

Dabei lassen sich die grundlegenden Zusammenhänge quantitativ anhand einer idealisierten Rippe entsprechend Bild 6.15 beschreiben.

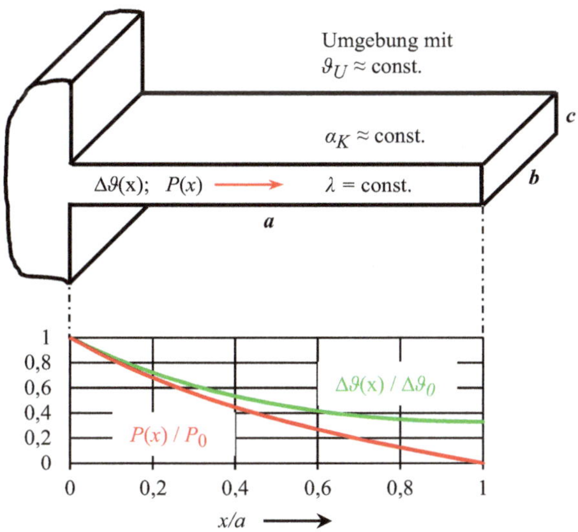

Bild 6.15 Wärmeabgabe und Temperaturverteilung bei Kühlrippen

Diese besteht aus einheitlichem Material der Wärmeleitfähigkeit λ und hat die Höhe a mit dem einheitlich rechteckförmigen Querschnitt der Länge b und der kleinen Dicke c.

Sie weist am Rippenfuß bei $x = 0$ eine, durch die Maschinenverluste eingeprägte, feste Temperatur ϑ_0 auf und ist vom Kühlmittel der näherungsweise konstanten Temperatur ϑ_U umgeben. Entsprechend der konkreten Kühlsituation hat die Wärmeübergangszahl α_K dabei ebenfalls einen näherungsweise konstanten Wert.

Durch die praktisch üblich kleine Rippendicke kann die Temperaturabhängigkeit in dieser Richtung in guter Näherung vernachlässigt werden, was die Zusammenhänge, wie nachfolgend angegeben, wesentlich vereinfacht.

Für die Temperaturdifferenz $\Delta\vartheta$ zwischen der Kühlrippe und ihrer Umgebung ergibt sich so eine gewöhnliche Differentialgleichung 2. Ordnung, die mit den Abkürzungen

$$U_R = 2 \cdot (b + c) \tag{6.47}$$

$$A_R = b \cdot c \tag{6.48}$$

$$\omega = \sqrt{\frac{\alpha_K \cdot U_R}{\lambda \cdot A_R}} \tag{6.49}$$

$$\gamma = \sqrt{\lambda \alpha_K U_R A_R} \tag{6.50}$$

wie folgt gelöst wird

$$\Delta\vartheta(x) = \Delta\vartheta_0 \frac{\cosh[\omega \cdot (a - x)]}{\cosh(\omega \cdot a)} \tag{6.51}$$

$$P(x) = P_0 \frac{\sinh[\omega \cdot (a - x)]}{\sinh(\omega \cdot a)} \tag{6.52}$$

mit dem am Rippenfuß insgesamt übertragenen Wärmestrom

$$P_0 = P(0) = \Delta\vartheta_0 \cdot \gamma \cdot \tanh(\omega \cdot a) \tag{6.53}$$

Damit lassen sich dann der Wärmewiderstand der einzelnen Kühlrippe und auch deren Wirkungsgrad bestimmen

$$R_{KR} = \frac{\Delta\vartheta_0}{P_0} = \frac{1}{\gamma \cdot \tanh(\omega \cdot a)} \tag{6.54}$$

$$\eta_R = \frac{\gamma \cdot \tanh(\omega \cdot a)}{\alpha_K \cdot U_R \cdot a} = \frac{\tanh(\omega \cdot a)}{\omega \cdot a} \tag{6.55}$$

wobei letzterer das Verhältnis der Wärmeabgabe der realen Rippe zu deren theoretisch möglicher Wärmeabgabe bei konstanter Rippentemperatur mit ϑ_0 angibt.

Hinweis: Die ausführliche Herleitung der vorigen Beziehungen steht auf plus.hanser-fachbuch.de zum Download zur Verfügung.

Sind, wie z. B. in Bild 1.2 erkennbar, N_R Rippen auf dem Motorgehäuse unter vergleichbaren Bedingungen angebracht, so ergibt sich der resultierende Wärmewiderstand dieser Parallelschaltung gleicher Widerstände, indem der Widerstand der Einzelrippe durch deren Anzahl N_R geteilt wird

$$R_{KRges} = \frac{R_{KR}}{N_R} = \frac{1}{N_R \cdot \gamma \cdot \tanh(\omega \cdot a)} \tag{6.56}$$

Beispiel 6.17

In Fortsetzung des Beispiels 6.13 haben die einzelnen Kühlrippen entsprechend Bild 6.15 die Abmessungen $a = 20$ mm, $b = 200$ mm und $c = 2$ mm. Dabei bestehen die Rippen, wie das Gehäusematerial selbst, aus einer Aluminiumlegierung mit der Wärmeleitfähigkeit nach Tabelle 6.1 von $\lambda = 159$ W/(m·K) und die Wärmeübergangszahl beträgt bei forcierter Luftkühlung unter den Bedingungen von Beispiel 6.13 weiterhin $\alpha_K = 16{,}116$ W/(m^{2}K).

Zu bestimmen ist der Wärmewiderstand einer Kühlrippe, sowie deren Wirkungsgrad und der resultierende Widerstandswert, wenn $N_R = 32$ Rippen unter vergleichbaren Bedingungen auf der Gehäuseoberfläche verteilt angeordnet sind.

Lösung:

Mit den Abkürzungen nach Formel 6.47 ff.

$$U_R = 2\,(200\,\text{mm} + 2\,\text{mm}) = 0,404\,\text{m}$$

$$A_R = 200\,\text{mm} \cdot 2\,\text{mm} = 0,0004\,\text{m}^2$$

$$\omega = \sqrt{16,116 \frac{\text{W}}{\text{m}^2\text{K}} \cdot 0,404\text{m} / 159 \frac{\text{W}}{\text{m} \cdot \text{K}} \cdot 0,0004\ \text{m}^2} = 10,118\ \text{m}^{-1}$$

$$\gamma = \sqrt{159 \frac{\text{W}}{\text{m} \cdot \text{K}} \cdot 16,116 \frac{\text{W}}{\text{m}^2\text{K}} \cdot 0,404\,\text{m} \cdot 0,0004\,\text{m}^2} = 0,6435 \frac{\text{W}}{\text{K}}$$

folgt für den Wärmewiderstand der Einzelrippe entsprechend Formel 6.54

$$R_{KR} = \frac{1}{0,89248 \frac{\text{W}}{\text{K}} \cdot \tanh\left(10,118\,\text{m}^{-1} \cdot 0,02\,\text{m}\right)} = 7,7839 \frac{\text{K}}{\text{W}}$$

und Formel 6.55 für deren Wirkungsgrad

$$\eta_R = \frac{\tanh\left(10,118\,\text{m}^{-1} \cdot 0,02\,\text{m}\right)}{10,118\,\text{m}^{-1} \cdot 0,02\,\text{m}} = 0,98657$$

Schließlich haben 32 parallel wirkende Kühlrippen den resultierenden Wärmewiderstand nach Formel 6.56 von

$$R_{KRges} = \frac{7,7839 \frac{\text{K}}{\text{W}}}{32} = 0,24325 \frac{\text{K}}{\text{W}}$$

Hinweis: Dieser Wert ist noch etwas größer als in Beispiel 6.13 für das gesamte Gehäuse angegeben. Dies liegt aber an den hier noch nicht erfassten Gehäuseflächen zwischen den Rippen und wird nachfolgend noch zusätzlich berücksichtigt.

6.6.3 Wärmeübergang für zusammengesetzte Oberflächen [9]

Gelegentlich lassen sich die wärmeübertragenden Flächen keiner der zuvor behandelten Grundformen zuordnen und man findet, wegen der Komplexität der Zusammenhänge, dafür auch in der Literatur keine brauchbaren Angaben zu den Wärmeübergangszahlen.

Dann lassen sich aber zumindest Orientierungswerte für diese Wärmeübergangszahlen finden, wenn man, wie z. B. in Bild 6.16 dargestellt, die Oberfläche aus einfachen elementaren Teilflächen unter Berücksichtigung der dort wirksamen Wärmeabgabe zusammensetzt.

Für den allgemeinen Fall mehrerer Teilflächen A_{Kk} mit der einheitlichen Oberflächentemperatur ϑ und ihren zugeordneten Wärmeübergangszahlen α_{Kk} folgt dann nach den Regeln der Parallelschaltung mit dem Zählindex k näherungsweise für den resultierenden Wärmewiderstand

$$R_{Kges} = \frac{1}{\sum\limits_{k} \alpha_{Kk} \cdot A_{Kk}} = \frac{1}{\alpha_K \cdot \sum\limits_{k} A_{Kk}} \tag{6.57}$$

Dabei muss bei natürlicher Kühlung, mit den oft unterschiedlichen Werten α_{Kk}, dann der linke Ausdruck ausgewertet werden, während der rechte Zusammenhang nur bei einer einheitlichen Wärmeübergangszahl $\alpha_{Kk} = \alpha_K$ gilt.

Letzteres trifft aber oftmals bei forcierter Kühlung, mit der dabei extern vorgegebenen einheitlichen Kühlmittelgeschwindigkeit v, bzw. allgemein bei Flüssigkeitskühlung, zu.

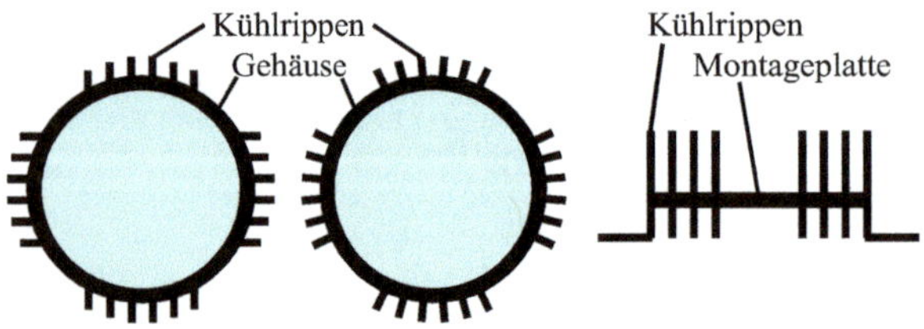

Bild 6.16 Wärmeübergangszahlen bei zusammengesetzten Flächen

Aber auch bei natürlicher Kühlung kann bei horizontaler Anordnung der gebräuchlichen Gehäuse- und Kühlkörperformen nach Bild 6.16 oft auf der sicheren Seite von einer einheitlichen Wärmeübergangszahl für die Wärmeabgabe nach unten entsprechend Abschnitt 6.3.2 ausgegangen werden, da auch bei diesen Gehäuseformen entweder kein freier Kühlmittelzu- oder -abfluss entlang der Kühlstrecke möglich ist.

Voraussetzung für die Gültigkeit aller dieser Zusammenhänge ist ein angemessener Mindestabstand zwischen den Rippen, sodass die Strömung des Kühlmittels dabei nicht nennenswert behindert wird.

Dabei gelten für den Rippenabstand die groben Orientierungswerte

- bei Luftkühlung ≥ 10 mm und
- bei Flüssigkeitskühlung ≥ 8 mm.

Beispiel 6.18

Bei der in den Beispielen 6.13 und 6.17 betrachteten Asynchronmaschine mit forcierter Luftkühlung hat das Motorgehäuse einen Außendurchmesser $d_a = 160$ mm und kann somit auch über die verbleibenden Gehäuseabstände zwischen den Kühlrippen Wärme an seine Umgebung abgeben.

Zu bestimmen ist der Wärmewiderstand dieser Restoberfläche und zusammen mit dem aus Beispiel 6.17 bekannten Widerstand der Kühlrippen auch der gesamte Wärmewiderstand der Maschine durch Konvektion.

Lösung:

Auch auf der restlichen wirksamen Gehäuseoberfläche

$$A_G = (\pi \cdot d_a - N_R \cdot c) \cdot l_G = (\pi \cdot 0,16\,\text{m} - 32 \cdot 0,002\,\text{m}) \cdot 0,2\,\text{m} = 0,087731\,\text{m}^2$$

gilt bei der hier vorgegebenen forcierten Kühlung die Wärmeübergangszahl $\alpha_K = 16{,}116\,\text{W/(m}^2\text{K)}$ und somit für deren Widerstand

$$R_{KG} = \frac{1}{16,116\,\frac{\mathrm{W}}{\mathrm{m^2K}}0,087731\,\mathrm{m^2}} = 0,70728\,\frac{\mathrm{K}}{\mathrm{W}}$$

Dieser Widerstand wirkt parallel zu dem in Beispiel 6.17 bestimmten Wert der Rippen und es gilt schließlich für das gesamte Gehäuse

$$R_{Kges} = \frac{R_{KRges} \cdot R_{KG}}{R_{KRges} + R_{KG}} = \frac{0,24325\,\frac{\mathrm{K}}{\mathrm{W}} \cdot 0,70728\,\frac{\mathrm{K}}{\mathrm{W}}}{0,24325\,\frac{\mathrm{K}}{\mathrm{W}} + 0,70728\,\frac{\mathrm{K}}{\mathrm{W}}} = 0,181\,\frac{\mathrm{K}}{\mathrm{W}}$$

6.6.4 Überlagerung von Kühleffekten [9]

Im Fall von intensiver forcierter Kühlung spielt die natürliche Konvektion meist keine merkliche Rolle und kann dann vernachlässigt werden.

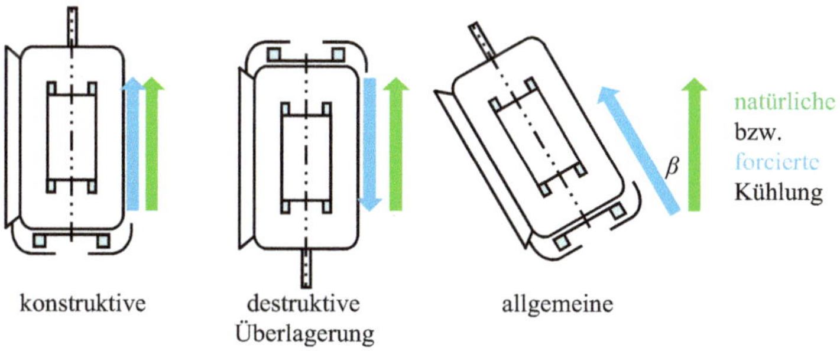

Bild 6.17 Überlagerung von natürlicher und forcierter Kühlung

Dies ändert sich neuerdings aber, wenn z. B. bei eigenbelüfteten Maschinen die Drehzahl durch den Betrieb am Umrichter verringert wird und sich dann über die kleiner werdende Luftgeschwindigkeit auch die Wärmeübergangszahl für forcierte Kühlung reduziert. Wenn dann die Wärmeübergangszahlen für natürliche und forcierte Kühlung in der gleichen Größenordnung liegen, muss hier eine Überlagerung beider Effekte berücksichtigt werden.

Dabei sind entsprechend Bild 6.17 folgende Fälle zu unterscheiden:

- die erzwungene Luftbewegung erfolgt in Richtung der natürlichen Luftströmung, Bild links, beide nach oben, wodurch sich die Kühlwirkung verbessert
  → konstruktive Überlagerung
- die erzwungene Luftbewegung erfolgt entgegen der natürlichen Luftströmung, Bild Mitte, sodass sich die resultierende Kühlwirkung abschwächt
  → destruktive Überlagerung

- die erzwungene Luftbewegung erfolgt schräg „β" zur natürlichen Luftströmung, wobei sich die Kühlwirkungen winkelabhängig beeinflussen
  → allgemeine Überlagerung.

In der Praxis lässt sich diese Überlagerung der Kühleffekte aus natürlicher α_{Kn} und forcierter Kühlung α_{Kf} näherungsweise in Abhängigkeit von dem Winkel β zwischen den Strömungsrichtungen in folgender Form berücksichtigen

$$\alpha_{Kw} \approx \sqrt[3]{\alpha_{Kn}^3 + 2 \cdot \alpha_{Kn}^{1,5} \cdot \alpha_{Kf}^{1,5} \cdot \cos\beta + \alpha_{Kf}^3} \tag{6.58}$$

6.7 Wärmeübergang durch Strahlung [9, 10, 18]

Warme bzw. heiße Körper geben auch Wärme durch Strahlung an ihre (kühlere) Umgebung ab, die durch einen Wärmestrahlungswiderstand erfasst werden kann:

$$R_S = \frac{1}{\alpha_S A_S} \tag{6.59}$$

mit

α_S = Wärmeübergangszahl (WÜZ) für Strahlung

A_S = wirksame Kühlfläche für Strahlung.

Diese Wärmeabgabe wird maßgeblich von den absoluten Oberflächentemperaturen, den geometrischen Verhältnissen und den Emissionszahlen ε der beteiligten Oberflächen bestimmt.

Da im Anwendungsbereich der elektrischen Maschinen die Temperaturunterschiede, hier als absolute Temperaturen maßgebend, eher klein sind und die Emissionszahlen der dabei bevorzugt vorkommenden Werkstoffe gemäß Tabelle 3.8 überwiegend im Bereich $\varepsilon \approx 0{,}7–0{,}9$ liegen, kann man die Wärmeübergangszahl für Strahlung α_S von der Gehäusehüllfläche A_S mit der Temperatur ϑ_G näherungsweise pauschal berücksichtigen

$$\alpha_S \approx 6,7\,\frac{\mathrm{W}}{\mathrm{m^2K}} \cdot \left(\frac{273\,\mathrm{K} + \vartheta_G}{333\,\mathrm{K}}\right)^3 \cdot \left(\frac{\varepsilon}{0,8}\right) \approx 6\,\frac{\mathrm{W}}{\mathrm{m^2K}} \tag{6.60}$$

wobei für überschlägige Betrachtungen in der Praxis oft mit dem ebenfalls angegebenen, festen Näherungswert, als sichere Abschätzung, gerechnet wird.

Insbesondere bei forciert oder gar mit Flüssigkeit gekühlten Maschinen kann dieser Strahlungsanteil gegenüber dem Konvektionsanteil aber meistens vernachlässigt werden.

Dabei sind bei glatten Oberflächen die für Strahlung und Konvektion wirksamen Flächen $A_S \approx A_K$ etwa gleich groß, während bei gewellten oder gerippten Kühlflächen für die kühlwirksame Strahlungsfläche A_S i. d. R. nur deren Hüllfläche gemäß Bild 6.18, dann mit $A_S < A_K$, berücksichtigt werden darf.

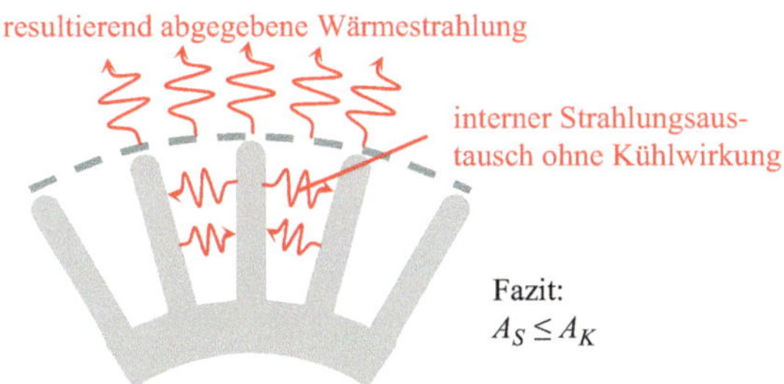

Bild 6.18 Wärmeübergang durch Strahlung bei einem Rippengehäuse

Beispiel 6.19

Der Hüllkreis eines Asynchronmotors mit Rippengehäuse, ähnlich Bild 1.2, hat den Durchmesser $d_H = 0{,}2$ m und die kühlwirksame Gehäuselänge $l_G = 0{,}2$ m. Seine typische Oberflächentemperatur beträgt $\vartheta_G = 75°C$ und die Emissionszahl der grau lackierten Oberfläche hat den Wert $\varepsilon = 0{,}85$.

Zu bestimmen ist die wirksame Wärmeübergangszahl für Strahlung und der daraus folgende Wärmeübergangswiderstand R_S.

Dieser ist auch mit dem entsprechenden Wert unter Berücksichtigung der sicheren Abschätzung mit $\alpha_S = 6$ W/(m²K) zu vergleichen.

Lösung:

Mit der strahlungswirksamen Hüllfläche

$$A_S = \pi \cdot d_H \cdot l_G = \pi \cdot 0,2\,\mathrm{m} \cdot 0,2\,\mathrm{m} = 0,12566\,\mathrm{m}^2$$

des Motors und der Wärmeübergangszahl nach Formel 6.60

$$\alpha_S \approx 6,7\,\frac{\mathrm{W}}{\mathrm{m^2K}} \cdot \left(\frac{273\ \mathrm{K} + 75°\mathrm{C}}{333\ \mathrm{K}}\right)^3 \cdot \left(\frac{0,85}{0,8}\right) = 8,1247\,\frac{\mathrm{W}}{\mathrm{m^2]}}$$

ergibt sich der Strahlungswiderstand nach Formel 6.59 zu

$$R_S = \frac{1}{8,1247\,\frac{\mathrm{W}}{\mathrm{m^2K}} 0,12566\,\mathrm{m}^2} = 0,97948\,\frac{\mathrm{K}}{\mathrm{W}}$$

Dieser genauere Wert beträgt somit nur rd. 75 % des Näherungswertes

$$R_{SN\ddot{a}herung} = \frac{1}{6\,\frac{\mathrm{W}}{\mathrm{m^2K}} \cdot 0,12566\,\mathrm{m}^2} = 1,3263\,\frac{\mathrm{K}}{\mathrm{W}}$$

sodass man letzteren doch nur bei besonderen Bedingungen (z. B. beim Gehäuseeinbau von Transformatoren) oder als sichere Abschätzung bei fehlenden Angaben verwenden sollte.

Aufgabe 6.7

Der zuvor betrachtete Motor mit den berechneten Wärmewiderständen $R_{Kges} = 0{,}181$ K/W (Beispiel 6.18) und $R_S \approx 0{,}97948$ K/W (Beispiel 6.19) erwärmt sich bei der Umgebungstemperatur $\vartheta_U = 25°C$ und typischem Dauerbetrieb auf rd. $\vartheta_G = 75°C$.

a) Welchen Wärmewiderstand R_{GU} hat das Motorgehäuse insgesamt zur umgebenden Luft?

b) Welche stationären Gesamtverluste P_{vges} hat dabei der Motor?

Ergebnisse:

a) $R_{GU} = 0{,}15277\ \mathrm{K/W}$

b) $P_{vges} = 327{,}3\ \mathrm{W}$

6.8 Reale Wärmequellen [9, 10]

6.8.1 Temperaturverlauf in Gebieten mit inneren Wärmequellen

Sowohl in den Wicklungen wie auch bei zeitlich veränderlichem Magnetfeld im Eisenkern treten beim Betrieb der elektrischen Maschinen Verluste auf, sodass die dortige Temperaturverteilung die in Kapitel 3 angegebene inhomogene Wärmeleitungsgleichung erfüllen muss. Die Lösung dieser partiellen Differentialgleichung 2. Ordnung bildet daher oftmals die Grundlage der diesbezüglichen FEM-Simulationen.

Erfreulicherweise werden die Maschinen aus rein praktischen Gründen üblich aber so ausgeführt, dass man diesen hohen mathematischen Aufwand ohne großen Fehler aus folgenden Gründen deutlich reduzieren kann:

- Insbesondere die realen Wicklungen mit ihren kleinräumig sehr unterschiedlich verteilten Wärmeleitfähigkeiten kann man als homogene Bereiche mit einer effektiven Wärmeleitfähigkeit λ^* nach Abschnitt 6.2.2 betrachten.
- Die Verluste treten überwiegend in Bereichen mit vergleichsweise guter Wärmeleitfähigkeit auf, was dort zwangsläufig zu kleinen inneren Temperaturunterschieden führt.
- Das Temperaturniveau in den Wärmequellen wird daher hauptsächlich durch die Wärmeübergänge an ihren Oberflächen bestimmt, wozu man den Abstand zur wärmeabgebenden Oberfläche zumindest in einer Richtung nach Möglichkeit klein hält.
- Abschnittsweise haben die verlustbehafteten Bereiche eine konstante Wärmeleitfähigkeit und zumindest näherungsweise auch eine konstante Verlustdichte.
- Man verzichtet häufig auf die Beschreibung des zeitlichen Temperaturverlaufes und betrachtet, z. B. zur Kontrolle der Isolierstoffklasse, nur deren Maximalwerte.

Dadurch reduziert sich die partielle Wärmeleitungsgleichung auf eine gewöhnliche Differentialgleichung, die, wie nachfolgend gezeigt, für interessierende Situationen vergleichsweise einfach analytisch lösbar ist.

6.8.1.1 Ebene Wand mit symmetrischer Kühlung

In vielen Fällen lassen sich die Wicklungen als ebene Wand entsprechend Bild 6.19 mit der Wickeldicke bzw. Nutbreite d_W, der Wickelhöhe bzw. Nuthöhe h_W, sowie der mittleren Windungslänge bzw. der Paketlänge l_W behandeln.

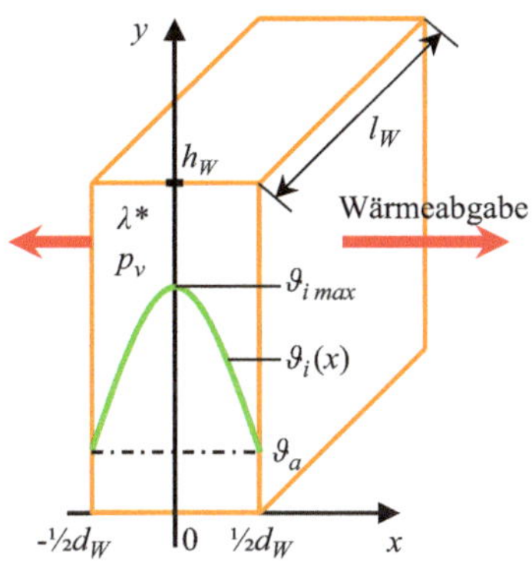

Bild 6.19 Abmessungen, Eigenschaften und Temperaturverlauf in ebenen Gebieten mit inneren Wärmequellen

Dies gilt z. B. auch bei Transformatoren entsprechend Bild 1.1 links, da hier sowohl der Wicklungsdurchmesser und die dazu proportionale Wickellänge l_W als auch die Wickelhöhe h_W meist groß gegenüber der im Vergleich kleinen Wickeldicke d_W sind und so die zylindrische Form der Spule in guter Näherung vernachlässigbar ist.

In dem somit ebenen Problem ist der innere Temperaturverlauf als $\vartheta_i(x)$ dann nur noch von einer Koordinate x abhängig, was dessen Berechnung wesentlich vereinfacht.

Die in dem so betrachteten ebenen Volumen umgesetzten Verluste P_v sind in diesem dann näherungsweise homogen verteilt mit der Verlustdichte

$$p_v = \frac{P_v}{d_W h_W l_W} \approx \text{const.} \tag{6.61}$$

Die Wärmeleitungsgleichung nimmt dadurch die eindimensionale Form

$$\lambda^* \cdot \frac{\mathrm{d}^2\vartheta_i}{\mathrm{d}x^2} + p_v = 0$$

an und wird durch 2-malige Integration mit den Integrationskonstanten k_1 und k_2 allgemein durch folgenden Ansatz gelöst

$$\vartheta_i\,(x) = -\frac{1}{2\lambda^*} \cdot p_v \cdot x^2 + k_1 x + k_2 \tag{6.62}$$

Bei symmetrischer Lage des Wicklungsausschnittes nach Bild 6.19 und ebenfalls symmetrischen Kühlbedingungen entfällt dann noch der lineare Term in Formel 6.62 und man erhält mit der Temperaturvorgabe auf den Oberflächen $\vartheta_a = \vartheta_i(\pm d_W/2)$ für den inneren Temperaturverlauf

$$\vartheta_i(x) = \frac{d_W^2}{8\lambda^*} \cdot p_v \cdot \left[1 - \left(\frac{2x}{d_W}\right)^2\right] + \vartheta_a = \frac{1}{4}\frac{d_W/2}{\lambda^* \cdot h_W \cdot l_W} \cdot P_v \cdot \left[1 - \left(\frac{2x}{d_W}\right)^2\right] + \vartheta_a \quad (6.63)$$

Mit der maximalen inneren Temperatur bei $x = 0$, der sog. Heißpunkttemperatur,

$$\vartheta_{i\,\max} = \vartheta_i(0) = \frac{1}{8}\frac{d_W}{\lambda^* \cdot h_W \cdot l_W} \cdot P_v + \vartheta_a \quad (6.64)$$

ergibt sich für die entsprechende maximale innere Temperaturdifferenz

$$\Delta\vartheta_{i\,\max} = \vartheta_i(0) - \vartheta_a = \frac{1}{8} \cdot \frac{d_W}{\lambda^* \cdot h_W \cdot l_W} \cdot P_v = R_i \cdot P_v \quad (6.65)$$

mit dem darin zusätzlich eingeführten, wirksamen inneren Wärmewiderstand

$$R_i = \frac{1}{8} \cdot \frac{d_W}{\lambda^* \cdot h_W \cdot l_W} \quad (6.66)$$

Damit lässt sich die innere Temperaturverteilung schließlich sehr kompakt schreiben als

$$\vartheta_i(x) = R_i \cdot P_v \cdot \left[1 - \left(\frac{2x}{d_W}\right)^2\right] + \vartheta_a \quad (6.67)$$

was dem bereits in Bild 6.19 zusätzlich angegebenen, parabelförmigen Temperaturverlauf $\vartheta_i(x)$ entspricht.

Oft interessiert man sich in diesem Zusammenhang nicht für den Temperaturverlauf selbst, sondern, z. B. im Hinblick auf die Einhaltung der Isolierstoffklasse, nur für die maximale Wicklungstemperatur ϑ_{imax}, die bei den hier betrachteten, symmetrischen Kühlverhältnissen in der Wicklungsmitte bei $x = 0$ auftritt und dort den Wert nach Formel 6.64 aufweist. Diese lässt sich somit auch ohne eine aufwendige Lösung der Wärmeleitungsgleichung direkt mit dem Ohm'schen Gesetz, durch Einführung des angegebenen Innenwiderstandes R_i, bestimmen. Über diesen werden somit die gesamten Verluste der betrachteten Wand zu ihren seitlichen Oberflächen geleitet.

Soll jedoch speziell die mittlere maximale Temperatur der Wicklung ϑ_{imi}, z. B. entsprechend dem Wert aus einer Widerstandsmessungen laut Norm, bestimmt werden, so ist in den zuvor angegebenen Gleichungen anstelle von R_i lediglich der modifizierte thermische Innenwiderstand

$$R_{imi} = \frac{2}{3}R_i = \frac{1}{12} \cdot \frac{d_W}{\lambda^* h_W l_W} \quad (6.68)$$

zu berücksichtigen.

Da die inneren Temperaturunterschiede in der Wicklung erfahrungsgemäß meist eher klein ausfallen, kann dieser minimale Unterschied aber oft vernachlässigt werden und man rechnet dann, auf der sicheren Seite, mit $\vartheta_{imi} \approx \vartheta_{imax}$ bzw. $\Delta\vartheta_{imi} \approx \Delta\vartheta_{imax}$.

Schließlich lässt sich noch der Zusammenhang mit der spezifischen Oberflächenbelastung w herstellen, die ja ebenfalls eine gebräuchliche Vorgabegröße ist

$$w = -\lambda^* \cdot \left.\frac{\mathrm{d}\vartheta_i(x)}{\mathrm{d}x}\right|_{d_W/2} = \frac{d_W}{2} p_v = \frac{P_v}{2 \cdot h_W \cdot l_W} = \frac{4 \cdot \lambda^*}{d_W} \cdot \Delta\vartheta_{i\,\mathrm{max}} \tag{6.69}$$

Mit diesem Wert werden die Gesamtverluste im symmetrischen Fall mit der gleichen Verlustdichte über die beiden Seitenflächen der ebenen Wand abgeführt.

Beispiel 6.20

Die Sekundärwicklung eines Verteilertransformators ähnlich Bild 1.1 links ist als Folienwicklung ausgeführt und hat, hier ohne Wickelrohr, beim Innendurchmesser 310 mm, dem Außendurchmesser 340 mm eine Wickelhöhe 600 mm. Die Wicklung kann dabei als ebene Wand mit der wirksamen Wärmeleitfähigkeit $\lambda^* = 1\,\mathrm{W/(m\cdot K)}$ betrachtet werden. Die spezifische Flächenbelastung beträgt auf beiden Seiten 1100 $\mathrm{W/m^2}$.

Zu bestimmen sind der innere Wärmewiderstand, die innere Temperaturzunahme in der Sekundärwicklung und die dort insgesamt auftretenden Verluste.

Welche Vereinfachung lässt sich damit begründen?

Lösung:

Aus den angegebenen Abmessungen ergibt sich für die Wickeldicke

$$d_{WS} = \frac{0,34\,\mathrm{m} - 0,31\,\mathrm{m}}{2} = 0,015\,\mathrm{m}$$

und für die mittlere Wickellänge

$$l_{WS} = \pi \cdot \frac{0,31\,\mathrm{m} + 0,34\,\mathrm{m}}{2} = 1,021\,\mathrm{m}$$

Daraus bestimmt man den inneren Wärmewiderstand nach Formel 6.66

$$R_{iS} = \frac{1}{8} \cdot \frac{0,015\,\mathrm{m}}{1\,\mathrm{W/(m \cdot k)} \cdot 0,6\,\mathrm{m} \cdot 1,021\,\mathrm{m}} = 0,0030607\,\frac{\mathrm{K}}{\mathrm{W}}$$

die maximale innere Temperaturzunahme nach Formel 6.69

$$\Delta\vartheta_{iS\,\mathrm{max}} = \frac{d_W \cdot w_S}{4\lambda^*} = \frac{0,015\,\mathrm{m} \cdot 1100\,\mathrm{W/m^2}}{4 \cdot 1\,\mathrm{W/(m \cdot K)}} = 4,125\,\mathrm{K}$$

und die gesamten Spulenverluste mit Formel 6.65 zu

$$P_{vS} = \frac{\Delta\vartheta_{i\,\mathrm{max}}}{R_{iS}} = \frac{4,125\,\mathrm{K}}{0,0030607\,\mathrm{K/W}} = 1347,7\,\mathrm{W}$$

Fazit: Trotz der hier eher kleinen inneren Wärmeleitfähigkeit und einer typischen spezifischen Flächenbelastung bleibt die innere Temperaturdifferenz mit rd. 4 K vergleichsweise klein. Man kann daher meist ohne großen Fehler, vereinfachend und auf der sicheren Seite, nur mit der maximalen inneren Temperaturdifferenz rechnen.

6.8.1.2 Ebene Wand mit asymmetrischer Kühlung

Auch bei asymmetrischen Kühlbedingungen verläuft die Temperatur in der ebenen Wand weiterhin parabelförmig, allerdings nicht mehr symmetrisch zur Wicklungsmitte. Daher muss in Formel 6.62 der lineare Term jetzt berücksichtigt werden.

Mit den dabei unterschiedlichen Vorgaben für die spezifischen Oberflächenbelastungen, mit w_a auf der üblich besser gekühlten Wicklungsaußenseite der Temperatur ϑ_a bzw. mit $w_i < w_a$ auf der weniger intensiv gekühlten Innenseite, ergibt sich nach einigen Zwischenrechnungen für die innere Temperaturverteilung in der Wand

$$\vartheta_i(x) = -\frac{w_a + w_i}{2 \cdot \lambda^* \cdot d_W} \cdot \left(\frac{d_W}{2} - x\right)^2 + \frac{w_a}{\lambda^*} \cdot \left(\frac{d_W}{2} - x\right) + \vartheta_a \tag{6.70}$$

mit ihrem Maximalwert

$$\vartheta_{i\,\max} = \frac{w_a}{2 \cdot \lambda^*} \cdot \frac{w_a}{w_a + w_i} \cdot d_W + \vartheta_a \tag{6.71}$$

bzw. der maximalen inneren Übertemperatur zur Wicklungsaußenseite

$$\Delta\vartheta_{i\,\max} = \frac{w_a}{2 \cdot \lambda^*} \cdot \frac{w_a}{w_a + w_i} \cdot d_W \tag{6.72}$$

Diese tritt hier im Abstand

$$x_{\max} = \frac{w_a}{w_a + w_i} \cdot d_W \tag{6.73}$$

von der äußeren Wand auf und ist aus der Wandmitte in Richtung der geringeren spezifischen Oberflächenbelastung, d. h. der geringeren Kühlintensität, verschoben.

Hinweis: Die ausführliche Herleitung dieser Beziehungen ist ebenfalls unter plus.hanser-fachbuch.de angegeben.

Als Konsequenz der unterschiedlichen Kühlintensitäten ergeben sich dann auch leicht unterschiedliche Wandtemperaturen, mit der tendenziell etwas höheren Temperatur auf der schwächer gekühlten Wandseite. Dies zeigt auch der Temperaturverlauf in Beispiel 6.21, wie er dort in Bild 6.20 dargestellt ist und so auch in der Praxis beobachtet wird.

Dabei gilt für die Vorgaben zu den spezifischen Oberflächenbelastungen aus physikalischen Gründen die Nebenbedingung

$$p_v \cdot d_W = w_a + w_i \tag{6.74}$$

Zwar wäre auch hier die Einführung von jetzt unterschiedlichen Wärmewiderständen möglich, über die dann wieder anteilig unterschiedliche Wärmeströme zu den beiden Wandoberflächen abfließen.

Wegen den jedoch eher kleinen inneren Temperaturunterschieden verzichtet man aber meistens auf diese detaillierte Auswertung und rechnet vereinfachend mit dem

Wärmewiderstand nach Formel 6.66, über den dann wieder die Gesamtverluste der Wand abgeführt werden.

Beispiel 6.21

In Ergänzung zu Beispiel 6.20 wird hier die außen angeordnete Primärwicklung des Verteilertransformators mit seinen unterschiedlichen Kühlbedingungen, zunächst wieder unter Vernachlässigung des Wickelrohres, betrachtet.

Vorgegeben sind dazu folgende Abmessungen und Werte:

Spulen-Außendurchmesser 430 mm, -Innendurchmesser 380 mm, -Höhe 550 mm, spez. Oberflächenbelastung Außenfläche 1500 W/m², dgl. Innenfläche 1100 W/m², äußere Wandtemperatur 60°C und wirksame innere Wärmeleitfähigkeit 0,96 W/(m·K).

Zu bestimmen sind:

a) Die Verlustdichte der Primärwicklung, deren Gesamtverluste, die Stelle der Heißpunkttemperatur und deren Wert.
b) Zum Vergleich mit dem korrekten Wert soll die Heißpunkttemperatur auch mit dem inneren Wärmewiderstand nach Formel 6.66 berechnet werden.
c) Zur Veranschaulichung ist der Temperaturverlauf in der Primärwicklung auch als Diagramm darzustellen.

Lösung:

a) Aus den angegebenen Abmessungen ergibt sich für die Wickeldicke

$$d_{WP} = \frac{0,43\,\mathrm{m} - 0,38\,\mathrm{m}}{2} = 0,025\,\mathrm{m}$$

und für die mittlere Wickellänge

$$l_{WP} = \pi \cdot \frac{0,38\,\mathrm{m} + 0,43\,\mathrm{m}}{2} = 1,2723\,\mathrm{m}$$

Mit der spezifischen Verlustdichte nach Formel 6.74

$$p_{vP} = \frac{1500\,\mathrm{W/m^2} + 1100\,\mathrm{W/m^2}}{0,025\,\mathrm{m}} = 104000\,\mathrm{W/m^3}$$

ergeben sich daraus die Gesamtverluste der Primärwicklung zu

$$P_{vP} = 104000\,\mathrm{W/m^3} \cdot 0,025\,\mathrm{m} \cdot 0,055\,\mathrm{m} \cdot 1,2723\,\mathrm{m} = 1819,4\,\mathrm{W} \approx 1820\,\mathrm{W}$$

Dabei stellt sich die Heißpunkttemperatur nach Formel 6.73 im Abstand

$$x_{\max} = \frac{1500\,\mathrm{W/m^2}}{1500\,\mathrm{W/m^2} + 1100\,\mathrm{W/m^2}} \cdot 0,025\,\mathrm{m} = 0,014423\,\mathrm{m}$$

von der äußeren Wicklungsoberfläche ein und hat mit Formel 6.72 den Wert

$$\vartheta_{i\max} = \frac{1500\,\mathrm{W/m^2}}{2 \cdot 0,96\,\mathrm{W/(m \cdot K)}} \cdot \frac{1500\,\mathrm{W/m^2}}{1500\,\mathrm{W/m^2} + 1100\,\mathrm{W/m^2}} \cdot 0,025\,\mathrm{m} + 60^\circ\mathrm{C} = 71,268^\circ\mathrm{C}$$

b) Mit dem inneren Wärmewiderstand nach Formel 6.66

$$R_{iP} = \frac{1}{8} \cdot \frac{0,025\,\mathrm{m}}{0,96\,\mathrm{W/(m \cdot K)} \cdot 0,55\,\mathrm{m} \cdot 1,2723\,\mathrm{m}} = 0,0046519\,\frac{\mathrm{K}}{\mathrm{W}}$$

und den unter a) berechneten Verlusten ergibt sich in der vereinfachten Betrachtung für die Heißpunkttemperatur in der Wicklung

$$\vartheta_{iP\,max} = 0,0046519\,\frac{K}{W} \cdot 1819,4\,W + 60°C = 68,464°C$$

der so als Näherungswert auch in Bild 6.20 mit eingetragen ist und im Vergleich vom korrekten Wert nur um ca. 3 K abweicht.

c) Der Temperaturverlauf in der Primärwicklung nach Formel 6.70 ist mithilfe einer Excel-Tabelle in Bild 6.20 dargestellt.
Dabei ist hier, zur besseren Verdeutlichung, die innere Temperaturdifferenz $\Delta\vartheta_i(x)$ in Bezug zur Oberflächentemperatur $\vartheta_a = 60°C$ auf der intensiver gekühlten Außenseite über dem Abstand x_a von dieser Außenfläche dargestellt. Auch ist dort der Näherungswert laut b) mit eingetragen.

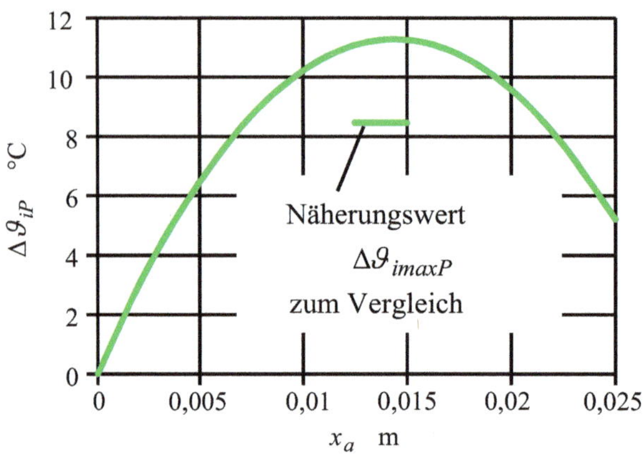

Bild 6.20 Asymmetrischer Temperaturverlauf in der Primärwicklung mit Näherungswert

6.8.1.3 Wicklungen auf Wickelrohr

Oftmals sind Wicklungen zusätzlich, ganz oder teilweise, von einem meist auch thermisch isolierenden Medium umgeben und können dort dann nicht direkt vom umgebenden Kühlmittel gekühlt werden.

Dies gilt z. B. auch bei dem zuvor betrachteten Verteilertransformator, bei dem sowohl die Primär- wie auch die Sekundärwicklung jeweils auf einem Hartpapierzylinder (Wickelrohr) aufgewickelt ist. Diese weisen selbst zwar keine inneren Verluste auf, aber die von der aufliegenden Spulenseite abzuführenden Verluste können dann nur indirekt über diesen Wicklungsträger an das Kühlmittel übertragen werden.

Dies bedeutet für die Wicklungsverluste dort einen zusätzlichen, einseitigen Wärmewiderstand in Reihe mit dem Wärmewiderstand durch Konvektion und ggf. Strahlung auf der Wicklungsinnenseite, was dort die spezifische Oberflächenbelastung reduziert und im Gegenzug die Heißpunkttemperatur in der betreffenden Wicklung ansteigen lässt.

Zur Abschätzung dieses Einflusses definiert man im ebenen Modell mit den einheitlichen Werten der Wickellänge l_W, der Wicklungshöhe h_W, der wirksamen Oberflächen A_{mi}, der inneren und äußeren Wärmeübergangszahlen α_i und α_a folgende Wärmewiderstände:

- der inneren Wicklungsoberfläche zum umgebenden Kühlmittel ohne Wickelrohr

$$R_i = \frac{1}{\alpha_i \cdot A_{mi}}$$

- der inneren Wicklungsoberfläche zum umgebenden Kühlmittel mit einem Wickelrohr der Wandstärke d_R und der Wärmeleitfähigkeit λ_R

$$R_{iR} = \frac{1}{\alpha_i \cdot A_{mi}} + \frac{d_R}{\lambda_R \cdot A_{mi}}$$

- der äußeren Wickelfläche, üblich ohne Wickelrohr,

$$R_a = \frac{1}{\alpha_a \cdot A_{mi}}$$

- und bestimmt daraus die resultierenden Wärmewiderstände der Parallelschaltung der beiden Fälle ohne R_{ges} bzw. mit Wickelrohr R_{gesR}

$$R_{ges} = \frac{R_i \cdot R_a}{R_i + R_a}$$

$$R_{gesR} = \frac{R_{iR} \cdot R_a}{R_{iR} + R_a}$$

Mit dem als Verhältnis dieser beiden Werte definierten Faktor

$$k_R = \frac{R_{gesR}}{R_{ges}} = \frac{\left(1 + \frac{\alpha_i \cdot d_R}{\lambda_R}\right) \cdot \left(1 + \frac{\alpha_i}{\alpha_a}\right)}{1 + \frac{\alpha_i \cdot d_R}{\lambda_R} + \frac{\alpha_i}{\alpha_a}} \tag{6.75}$$

ändern sich die ursprünglich vorgegebenen Oberflächenbelastungen w_a und w_i wie folgt

$$w_{aR} = k_R \cdot w_a \tag{6.76}$$

$$w_{iR} = w_i - (k_R - 1) \cdot w_a \tag{6.77}$$

wodurch sich schließlich der Temperatursprung zwischen der äußeren Wandtemperatur mit ϑ_a und dem umgebenden Kühlmittel mit ϑ_U um den Faktor k_R

$$\Delta\vartheta_{aR} = \vartheta_{aR} - \vartheta_U = k_R \cdot (\vartheta_a - \vartheta_U) = \Delta\vartheta_a \cdot k_R \tag{6.78}$$

linear und die maximale innere Übertemperaturdifferenz gemäß

$$\Delta\vartheta_{i\,\max R} = k_R^2 \cdot \Delta\vartheta_{i\,\max} \tag{6.79}$$

quadratisch erhöhen.

Darüber hinaus lässt sich diese Situation allgemein, wie in Abschnitt 6.8.1.2 für asymmetrische Kühlbedingungen beschrieben, auch detailliert auswerten.

Beispiel 6.22

Tatsächlich ist die in Beispiel 6.20 betrachtete Sekundärwicklung auf einem Wickelrohr des Innendurchmessers 300 mm und des Außendurchmessers 310 mm aufgebracht, wobei dieses die Wärmeleitfähigkeit $\lambda_R = 1$ W/(m·K) aufweist. Für die anderen Werte gilt:

$\alpha_i = \alpha_a = 56{,}293$ W/(m²K) aus Beispiel 6.9

$w_i = w_a = 1100$ W/m² und $\Delta\vartheta_{imax} = 4{,}125$ K aus Beispiel 6.20

Zu bestimmen sind der Faktor k_R, die jetzt wirksamen Flächenbelastungen und die neu zu erwartende innere Übertemperatur $\Delta\vartheta_{imaxR}$.

Lösung:

Mit der Wandstärke $d_R = 5$ mm des Wickelrohres kann der Faktor k_R nach Formel 6.75 berechnet werden

$$k_R = \frac{\left(1 + \frac{56{,}293\,\mathrm{W/(m^2K)} \cdot 0{,}005\,\mathrm{m}}{1\,\mathrm{W/(m \cdot K)}}\right) \cdot \left(1 + \frac{56{,}293\,\mathrm{W/(m^2K)}}{56{,}293\,\mathrm{W/(m^2K)}}\right)}{1 + \frac{56{,}293\,\mathrm{W/(m^2K)} \cdot 0{,}005\,\mathrm{m}}{1\,\mathrm{W/(m \cdot K)}} + \frac{56{,}293\,\mathrm{W/(m^2K)}}{56{,}293\,\mathrm{W/(m^2K)}}} = 1{,}1234$$

Damit ergibt sich für die auf der Außenseite wirksame Oberflächenbelastung mit Formel 6.76

$$w_{aR} = 1{,}1234 \cdot 1100\,\mathrm{W/m^2} = 1235{,}7\,\mathrm{W/m^2}$$

bzw. für die Innenseite nach Formel 6.77

$$w_{iR} = 1100\,\mathrm{W/m^2} - (1{,}1234 - 1) \cdot 1100\,\mathrm{W/m^2} = 964{,}3\,\mathrm{W/m^2}$$

Schließlich vergrößert sich die innere Übertemperatur gemäß Formel 6.79 auf

$$\Delta\vartheta_{i\,\mathrm{max}\,R} = 1{,}1234^2 \cdot 4{,}125\,\mathrm{K} = 5{,}2059\,\mathrm{K}$$

Aufgabe 6.8

Die außen angeordnete Primärwicklung eines Verteilertransformators hat 1820 W Verluste (Beispiel 6.21) und den Wärmewiderstand 0,01 K/W zum umgebenden Öl (Beispiel 6.9). Die Oberflächentemperatur der Wicklungsaußenseite beträgt 60°C.

a) Welche Temperatur muss dazu das umgebende Öl aufweisen und welche mittlere Kühlmitteltemperatur ergibt sich daraus?
b) Dieser Wert ist mit der Vorgabe 50°C für die mittlere Kühlmitteltemperatur zu vergleichen.

Ergebnisse:

a) Öltemperatur 41,8°C, mittlere Kühlmitteltemperatur 50,9°C
b) Wegen der guten Übereinstimmung mit dem angenommenen Wert 50°C ist somit keine Korrektur erforderlich!

Diese, hier am Beispiel der Wicklungsverluste gezeigten, Überlegungen können in ähnlichen Situationen, z. B. für den Eisenkern des in Bild 1.1 links dargestellten Verteilertransformators, auch für den dortigen Temperaturverlauf übernommen werden.

Die dazu jeweils notwendigen Vorgabewerte für d_W, h_W und l_W, sowie die effektive Wärmeleitfähigkeit λ^* sind dann entsprechend den konkreten Abmessungen und Gegebenheiten des betrachteten Kernes zu wählen. Dabei ist bei inhomogen verteilten Verlusten u. U. eine abschnittsweise Betrachtung erforderlich.

6.8.2 Ersatzschaltung der realen Wärmequelle

6.8.2.1 Elemente der realen Wärmequelle

Die Verluste in elektrischen Maschinen entstehen z. B. als P_{vFe}, P_{vCu}, ... stets in materiellen Bereichen einer konkreten Masse m mit der spezifischen Wärmekapazität c, sodass in der Realität jeder idealen Wärmequelle P_v stets eine Wärmekapazität C nach Formel 6.3 parallelgeschaltet ist.

Dabei fließt die nicht lokal in der Verlustquelle selbst gespeicherte, überschüssige Wärme über den zuvor definierten inneren Wärmewiderstand R_i an die Quellenoberfläche mit der Temperatur ϑ_a und wird von dort, entsprechend der konkreten Kühlsituation, schließlich an die Umgebung bei der Temperatur ϑ_U abgeführt. In den Wärmeschaltbildern werden Temperaturen daher üblich in Bezug zu dieser Umgebungstemperatur als Temperaturdifferenz, z. B. als

$$\Delta\vartheta_a = \vartheta_a - \vartheta_U \tag{6.80}$$

angegeben und so in den folgenden Kapiteln 7 und 8 auch behandelt.

Die reale Wärmequelle lässt sich demnach durch eine ideale Verlustquelle P_v mit dazu paralleler Wärmekapazität C, in Reihe mit einem inneren Wärmewiderstand R_i bzw. R_{imi} entsprechend Bild 6.21, als Wärmeschaltbild der realen Wärmequelle, angeben und auswerten.

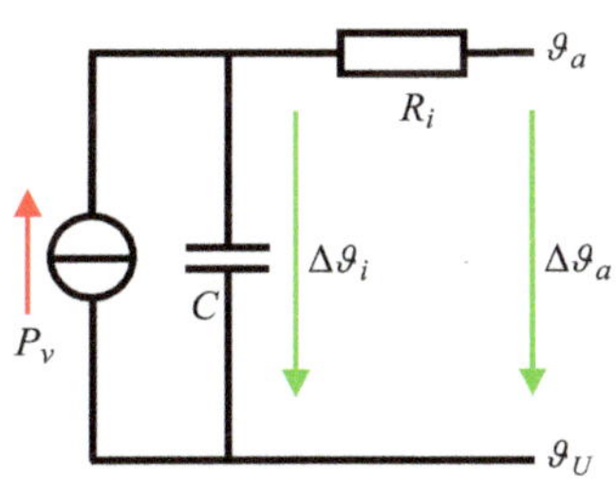

Bild 6.21 Thermische Ersatzschaltung der realen Wärmequelle

Dabei gilt die zuvor angegebene Wärmekapazität streng genommen nur bei einer einheitlichen Temperatur innerhalb der Wärmequelle bzw. bei Berechnung der dort auftretenden mittleren Übertemperatur $\Delta\vartheta_{imi}$, wie z. B. bei ihrer indirekten Messung über die Zunahme des Wicklungswiderstandes laut Norm.

Demgegenüber ist bei Berücksichtigung der inneren Temperaturunterschiede $\Delta\vartheta_i(x)$, z. B. bei der Bestimmung der Heißpunkttemperatur $\Delta\vartheta_{imax}$ in der Wicklung, die Wärmekapazität dort nicht über das gesamte Volumen mit der vollen Temperatur aufgeladen, sodass sich die für $\Delta\vartheta_{imax}$ wirksame Wärmekapazität C_w wie folgt etwas reduziert

$$C_w = C \cdot \frac{2/3 \cdot R_i P_v + \Delta\vartheta_a}{R_i P_v + \Delta\vartheta_a} \approx C \cdot \left(1 - \frac{R_i P_v}{3 \cdot \Delta\vartheta_a}\right) \tag{6.81}$$

Wegen den oft kleinen inneren Temperaturunterschieden in der Wicklung, gilt die zuvor bereits mit angegebene Näherung, sodass dann wegen $R_i \cdot P_v \ll \Delta\vartheta_a$ mit $C_w \approx C = m \cdot c$ näherungsweise doch die einfach bestimmbare Wärmekapazität C bei $\Delta\vartheta_{imax}$ wirksam ist.

In dieser vereinfachten Form wird die reale Wärmequelle nachfolgend auch beim Entwurf der Wärmeschaltbilder für konkrete elektrische Geräte und Maschinen berücksichtigt.

Die an den Klemmen der Ersatzschaltung auftretende Temperaturdifferenz $\Delta\vartheta_a = \vartheta_a - \vartheta_U$ entspricht dabei dem Temperaturunterschied zwischen der Quellenoberfläche mit ϑ_a und der Umgebungs- bzw. Kühlmitteltemperatur ϑ_U und somit der Spannung in elektrischen Netzwerken.

6.8.2.2 Verhalten bei zeitlich veränderlicher Temperatur

Mit der Kapazität im Wärmeschaltbild tritt nach Formel 6.4 hier nun erstmals ein Element auf, dessen Temperatur-Verlust-Beziehung durch eine Ableitung definiert ist.

Da für die Wärme als Energieform die Energieerhaltung gelten muss, kann sich die Temperatur einer Wärmekapazität somit niemals sprungförmig ändern. Dies wird bereits ersichtlich, wenn man gemäß Bild 6.21 eine thermisch isolierte Quelle, diese also ohne Wärmeabfluss über R_i, betrachtet. In diesem einfachsten Fall folgt aus Formel 6.4 für den zeitlichen Verlauf der Temperaturdifferenz an der Quelle mit $\Delta\vartheta_i(t) = \Delta\vartheta_a(t)$

$$\Delta\vartheta_i(t) - \Delta\vartheta_i(t_0) = \Delta\vartheta_a(t) - \Delta\vartheta_a(t_0) = \frac{1}{C} \int_{t_0}^{t} P_v \mathrm{d}t \tag{6.82}$$

wenn der Wärmekapazität ab dem Zeitpunkt t_0 die Wärme P_v zugeführt (P_v positiv) bzw. entnommen (P_v negativ) wird.

Beispiel 6.23

a) Für die in den Beispielen 6.6 und 6.20 betrachtete Sekundärspule eines Verteilertransformators sollen die Elemente der Ersatzschaltung entsprechend Bild 6.21 angegeben werden.

b) Zu bestimmen ist der Temperaturverlauf in der anfänglich kalten Wicklung, wenn diese ohne wirksame Ölkühlung, d. h. ohne Wärmeabgabe an die Umgebung, für $t_1 = 10$ min durch die konstanten Verluste $P_{v2} = 1348$ W erwärmt wird.

c) Im Anschluss an die unter b) genannte Belastungsphase nehmen die Verluste dort dann exponentiell mit dem Verlauf $P_v(t) = P_{v2} \cdot e^{-(t-t_1)/\tau}$ ab, wobei die Zeitkonstante den Wert $\tau = 5$ min aufweist.
Auch für diesen Zeitabschnitt ist der Temperaturverlauf in der Sekundärwicklung und deren maximaler Wert für $t \rightarrow \infty$ zu bestimmen.

d) Der gesamte Temperaturverlauf ist auch als Diagramm darzustellen.

Lösung:

a) Die Werte für $P_v = 1347{,}7\,\text{W} \approx 1348\,\text{W}$ und $R_i = 0{,}0030607\,\text{K/W} \approx 0{,}0031\,\text{K/W}$ können direkt aus Beispiel 6.20 übernommen werden.
Den noch fehlenden Wert für die Wärmekapazität berechnet man mit den in Beispiel 6.20 angegebenen Abmessungen der Sekundärwicklung $d_{iS} = 0{,}31$ m, $d_{aS} = 0{,}34$ m, $h_S = 0{,}6$ m, dem in Beispiel 6.6 berechneten Füllfaktor $f_{CuS} = 0{,}8$ und den aus Tabelle 3.1 für Kupfer entnommenen Werten für die Dichte $\rho_{Cu} = 8900\,\text{kg/m}^3$ bzw. spezifischen Wärme $c_{Cu} = 385$ Ws/(kgK) mithilfe der Kupfermasse

$$\begin{aligned} m_{Cu} &= \tfrac{\pi}{4} \cdot \left(d_{aS}^2 - d_{iS}^2\right) \cdot h_S \cdot f_{CuS} \cdot \rho_{Cu} \\ &= \tfrac{\pi}{4} \cdot \left((0{,}34\,\text{m})^2 - (0{,}31\,\text{m})^2\right) \cdot 0{,}6\,\text{m} \cdot 0{,}8 \cdot 8900\,\text{kg/m}^3 \\ &= 65{,}427\,\text{kg} \end{aligned}$$

nach Formel 6.3 zu

$$C_{Cu} = 65{,}427\text{ kg} \cdot 385\text{ Ws/(kgK)} = 25189\text{ Ws/K}$$

Darüber hinaus ist in der betrachteten Folienwicklung die Kupferfolie zusammen mit der Isolierfolie aufgewickelt, die hier mit ihrem großen Anteil von 20 % des Wicklungsvolumens ebenfalls zur Wärmekapazität der Wicklung beiträgt.

Mit der typischen Dichte $\rho_{Iso} \approx 1100\,\text{kg/m}^3$ und der spez. Wärme $c_{Iso} = 1100$ Ws/(kgK) ergibt sich die Masse der Isolierfolie analog zu

$$\begin{aligned} m_{Iso} &= \tfrac{\pi}{4} \cdot \left(d_{aS}^2 - d_{iS}^2\right) \cdot h_S \cdot (1 - f_{CuS}) \cdot \rho_{Iso} \\ &= \tfrac{\pi}{4} \cdot \left((0{,}34\,\text{m})^2 - (0{,}31\,\text{m})^2\right) \cdot 0{,}6\,\text{m} \cdot 0{,}2 \cdot 1100\,\text{kg/m}^3 \\ &= 2{,}0216\,\text{kg} \end{aligned}$$

und damit ihr Beitrag zur Wärmekapazität

$$C_{Iso} = 2{,}0216\text{ kg} \cdot 1100\text{ Ws/(kgK)} = 2223{,}8\text{ W}$$

Dieser beträgt, trotz des hier hohen Isolationsanteils, somit weniger als 10 % des Kupferwertes, weshalb man in der Praxis diesen Beitrag i. d. R. nicht bestimmt (oft auch nicht kennt!) und nicht berücksichtigt.

Daher wird dieser Anteil auch hier, sowie nachfolgend in den Kapiteln 7 und 8, auf der sicheren Seite, vernachlässigt.

b) Bei einer willkürlich gewählten Festlegung der Startzeit auf $t_0 = 0$ folgt für die anfänglich kalte Wicklung mit $\Delta\vartheta_i(0) = 0$ nach Formel 6.82 für den Temperaturverlauf im ersten Zeitabschnitt

$$\Delta\vartheta_i\,(t) = \frac{1348\,\text{W}}{25189\,\text{Ws/K}} \int_0^t \text{d}t = 0,053515\,\frac{\text{K}}{\text{s}} \cdot t$$

wonach diese hier linearer ansteigt und nach $t_1 = 10$ min den Wert

$$\Delta\vartheta_i\,(t_1) = 0,053515\,\frac{\text{K}}{\text{s}} \cdot 600\,\text{s} = 32,109\,\text{K}$$

erreicht.

c) Bei den anschließend exponentiell abnehmenden Verlusten folgt die Temperatur für $t \geq 600$ s wieder aus Formel 6.82, jetzt aber mit dem Startwert $\Delta\vartheta_{i1} = \Delta\vartheta_i(t_1) = 32{,}109$ K bei $t_1 = 10$ min, zu

$$\Delta\vartheta_i\,(t) - 32,109\,\text{K} = \frac{1348\,\text{W}}{25189\,\text{Ws/K}} \int_{600\text{s}}^t \text{e}^{-(t-600\,\text{s})/300\,\text{s}} \cdot \text{d}t = 16,055\,\text{K} \cdot \left[1 - \text{e}^{-(t-600\,\text{s})/300\,\text{s}}\right]$$

bzw. nach $\Delta\vartheta_i(t)$ umgestellt

$$\Delta\vartheta_i\,(t) = 32,109\,\text{K} + 16,055\,\text{K} \cdot \left(1 - e^{-(t-600\,\text{s})/300\,\text{s}}\right)$$

Demnach verläuft die Temperatur im 2. Zeitabschnitt exponentiell in Form des begrenzten Wachstums und strebt für $t \rightarrow \infty$ dem Endwert

$$\Delta\vartheta_{i\infty} = \Delta\vartheta_{imax}(t \rightarrow \infty) = 48{,}164\,\text{K}$$

zu.

d) Dieser gesamte Temperaturverlauf ist in Bild 6.22 dargestellt.

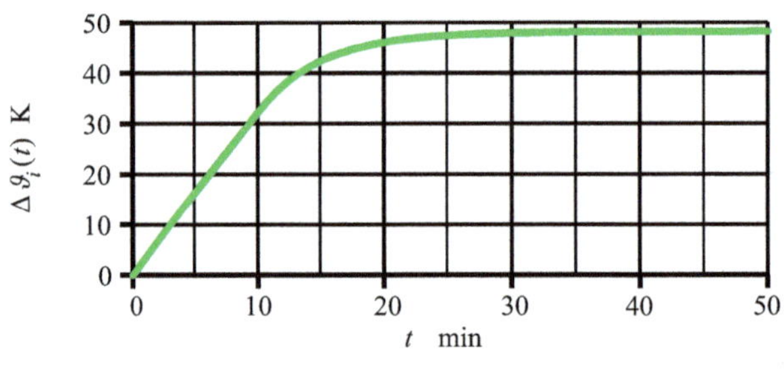

Bild 6.22 Temperaturverlauf zu Beispiel 6.23

7 Wärmeschaltbilder für elektrische Maschinen

Mithilfe der zuvor besprochenen Grundlagen lassen sich die thermischen Verhältnisse in realen elektrischen Maschinen durch angemessen detaillierte Wärmeschaltbilder erfassen und beschreiben.

Sie stellen somit ein leistungsfähiges Instrument zur quantitativen Beschreibung ihrer Erwärmung dar, wobei die erreichbare Genauigkeit wesentlich durch die möglichst korrekte Erfassung der Wärmeübergänge bestimmt wird.

Beim Entwurf der Wärmeschaltbilder folgt man vorteilhaft dem Weg der Verluste von den an unterschiedlichen Stellen in der Maschine bzw. im Gerät lokalisierten Wärmequellen bis zum Übergang dieser Verluste an das äußere Kühlmedium.

Die dabei übliche Vorgehensweise wird nachfolgend an typischen Beispielen gezeigt.

Hinweise zu den nachfolgenden Wärmeschaltbildern:

- Zusammentreffende oder sich überkreuzende Leitungen gelten als leitende Verbindungen.
- Sich überkreuzende Leitungen, die nicht leitend verbunden sind, werden an den betreffenden Stellen gestrichelt dargestellt.
- Bei der Wicklungs-Wärmekapazität wird üblicherweise der Beitrag des Isoliermaterials, dessen Masse oft nicht bekannt ist, vernachlässigt.
- Wegen der völligen Analogie zwischen den elektrischen und thermischen Netzwerken, können alle von der Elektrotechnik bekannten Analyseverfahren und Softwaretools auch zur Auswertung der Wärmeschaltbilder verwendet werden.

7.1 Wärmeschaltbilder des Transformators

7.1.1 Wärmeschaltbild des Kleintransformators

Als einfach überschaubares Einführungs-Beispiel soll für den in Bild 7.1 oben nochmals dargestellten Kleintransformator (links) mit seinen wesentlichen Abmessungsbezeichnungen (Mitte) und den dabei im Betrieb auftretenden Wärmeströmen (rechts) ein möglichst einfaches, aber doch hinreichend detailliertes Wärmeschaltbild entworfen werden.

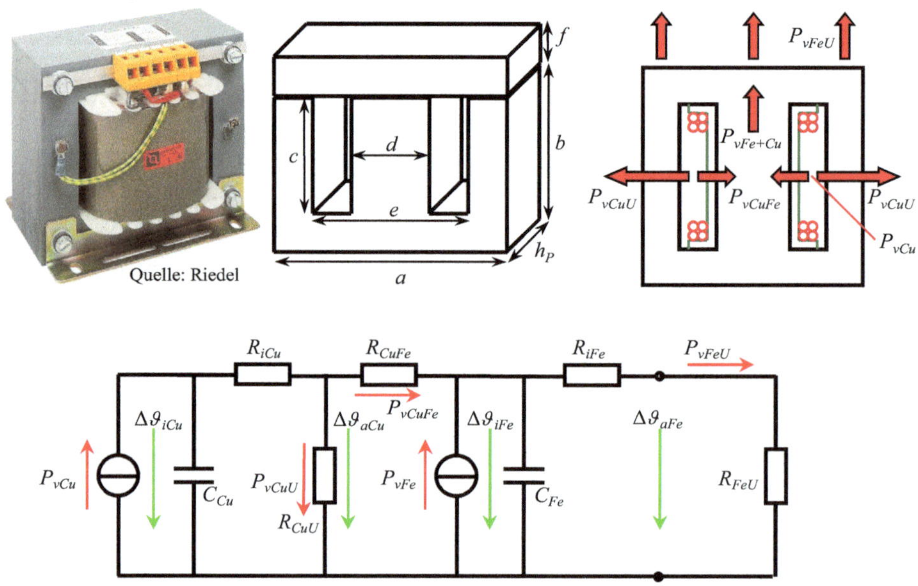

Bild 7.1 Thermische Situation beim Kleintransformator in der Kühlungsart AN: oben von links Bild, Bezeichnungen und Wärmeströme, unten dazu äquivalentes Wärmeschaltbild

Bedeutung der darin vorkommenden Formelzeichen:

P_{vCu} Wärmequelle der Kupferverluste

R_{iCu} innerer Wärmewiderstand der Wicklung

C_{Cu} Wärmekapazität der Wicklung, allg. ohne Isoliermaterial

P_{vFe} Wärmequelle der Eisenverluste

R_{iFe} innerer Wärmewiderstand des Eisenkernes

C_{Fe} Wärmekapazität des Eisenkernes

P_{vCuU} Wärmestrom von der freien Wicklungsoberfläche direkt an die umgebende Luft

P_{vCuFe} Wärmestrom von der inneren Wicklungsoberfläche zum Eisenkern

P_{vFeU} Wärmestrom von der Kernoberfläche an die umgebende Luft

R_{CuU} Wärmewiderstand von der freien Wicklungsoberfläche zur Umgebung

R_{CuFe} Wärmewiderstand von der inneren Wicklungsoberfläche zum Eisenkern

R_{FeU} Wärmewiderstand von der Eisenkernoberfläche zur Umgebung

Dabei ergibt sich für die thermischen Verhältnisse folgende Situation:

- Die in der Wicklung der Masse m_{Cu} und der Wärmekapazität C_{Cu} entstehenden Kupferverluste P_{vCu} gelangen durch Wärmeleitung über den inneren Wärmewiderstand R_{iCu} an die Wicklungsoberfläche und werden von dort zum Teil über R_{CuU} direkt an die umgebende Luft abgegeben, während der Rest per Wärmeleitung durch den Spulenkörper mit R_{CuFe} auf den Eisenkern übertragen wird.
- Dieser hat die Wärmekapazität C_{Fe} und trägt selbst mit den Eisenverlusten P_{vFe} zu den Gesamtverlusten des Transformators $P_{vges} = P_{vCu} + P_{vFe} = P_v$ bei.
- Die auf den Eisenkern übertragenen Kupferverluste und die Eisenverluste werden gemeinsam über den inneren Wärmewiderstand des Eisens R_{iFe} an seine Oberfläche geleitet und von dort durch Konvektion und Strahlung zusammengefasst über R_{FeU} letztlich ebenfalls an die Umgebung abgegeben.

Diese Zusammenhänge lassen sich dann direkt in die in Bild 7.1 unten angegebene thermische Ersatzschaltung (= Wärmeschaltbild) übersetzen und mithilfe der klassischen Netzwerkanalyse auswerten.

Insbesondere lassen sich damit, auch bei transienten Lastsituationen, die zeitlichen Verläufe der Temperaturen aller wichtigen Transformatorteile quantitativ mit meist ausreichender Genauigkeit bestimmen.

7.1.2 Wärmeschaltbild des ölgekühlten Verteilertransformators

Auch für den in Bild 1.1 links dargestellten Verteilertransformator lässt sich auf ähnliche Weise ein meist ausreichend genaues Wärmeschaltbild entwerfen.

Dabei handelt es sich, im Unterschied zu dem zuvor betrachteten Kleintransformator, um einen Drehstromtransformator mit jeweils drei identischen Primär- und Sekundärwicklungen, die durch einen Drehstromkern in 3UI-Bauform magnetisch gekoppelt sind.

Im Unterschied zu den symmetrischen Wicklungen weist der Transformatorkern hier eine kleine magnetische Unsymmetrie auf, die für thermische Überlegungen aber meistens vernachlässigbar ist.

Führt man die thermische Analyse hier, wie üblich, für den Gesamttransformator durch, so sind die Quellen und Kapazitäten der einzelnen Wicklungsteile mit ihrem 3-fachen Wert und deren Wärmewiderstände im Gegenzug mit 1/3 der Einzelwerte zu berücksichtigen, was im Wärmeschaltbild bzw. in den Bezeichnungen ohne die Einführung von zusätzlich neuen Bezeichnungen zu beachten ist.

Demgegenüber werden die Eisenverluste, die Wärmekapazität des Kernes und dessen Wärmeübergangswiderstand zum umgebenden Öl stets für den gesamten Kern angegeben. Auch der Wärmeübergang vom Öl zum Kessel, der Wärmedurchgang durch den Kessel und wieder der Wärmeübergang von dort zur Umgebung werden für den gesamten Transformator berücksichtigt.

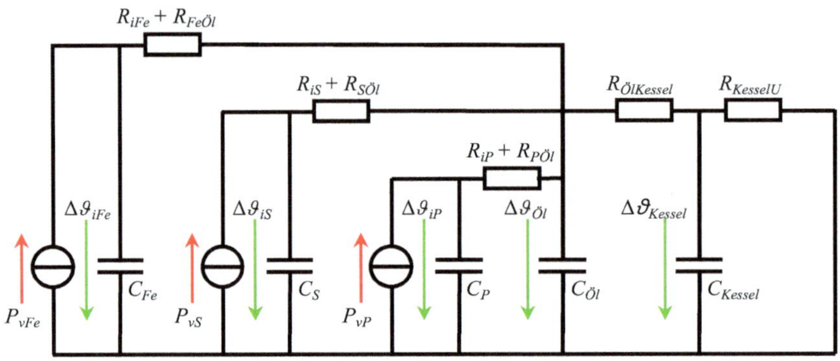

Bild 7.2 Wärmeschaltbild des Verteilertransformators in der Kühlungsart ONAN

Bedeutung der darin vorkommenden Formelzeichen:

P_{vFe} Wärmequelle der Eisenverluste,

R_{iFe}+$R_{FeÖl}$ innerer Wärmewiderstand des Eisenkernes + Wärmeübergang zum Öl,

C_{Fe} Wärmekapazität des Eisenkernes,

$\Delta\vartheta_{iFe}$ innere Übertemperatur des Eisenkernes

P_{vS} Wärmequelle Sekundärwicklungen, (3-fach zur Einzelwicklung)

R_{iS}+$R_{SÖl}$ innerer Wärmewiderstand Sekundärwicklung + Wärmeübergang zum Öl, (1/3)

C_S Wärmekapazität der Sekundärwicklungen, (3-fach)

$\Delta\vartheta_{iS}$ innere Übertemperatur der Sekundärwicklungen

P_{vP} Wärmequelle Primärwicklungen, (3-fach zur Einzelwicklung)

R_{iP}+$R_{PÖl}$ innerer Wärmewiderstand Primärwicklung + Wärmeübergang zum Öl, (1/3)

C_P Wärmekapazität der Primärwicklungen, (3-fach)

$\Delta\vartheta_{iP}$ innere Übertemperatur der Primärwicklungen

$C_{Öl}$ Wärmekapazität des Transformatoröls

$\Delta\vartheta_{Öl}$ Übertemperatur des Öls

$R_{ÖlKessel}$ Wärmeübergang vom Öl auf die Innenwand des Kessels

C_{Kessel} Wärmekapazität des Kessels

$R_{KesselU}$ Wärmeübergang vom Kessel zur Umgebung

$\Delta\vartheta_{Kessel}$ Übertemperatur des Transformatorgehäuses

Die thermische Situation:

- Es treten drei markante reale Verlustquellen mit jeweils eigener Wärmekapazität C und innerem Wärmewiderstand R_i auf, und zwar die Eisenverluste mit P_{vFe}, die Wicklungsverluste der innen angeordneten Sekundärspulen mit P_{vS} und die Wicklungsverluste der hier üblich außen angeordneten Primärspulen mit P_{vP}.

- Alle drei Verluste werden weitgehend unabhängig voneinander durch innere Wärmeleitung und Konvektion über $R_i + R_K$ an das umgebende Transformatoröl abgegeben, das wegen seines großen Volumens und natürlicher bzw. forcierter innerer Umwälzung selbst als große Wärmekapazität $C_{Öl}$, aber ohne eigene Verluste und ohne zusätzlichen Innenwiderstand, wirkt.
- Das Öl überträgt die insgesamt aufgenommene Wärme per Konvektion auf die Innenseite des Kessels mit seiner eigenen Wärmekapazität C_{Kessel}, von wo aus sie dann, durch Wärmeleitung in der dünnen Wand aus Metall, d. h. hier ohne nennenswerten Wärmewiderstand, an die Außenseite des Kessels geleitet wird.
- Von dort werden die Verluste schließlich durch Konvektion und Strahlung an die umgebende Luft abgegeben, wobei hier sowohl natürliche wie auch forcierte Kühlung zur Anwendung kommen.

7.2 Wärmeschaltbild der Asynchronmaschine

Analog kann auch für Asynchronmaschinen (ähnlich Bild 1.2) ein ebenfalls weitgehend vollständiges Wärmeschaltbild entworfen werden. Dieses ist aber, wegen der komplexeren Geometrie und den daraus resultierenden vielfältigen thermischen Kopplungen, im Vergleich schon deutlich aufwendiger.

Die thermische Situation in der Kühlungsart IC4A1A1:

- Der Rotor (Index 2) bildet hier die innerste Wärmequelle, der seine Wärme hauptsächlich über den Luftspalt an das Statorpaket (Index 1) abgibt. Parallel dazu wird aber auch Wärme über die Rotorstirnseiten, evtl. sogar verstärkt durch Wirbler bzw. Wuchtnocken, direkt mittels der inneren turbulenten Luftbewegung und evtl. über die Welle an das Motorgehäuse abgegeben. Zusätzlich besteht so auch ein Wärmeaustausch mit den Wickelköpfen der Statorwicklung.
- Als Hauptverlustquelle gilt hier allgemein die Statorwicklung, die ihre Verluste überwiegend über die dünne Nutisolation an das Statorblechpaket überträgt. Auch wird Wärme von den thermisch besonders kritischen Wickelköpfen, einerseits über die turbulente Innenluft und andererseits durch einen direkten Wärmekontakt, zum Gehäuse übertragen.
- Auch im Statorblechpaket treten Verluste auf, die dann zusammen mit den aufgenommenen Statorwicklungs- und Rotorverlusten durch Wärmeleitung im Blechpaket und über das Motorgehäuse letztlich, hier meist durch forcierte Kühlung und Strahlung, an die Umgebung abgeführt werden.

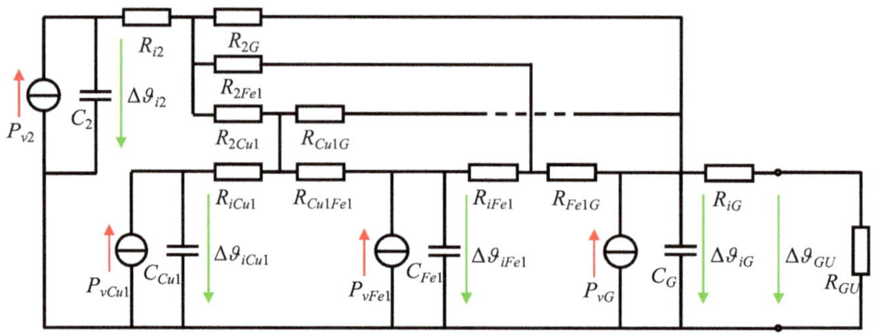

Bild 7.3 Wärmeschaltbild einer Asynchronmaschine in der Kühlungsart IC4A1A1

Bedeutung der darin vorkommenden Formelzeichen:

P_{v2} Rotorverluste

R_{i2} innerer Wärmewiderstand des Rotors

C_2 Wärmekapazität des Rotors

$\Delta\vartheta_{i2}$ innere Übertemperatur des Rotors

P_{vCu1} Wicklungsverluste im Stator

R_{iCu1} innerer Wärmewiderstand der Statorwicklung

C_{Cu1} Wärmekapazität der Statorwicklung

$\Delta\vartheta_{iCu1}$ innere Übertemperatur der Statorwicklung

P_{vFe1} Stator-Eisenverluste

R_{iFe1} innerer Wärmewiderstand des Statorblechpaketes

C_{Fe1} Wärmekapazität des Statorblechpaketes

$\Delta\vartheta_{iFe1}$ innere Übertemperatur des Statorblechpaketes

P_{vG} Lager- und Zusatzverluste im Gehäuse

R_{iG} innerer Wärmewiderstand des Motorgehäuses

C_G Wärmekapazität des Motorgehäuses

$\Delta\vartheta_{iG}$ innere Übertemperatur des Motorgehäuses

R_{2G} Wärmewiderstand vom Rotor zum Gehäuse

R_{2Fe1} Wärmewiderstand vom Rotor zum Statorblechpaket über den Luftspalt

R_{2Cu1} Wärmewiderstand vom Rotor zum Wickelkopf der Statorwicklung

R_{Cu1G} Wärmewiderstand vom Wickelkopf zum Gehäuse

R_{Cu1Fe1} Wärmewiderstand von der Statorwicklung zum Statorblechpaket

R_{Fe1G} Wärmewiderstand vom Statorblechpaket zum Gehäuse

R_{GU} Wärmewiderstand vom Gehäuse zur Umgebung

$\Delta\vartheta_{GU}$ Übertemperatur der Gehäuseaußenseite

7.3 Wärmeschaltbilder für andere elektrische Maschinen

Wie zuvor an den Beispielen Kleintransformator, Verteilertransformator und Asynchronmaschine gezeigt, lassen sich auch für andere elektrische Geräte und Maschinen geeignete Wärmeschaltbilder entwerfen.

7.3.1 Wärmeschaltbild der Synchronmaschine

Synchronmaschinen gehören zusammen mit den Asynchronmaschinen zu den sog. Drehfeldmaschinen. Für den industriellen Einsatz werden sie weitgehend baugleich zu den Norm-Asynchronmaschinen ausgeführt, wobei ihre Statoren mit Blechpaket und Drehstromwicklung sogar weitgehend identisch aufgebaut sind.

Als Generatoren sind sie, wie die Asynchronmaschinen, üblich oberflächengekühlt in der Kühlungsart IC4A1A1 ausgeführt. Demgegenüber werden sie als Motoren bevorzugt drehzahlvariabel am Umrichter betrieben und dazu dann fremdbelüftet in den Kühlungsarten IC4A1A5 oder IC4A1A6 eingesetzt.

Die Unterschiede betreffen somit vorrangig den Rotor/Läufer, wo bei Synchronmaschinen ein rotorgebundenes Gleichfeld, entweder mithilfe einer gleichstromgespeisten Erregerwicklung bei den sog. elektrisch erregten Maschinen (eeSM), oder mit Permanentmagneten bei den permanent erregten Synchronmaschinen (peSM), erzeugt wird.

7.3.1.1 Wärmeschaltbild der elektrisch erregten Synchronmaschine

Für die elektrisch erregte Synchronmaschine kann das in Abschnitt 7.2 für die Asynchronmaschine entworfene Wärmeschaltbild nach Bild 7.3 unverändert übernommen werden.

Hier wird auf dem Polrad durch die stromdurchflossene Erregerwicklung das Erreger-Gleichfeld aufgebaut. Die dazu erforderliche Erregerleistung $P_E = U_E \cdot I_E$ tritt dort als Stromwärme auf und wirkt wie die Rotorverluste der Asynchronmaschine.

Dabei ist die Erregerleistung i. d. R. jedoch prozentual kleiner als die entsprechenden Rotorverluste der Asynchronmaschine.

7.3.1.2 Wärmeschaltbild der permanent erregten Synchronmaschine

Schließlich kann das Wärmeschaltbild der Asynchronmaschine auch für die permanent erregte Synchronmaschine und die bürstenlose Gleichstrommaschine übernommen werden, bei denen im Idealfall theoretisch keine Rotorverluste auftreten sollten.

Tatsächlich ergeben sich auch dort, bei den heute bevorzugten SE-Magnetwerkstoffen, durch Feldoberwellen gewisse Verluste, die durch Segmentierung der Magnete gezielt klein gehalten werden müssen. Der Grund dafür liegt in den besonders temperaturkritischen Magneteigenschaften, da z. B. beim Überschreiten enger Temperaturgrenzen deren Remanenz irreversibel geschwächt wird und sich dadurch die Motoreigenschaften bestenfalls verschlechtern oder diese gar als defekt ausfallen.

Dabei sind diese Magnetverluste wertemäßig eher untergeordnet und erscheinen daher meist nicht explizit im Wärmeschaltbild. Sie führen aber zu einer zusätzlichen Erwärmung gegenüber dem Rotorblechpaket und werden daher bevorzugt in einem einfachen, nachgeschalteten Wärmeleitungsproblem mit Einzelquelle (Postprocessing) kontrolliert.

Ungeachtet dessen bleibt die Wärmekapazität des Rotors aber auf alle Fälle mit ihrem vollen Wert wirksam.

7.3.1.3 Wärmeschaltbild der Reluktanzmaschine

Da heutige Reluktanzmaschinen üblich mit geblechten Rotoren ausgeführt werden, treten hier im Normalbetrieb keine wesentlichen Rotorverluste auf, sodass sich mit $P_{v2} = 0$ das Wärmeschaltbild der Asynchronmaschine nach Bild 7.3 durch den Wegfall dieser Verlustquelle sogar etwas vereinfacht.

7.3.2 Wärmeschaltbild für Gleichstrom- bzw. Stromwendermaschinen

Gleichstrommaschinen haben ihre früher große Bedeutung als drehzahlvariable Antriebe in der Industrie weitgehend an die wartungsarmen, umrichtergespeisten Drehfeldmaschinen verloren. Demgegenüber sind sie als kleine Hilfsantriebe in der Industrie, in Autos, bei Haushaltsgeräten, in Geräten der Unterhaltung, für Spielzeuge, usw. unverzichtbar und werden dafür sogar in den größten Stückzahlen überhaupt eingesetzt.

Auch als leistungsstarke, netzbetriebene Universalmotoren für Heim-, Handwerker- und Haushaltsgeräte kommen sie noch in vielen Fällen, wenn auch mit abnehmender Tendenz, zum Einsatz.

Dabei werden sie bei Leistungen bis ca. 1 kW zunehmend durch akkugespeiste permanent erregte Gleichstrommaschinen (peGM) bzw. bürstenlose Gleichstrommaschinen (blGM) ersetzt.

7.3.2.1 Wärmeschaltbild der klassischen Gleichstrommaschine

Die thermische Situation:

- Die Hauptverluste konzentrieren sich hier als Kupfer- P_{vCu2} und Eisenverluste P_{vFe2} im Rotor/Anker und werden dort als reale Wärmequellen berücksichtigt.
- Auch die Reibungs- und Übergangsverluste P_{vK} des Kollektors werden dort erfasst.
- Bei elektrisch erregten Gleichstrommaschinen treten im Stator/Gehäuse die eher kleineren Erregerverluste $P_{vCu1} = P_E = U_E \cdot I_E$ auf,
- zu denen bei Wechselstromerregung (z. B. bei Universalmotoren) auch noch die Eisenverluste P_{vFe1} kommen.
- Die mechanischen Verluste P_{vG} werden wieder dem Gehäuse zugeordnet.

Wegen dieser besonderen Verlustverteilung ist hier, abgesehen von sehr kleinen Maschinen, eine Oberflächenkühlung wenig effektiv bzw. nicht ausreichend und man bevorzugt daher Konzepte mit Durchzugsbelüftung in der Kühlungsart IC0Ax, wobei x allgemein für die konkrete Kühlmittelbewegung steht und dafür bevorzugt die Werte 1, 5 oder 6 ausgeführt werden.

Als Folge der Verlustkonzentration im Rotor muss dieser im Wärmeschaltbild hier detaillierter aufgelöst werden, sodass sich die thermische Situation bei den Gleichstrom- bzw. Stromwendermaschinen beispielsweise durch das in Bild 7.4 dargestellte, vollständige Wärmeschaltbild meist ausreichend genau beschreiben lässt.

Dabei bedeuten alle zusätzlich mit einem *, z. B. als R^*, gekennzeichneten Widerstände speziell Übergangswiderstände zur Maschineninnenluft, wobei aber nur bei durchzugsbelüfteten Maschinen die dort gestrichelt eingezeichnete Ankopplung der Maschineninnenluft an die Umgebung wirksam ist.

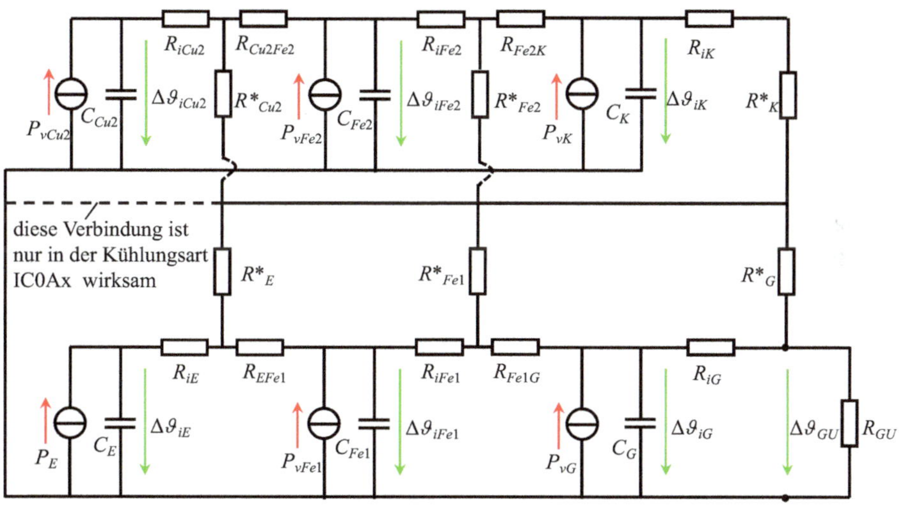

Bild 7.4 Wärmeschaltbild der Gleichstrom- bzw. Stromwendermaschinen

Bedeutung der darin vorkommenden Formelzeichen:

P_{vCu2} Rotor-Kupferverluste

R_{iCu2} innerer Wärmewiderstand der Rotorwicklung

C_{Cu2} Wärmekapazität der Rotorwicklung

$\Delta\vartheta_{iCu2}$ innere Übertemperatur der Rotorwicklung

P_{vFe2} Rotor-Eisenverluste

R_{iFe2} innerer Wärmewiderstand des Rotorblechpaketes

C_{Fe2} Wärmekapazität des Rotorblechpaketes

$\Delta\vartheta_{iFe2}$ innere Übertemperatur des Rotorblechpaketes

P_{vK} Reibungs- und Übergangsverluste am Kollektor

R_{iK} innerer Wärmewiderstand des Kollektors

C_K Wärmekapazität des Kollektors

$\Delta\vartheta_{iK}$ Übertemperatur des Kollektors

P_E Verluste der Erregerwicklung = Erregerleistung

R_{iE} innerer Wärmewiderstand der Erregerwicklung

C_E Wärmekapazität der Erregerwicklung

$\Delta\vartheta_{iE}$ innere Übertemperatur der Erregerwicklung

P_{vFe1} Stator-Eisenverluste

R_{iFe1} innerer Wärmewiderstand des Statorblechpaketes
C_{Fe1} Wärmekapazität des Statorblechpaketes
$\Delta\vartheta_{iFe1}$ innere Übertemperatur des Statorblechpaketes
P_{vG} Lager- und Zusatzverluste im Gehäuse
R_{iG} innerer Wärmewiderstand des Motorgehäuses
C_G Wärmekapazität des Motorgehäuses
$\Delta\vartheta_{iG}$ Übertemperatur der Gehäuseinnenseite
R_{Cu2Fe2} Wärmewiderstand von der Rotorwicklung zum Rotorblechpaket
R_{Fe2K} Wärmewiderstand zwischen Rotor und Kollektor
R^*_{Cu2} Wärmewiderstand zwischen Rotorwicklung und Maschineninnenluft
R^*_{Fe2} Wärmewiderstand zwischen Rotorblechpaket und Maschineninnenluft
R^*_K Wärmewiderstand zwischen Kollektor und Maschineninnenluft
R^*_E Wärmewiderstand zwischen Erregerwicklung und Maschineninnenluft
R^*_{Fe1} Wärmewiderstand zwischen Statorblechpaket und Maschineninnenluft
R^*_G Wärmewiderstand zwischen Gehäuse und Maschineninnenluft
R_{EFe1} Wärmewiderstand zwischen Erregerwicklung und Statorblechpaket
R_{Fe1G} Wärmewiderstand vom Statorblechpaket zum Gehäuse
R_{GU} Wärmewiderstand vom Gehäuse zur Umgebung
$\Delta\vartheta_{GU}$ Übertemperatur der Gehäuseaußenseite

7.3.2.2 Wärmeschaltbild der permanent erregten Gleichstrommaschine

Bei den heutzutage besonders wichtigen permanent erregten Gleichstrommotoren entfallen mit den Erregerverlusten $P_E = 0$ und den Stator-Eisenverlusten $P_{vFe1} = 0$ beide ideale Verlustquellen im Stator. Er erwärmt sich dann nur noch direkt durch die Lagerverluste und indirekt über die Rotorverluste und muss daher oft nur hinsichtlich der maximal zulässigen Magnettemperatur betrachtet werden.

Dabei bleiben die entsprechenden Wärmekapazitäten weiterhin wirksam, wobei als Besonderheit bei den meist kleinen Hilfsmotoren hier das Gehäuse aus Weicheisen die Funktion des Statorblechpaketes mit übernimmt.

7.3.2.3 Wärmeschaltbild des Universalmotors

Dagegen müssen bei den immer noch in großen Stückzahlen eingesetzten Universalmotoren, als Folge des dabei üblichen Betriebes am Wechselstromnetz, im Stator beide ideale Verlustquellen mit ihren jeweils parallelen Wärmekapazitäten berücksichtigt werden. Somit ist hier das vollständige Wärmeschaltbild entsprechend Bild 7.4 zu berücksichtigen.

7.3.3 Wärmeschaltbild für Elektronik- bzw. Schrittmotoren

Bei diesen für eher kleine Leistungen gebauten Motoren treten die Eisen- und Kupferverluste überwiegend nur im stillstehenden Erregersystem auf, wodurch die thermische Situation dabei sehr gut durch das bereits in Bild 7.1 für Kleintransformatoren entworfene Wärmeschaltbild angenähert werden kann.

Wegen dem hier systembedingten Schaltbetrieb und der meist hohen Schaltfrequenz sind aber jeweils nur deren Verlustmittelwerte maßgebend.

Die mechanischen Verluste werden, sofern hier überhaupt betrachtet, wieder als P_{vG} dem Gehäuse zugeordnet.

7.3.4 Wärmeschaltbild für Transversal- und Axialflussmaschinen

Diese gehören prinzipiell zu den permanent erregten Synchronmaschinen und können somit grundsätzlich entsprechend Abschnitt 7.3.1 durch das Wärmeschaltbild nach Bild 7.3 behandelt werden. Allerdings haben sich für diese relativ neuartigen Maschinen noch keine Standard-Ausführungskonzepte etablieren können, sodass dann im Einzelfall u. U. noch konstruktionsspezifische Modifikationen am Wärmeschaltbild erforderlich werden können.

So werden diese Sonderausführungen mit den zurzeit höchsten erreichbaren Leistungsdichten bei den elektrischen Maschinen z. B. oft mit indirekter oder gar direkter Wasserkühlung ausgeführt.

Fazit:

- Für alle gängigen Maschinenarten lassen sich geeignete thermische Ersatzschaltungen (Wärmeschaltbilder) zur übersichtlichen und praktisch meist ausreichend genauen Bestimmung der Temperaturverläufe bzw. -verteilung in den Maschinen entwerfen.
- Nachteilig ist, dass sich schon bei diesen typischen Anwendungsbeispielen relativ umfangreiche Netzwerke ergeben, deren allgemeine Analyse die Lösung von gekoppelten Differentialgleichungssystemen für die gesuchten Temperaturdifferenzen bzw. Temperaturen erfordert.
- Je nach Zielsetzung versucht man daher diesen großen Aufwand durch praxisgerecht vereinfachte Wärmeschaltbilder, wie nachfolgend gezeigt, zu reduzieren.

7.4 Vereinfachte Wärmeschaltbilder

Wie schon einleitend erwähnt, können die thermischen Ersatzschaltungen, wegen ihrer völligen Analogie zu elektrischen Netzwerken, mit allen für die Elektrotechnik verfügbaren Methoden und Simulations-Tools ausgewertet werden.

Trotzdem gibt es manchmal Situationen bzw. Gründe, diesen großen Aufwand zu reduzieren:

- Bei typischen Werteverhältnissen der Ersatzschaltungselemente bzw. in charakteristischen Situationen lässt sich das Wärmeschaltbild gelegentlich, ohne einen relevanten Fehler, grundsätzlich vereinfachen.
- Es geht primär nur um die Frage, ob die Maschine, der Transformator bzw. das Gerät eine bestimmte Maximaltemperatur, z. B. hinsichtlich der Einhaltung der vorgegebenen Isolierstoffklasse, nicht überschreitet.
- Markante Effekte in der Maschine bestimmen deren thermisches Verhalten bzw. die daraus resultierenden Konsequenzen, wie z. B. beim Explosionsschutz.
- Die Elemente des Wärmeschaltbildes sind nur ungenau bzw. teilweise auch nicht bekannt, was dann auch mit einer mathematisch zwar exakten Netzwerkanalyse kein befriedigendes Ergebnis erwarten lässt.

Dies führt dann zu den nachfolgenden Überlegungen, die Ersatzschaltungen in angemessener Weise den gegebenen, besonderen Situationen anzupassen, also zu vereinfachen.

7.4.1 Situationsabhängige Vereinfachung der Wärmeschaltbilder

7.4.1.1 Leicht vereinfachtes Wärmeschaltbild der Asynchronmaschine

Das in Bild 7.3 dargestellte Wärmeschaltbild der Asynchronmaschine beschreibt deren thermische Situation physikalisch weitgehend korrekt. Allerding ist dessen manuelle Auswertung durch die komplexe Struktur des Netzwerkes schon etwas anspruchsvoll.

Berücksichtigt man dabei aber, dass die typischen Werte der Quellen-Innenwiderstände meist 1 bis 2 Größenordnungen kleiner als die anderen Kopplungswiderstände bzw. insbesondere der Wärmewiderstand zur Umgebung sind, so lässt sich dieses Schaltbild deutlich auswertungsfreundlicher machen, indem man hier lediglich die Wärmeknoten jeweils von den Außenseiten der Quellen direkt an die Wärmequellen selbst verschiebt.

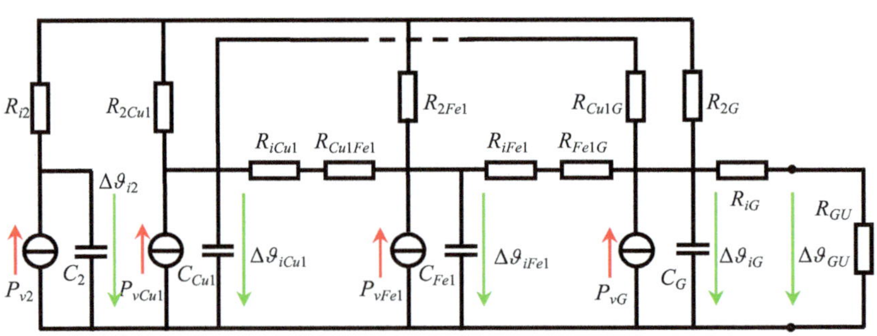

Bild 7.5 Leicht vereinfachtes Wärmeschaltbild der Asynchronmaschine in der Kühlungsart IC411

Dieses leicht vereinfachte Wärmeschaltbild ist in Bild 7.5 dargestellt und kann so schon vergleichsweise einfach manuell ausgewertet werden, ohne dass dadurch ein größerer Fehler zu erwarten ist. Daher wird es so auch in Kapitel 8 bei der konkreten Auswertung berücksichtigt.

Die Bezeichnungen und deren Bedeutung sind gegenüber Bild 7.3 nicht geändert und können dort nachgesehen werden.

7.4.1.2 Vereinfachtes Wärmeschaltbild der Gleichstrommaschine

Hier soll am Beispiel der Gleichstrommaschine gezeigt werden, wie sich bei der dort besonders wichtigen Kühlungsart IC0Ax, also mit freiem Kühlkreis, das zunächst recht komplexe Wärmeschaltbild, ohne eine gravierende Genauigkeitseinbuße, ebenfalls grundsätzlich vereinfachen lässt.

Da wegen der notwendig guten elektrischen Isolation des Kollektors gegen die Welle der Widerstand R^*_K und, insbesondere bei der erwähnten Durchzugsbelüftung, alle Übergangswiderstände R^* zur Maschineninnenluft im Vergleich zu den inneren Wärmleitungswiderständen große Werte aufweisen, erlaubt dies hier eine Entkopplung des vollständigen Wärmeschaltbildes und somit eine weitgehend getrennte Betrachtung für

- den mechanisch, elektrisch und thermisch hoch beanspruchten Kollektor mit P_{vK},
- den Rotor/Anker mit seinen dominierenden Verlustanteilen P_{vCu2} und P_{vFe2} und
- den Stator/das Gehäuse mit den mechanischen Verlusten P_{vG}, den Erregerverlusten P_E bei elektrisch erregten Gleichstrommotoren, sowie zusätzlich den Eisenverlusten P_{vFe1} bei Universalmotoren bzw. allein mit den mechanischen Verlusten bei permanent erregten Gleichstrommotoren.

Das vollständige Wärmeschaltbild nach Bild 7.4 zerfällt dann in die drei, in Bild 7.6 angegebenen, Teilnetzwerke, deren Auswertung allein durch die Entkopplung bereits deutlich einfacher ist.

Je nach Fragestellung können diese dann, entsprechend den nachfolgenden Überlegungen, u. U. sogar noch weiter vereinfacht werden. Interessiert man sich z. B. nur für die stationären Endtemperaturen im S1-Betrieb, so können dann gemäß Abschnitt 7.4.2 alle Wärmekapazitäten entfallen und es verbleiben nur drei entkoppelte Widerstandsnetzwerke.

Interessiert man sich dagegen für die Temperaturverläufe, z. B. bei dynamischen Belastungen oder beim Einsatz in höheren Betriebsarten, so kann man wiederum oft die inneren Wärmeleitungswiderstände gegenüber den Übergangswiderständen vernachlässigen, wodurch sich dann die thermische Situation in allen drei Teilnetzwerken jeweils auf die Analyse eines sog. Ein-Körper-Modells reduziert.

Auch für die drei Teilnetzwerke in Bild 7.4 gelten alle bei der Gleichstrommaschine eingeführten Bezeichnungen, ohne Änderung, weiter.

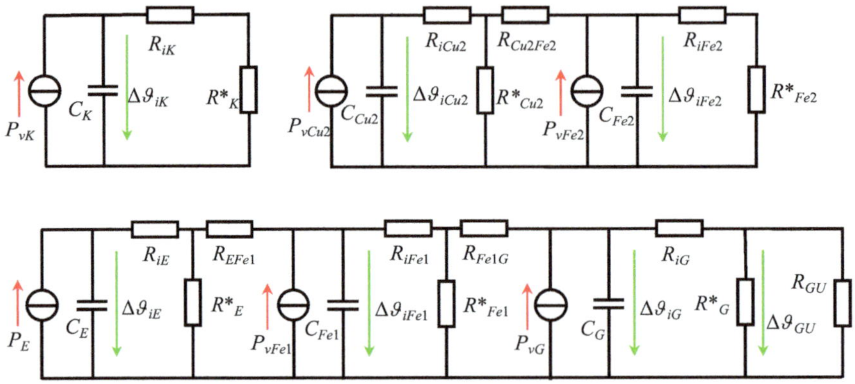

Bild 7.6 Entkoppelte Wärmeschaltbilder der Gleichstrom- bzw. Stromwendermaschinen. Oben links: Kollektor, oben rechts: Rotor/Anker, unten: Stator mit Erregung

7.4.2 Wärmeschaltbilder für den stationären Betrieb

Oftmals interessiert man sich nicht für den Erwärmungsvorgang selbst, sondern nur für die stationäre Temperaturverteilung, die sich nach hinreichend langer Betriebszeit unter konstanten Bedingungen einstellt. Dies ist z. B. beim besonders wichtigen Dauerbetrieb S1 zur Kontrolle der maximalen Erwärmung im Hinblick auf die Einhaltung der vorgegebenen Isolierstoffklasse der Fall.

Dabei spielen für $t \to \infty$ die Wärmekapazitäten dann keine Rolle mehr, wodurch sich z. B. die vollständige thermische Ersatzschaltung des Kleintransformators nach Bild 7.1 letztlich auf das in Bild 7.7 angegebene, reine Widerstandsnetzwerk reduziert.

Diese lassen sich stets mit den bekannten Methoden zur Analyse von Gleichstromnetzwerken vergleichsweise einfach algebraisch auswerten.

Sollen auch in den anderen Fällen allein die stationären Endtemperaturen bestimmt werden, können analog dazu in den Wärmeschaltbildern Bild 7.2, Bild 7.3, Bild 7.4, Bild 7.5 und Bild 7.6 jeweils alle Wärmekapazitäten entfallen.

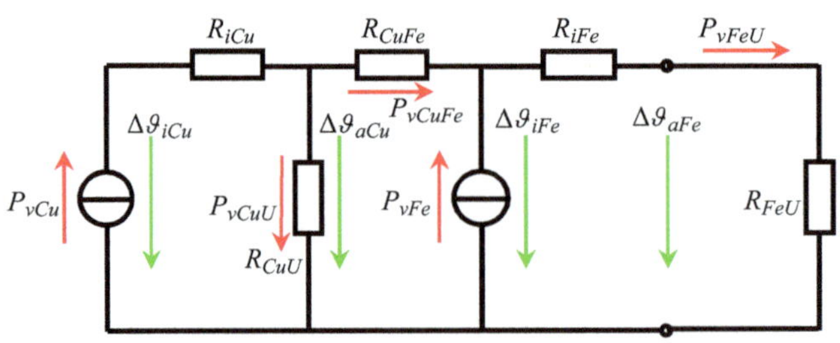

Bild 7.7 Vereinfachtes Wärmeschaltbild des Kleintransformators für den stationären Betrieb

7.4.3 Vereinfachte Wärmeschaltbilder für transiente Vorgänge

Bei Erwärmungsvorgängen und/oder bei zeitlich veränderlichen Betriebsbedingungen müssen dagegen die Wärmekapazitäten berücksichtigt werden, da sie den Temperaturverlauf hier wesentlich beeinflussen.

Dabei ist natürlich immer die Auswertung der zuvor entworfenen, vollständigen Wärmeschaltbilder möglich, deren Ergebnisse bei den konkreten Beispielen in Kapitel 8 daher auch stets zum Vergleich bzw. zur Kontrolle mit angegeben sind.

Unabhängig davon möchte man aber in der Praxis den damit verbundenen hohen Rechenaufwand, möglichst ohne große Fehler, reduzieren, was in vielen wichtigen Fällen, wie nachfolgend gezeigt wird, auch möglich ist.

Dabei sind zunächst zwei grundsätzliche Situationen zu unterscheiden:

- **Transiente thermische Vorgänge**

  Hier wird die gesamte Maschine als eine Wärmequelle mit Wärmekapazität betrachtet, die allein durch den Wärmeübergang zur Umgebung gekühlt wird.

  Damit lassen sich Situationen mit vergleichsweise langsamen Temperaturänderungen beschreiben, wie sie z. B. im Normalbetrieb oder bei moderaten Überlastungen der Maschinen vorkommen. Auch die Betriebsarten S2 bis S6 werden vorteilhaft auf dieser Basis analysiert.

  Die dabei vorkommenden Belastungen bleiben, z. B. wegen der laut Norm verlangten Mindestüberlastbarkeit, bei den elektrischen Maschinen typischerweise unterhalb der doppelten Bemessungsbelastung, was dann maximal zu den etwa 4-fachen Wicklungsverlusten im Vergleich zum Dauerbetrieb führt.

  Die relevanten Zeitabschnitte liegen hier in der Größenordnung der thermischen Zeitkonstante des dabei ausgewerteten Ein-Körper-Modells.

- **Subtransiente thermische Vorgänge**

  Dagegen vergrößern sich bei Störfällen, unter Schweranlaufbedingungen o. ä. insbesondere die Wicklungsverluste um Größenordnungen gegenüber dem Normalbetrieb, wodurch sich dann die betreffenden Wicklungen auch entsprechend schnell erwärmen, während die restliche Maschine quasi kalt bleibt bzw. sich deren Temperatur nur wenig ändert.

  So liegen die Anlaufströme bei Asynchronmotoren üblich beim 5- bis 10-fachen des Bemessungsstromes, wodurch die Wicklungsverluste in dieser Phase gegenüber dem Normalbetrieb etwa um das 25- bis 100-fache ansteigen.

  Noch ausgeprägter ist dieser Effekt beim Kurzschluss von Transformatoren mit ihren typischen Kurzschlussspannungen im Bereich zwischen 2 % und 15 %, bei denen sich die Wicklungsverluste dann u. U. um mehr als das 1000-fache gegenüber dem Normalbetrieb vergrößern können. Dabei sind hier die sog. Spartransformatoren mit ihren tendenziell besonders kleinen Kurzschlussspannungen noch gar nicht berücksichtigt.

In all diesen Fällen kann man die Betrachtung allein auf die kritischen Wicklungen konzentrieren und die restliche Maschine näherungsweise nur hinsichtlich der Ausgangstemperatur berücksichtigen.

So lässt sich auf dieser Basis z. B. die späteste Abschaltzeit beim Einschalten eines Asynchronmotors mit blockiertem Rotor, die maximale Dauer eines möglichen Schweranlaufes oder die maximale Ansprechzeit beim Kurzschlussschutz von Transformatoren bestimmen.

Die hier relevanten Zeitabschnitte liegen typischerweise im Bereich der subtransienten Zeitkonstante der kritischen Wicklungen und darunter, die ihrerseits situationsabhängig wiederum 1 bis 3 Größenordnungen kleiner als die entsprechenden transienten Zeitkonstanten sind.

7.4.3.1 Wärmeschaltbild für transiente Vorgänge

Die allg. Auswertung des vollständigen Wärmeschaltbildes bei zeitlich veränderlichen Verlusten und/oder Wärmewiderständen führt i. d. R. auf die Auswertung eines gekoppelten Systems von Differentialgleichungen und somit zu einem hohen Rechenaufwand.

Dieser lässt sich jedoch oftmals aus folgenden Gründen spürbar reduzieren:

- Die inneren Wärmewiderstände in den Wicklungen können oft in guter Näherung vernachlässigt werden, da sie tendenziell klein sind und durch Tränkung im Vergleich zu den Wärmeübergangswiderständen noch zusätzlich spürbar reduziert werden.
- In besonderer Weise gilt dies auch für die inneren Wärmewiderstände der Eisenkerne, da deren Querschnitte i. d. R. groß sind und sie als Metalle allg. eine gute Wärmeleitfähigkeit aufweisen.
- Dagegen sind Spulenkörper bzw. Nutisolationen zwar aus Isolationsmaterial mit einer eher schlechteren Wärmeleitfähigkeit. Sie werden aber aus Platzgründen konstruktiv möglichst dünn gehalten. Außerdem sind die betreffenden Wärmeübergangsflächen dabei meist vergleichsweise groß, wobei der Wärmeübergang wieder durch Tränkung zusätzlich verbessert wird. Daher können auch diese Wärmewiderstände oft näherungsweise vernachlässigt werden.
- Die dann direkt parallel geschalteten inneren Verlustquellen und Wärmekapazitäten lassen sich somit zu jeweils einer gemeinsamen Verlustquelle P_v und Wärmekapazität C zusammenfassen, wobei die äußere Wärmeabgabe durch Konvektion und Strahlung resultierend durch den Wärmewiderstand R erfasst wird.

Diese sehr übersichtliche Situation ist in Bild 7.8 als sogenanntes thermisches Ein-Körper-Modell für die hier betrachteten transienten Vorgänge dargestellt.

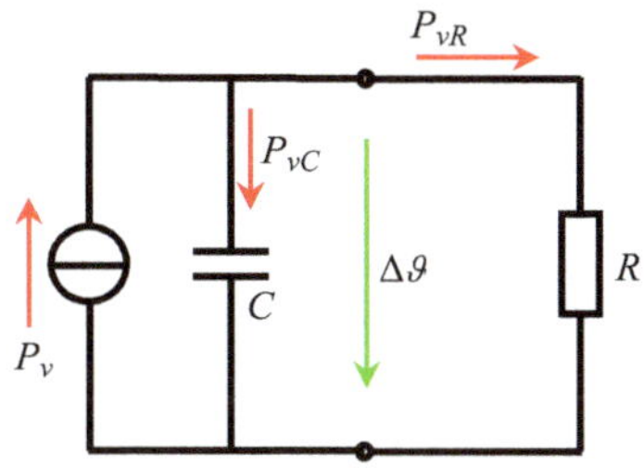

Bild 7.8 Thermisches Ein-Körper-Modell für transiente Vorgänge

7.4.3.2 Einfacher Erwärmungsvorgang im Ein-Körper-Modell

Als wichtigste Betriebsart bei den elektrischen Maschinen und Transformatoren gilt der Dauerbetrieb S1, bei dem das zunächst kalte Gerät eingeschaltet und danach beliebig lange mit seiner maximal zulässigen Leistung belastet wird.

Die dabei entstehenden Verluste führen dann zu einer Erwärmung der Maschine, wobei ihre Temperatur ansteigt und schließlich einem stationären Endwert zustrebt. Dieser darf dabei nicht höher sein als der durch die vorgegebene Isolierstoffklasse festgelegte Grenzwert. Insbesondere darf diese Maschine dann beliebig lange so weiter betrieben werden, ohne dass sie sich unzulässig erwärmt und dadurch ggf. vorzeitig ausfällt.

Aber auch bei den höheren Betriebsarten geht es darum, sicherzustellen, dass konstruktiv vorgegebene Temperaturgrenzen nicht überschritten werden. In diesen Fällen werden dann z. B. maximal zulässige Kurzzeitbelastungen bzw. Belastungsdauern (S2), oder konkrete Lastspiele mit vorgegebenen moderaten Überlastungen (S3 bis S6) definiert, die einen zuverlässigen Betrieb über die erwartete Nutzungsdauer der Maschinen sicherstellen.

Zur quantitativen Beurteilung dieser Fragestellungen hat sich die Betrachtung der Geräte und Maschinen im Ein-Körper-Modell in der Praxis bewährt. Die dabei übliche Vorgehensweise wird nachfolgend hergeleitet und später in Kapitel 8 an konkreten Beispielen zusätzlich vertieft.

Mit den aus Messungen im Prüffeld oder aus dem Datenblatt bekannten Maschineneigenschaften lassen sich die Kenngrößen des Wärmeschaltbildes nach Bild 7.8 allgemein bestimmen bzw. zumindest abschätzen.

Dabei gilt mit der abgegebenen Leistung P für die gesamten Verluste wahlweise

$$P_v = P_{vges} = \frac{P}{\eta} - P = \frac{1-\eta}{\eta} \cdot P = P_{vFe} + P_{vCu} + \ldots \tag{7.1}$$

Etwas schwieriger ist bei den elektrischen Maschinen die Abschätzung der Wärmekapazität, da meist nur dem Hersteller die Art und Menge der eingesetzten Werkstoffe bekannt ist.

Da sich aber im S1-Betrieb, bei den moderaten Verlusten, die Temperaturen nicht sehr schnell ändern, kann man das hier thermisch wirksame, aktive Material mit ca. 2/3 der üblich bekannten Motormasse mit der spezifischen Wärme des dabei dominierenden Elektrobleches abschätzen, aus der sich die gesuchte Wärmekapazität dann ergibt zu

$$C = m_{Fe}c_{Fe} + m_{Cu}c_{Cu} + m_{Al}c_{Al} + \ldots \approx 2/3 \cdot m_{Motor} \cdot c_{Fe} \tag{7.2}$$

Demgegenüber lässt sich der Wärmewiderstand zur Umgebung mit den Ausführungen in Kapitel 6 gemäß

$\alpha_K \rightarrow$ entsprechend der konkreten Situation nach Abschnitt 6.3 bis Abschnitt 6.6

$a_S \rightarrow$ entsprechend der konkreten Situation nach Abschnitt 6.7

$$R = R_K // R_S = \frac{1}{\alpha_K A_K + \alpha_S A_S} \tag{7.3}$$

A_K = wirksame Kühlfläche für Konvektion

A_S = wirksame Kühlfläche für Strahlung

wieder meist ausreichend genau bestimmen, womit dann alle 3 Elemente des betrachteten Ein-Körper-Modells bekannt sind und dieses allgemein ausgewertet werden kann.

Wird dann nach diesem Modell ein anfänglich kalter Transformator oder eine kalte Maschine zur Zeit $t = 0$ eingeschaltet und so belastet, dass dabei dauernd die Verluste P_v (z. B. mit $P_v = P_{vN}$ im Bemessungsbetrieb) anfallen, so gilt für den oberen Knotenpunkt des Wärmeschaltbildes in Bild 7.8

$$P_v = P_{vC} + P_{vR} = C\frac{\mathrm{d}\Delta\vartheta}{\mathrm{d}t} + \frac{1}{R}\Delta\vartheta \tag{7.4}$$

Dies ist eine lineare, inhomogene, gewöhnliche Differentialgleichung 1. Ordnung mit konstanten Koeffizienten für die Temperaturdifferenz, welche allgemeinen durch den Ansatz

$$\Delta\vartheta = K \cdot \mathrm{e}^{-\frac{t}{R \cdot C}} + R \cdot P_v \tag{7.5}$$

gelöst wird.

Die darin auftretende Integrationskonstante K ergibt sich dann aus der Anfangsbedingung bei $t = 0$ für die zunächst kalte Maschine mit $\Delta\vartheta(0) = 0 = K + R \cdot P_v$ zu $K = -R \cdot P_v$, sodass mit den wichtigen Abkürzungen

für die stationäre Endübertemperatur

$$\Delta\vartheta_\infty = R \cdot P_v \tag{7.6}$$

bzw. für die thermische Zeitkonstante

$$\tau = R \cdot C \tag{7.7}$$

hier schließlich für den Temperaturverlauf gilt

$$\Delta\vartheta = \Delta\vartheta_\infty \left(1 - e^{-\frac{t}{\tau}}\right) \tag{7.8}$$

Dieser grundsätzliche Verlauf ist auch als Erwärmungsphase in Bild 7.9 dargestellt.

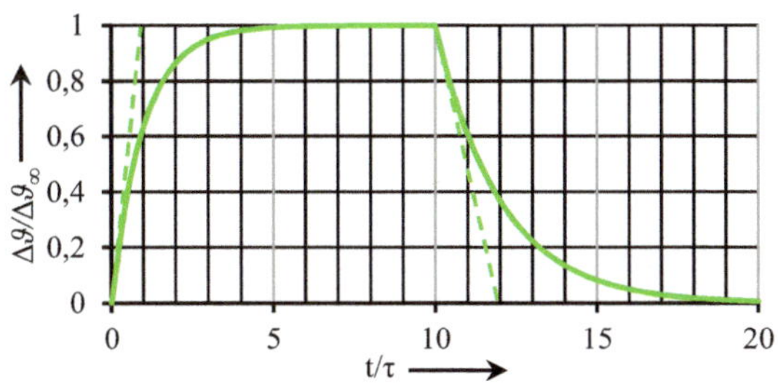

Bild 7.9 Prinzipieller Temperaturverlauf in der Erwärmungs- und Abkühlphase

7.4.3.3 Abkühlvorgang im Ein-Körper-Modell

Wird der erwärmte Transformator oder die erwärmte Maschine abgeschaltet, so kühlen sie als Folge der dann fehlenden Verluste wieder ab.

Für die quantitative Beschreibung dieses Abkühlvorganges kann man ebenfalls auf die Ersatzschaltung in Bild 7.8 zurückgreifen, wobei diese hier wegen $P_v = 0$ in die noch einfachere Form nach Bild 7.10 übergeht.

Dabei ist allerdings zu beachten, dass z. B. bei abgeschaltetem Motor in der wichtigen Kühlungsart IC4A1A1 auch der Lüfter außer Betrieb ist und dann nur noch α_{K0} für natürliche Kühlung berücksichtigt werden darf.

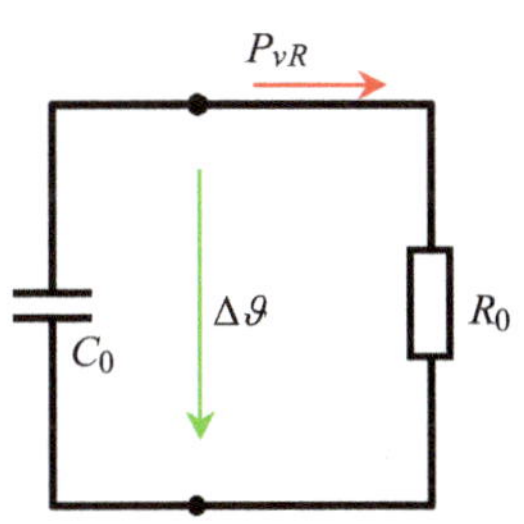

Bild 7.10 Ein-Körper-Modell für die Abkühlphase

Mit den dann ebenfalls neuen Werten für R_0, ggf. C_0 und τ_0 lässt sich der Temperaturverlauf in der Abkühlphase mit den neuen Abkürzungen $R_0 = \frac{1}{\alpha_{K0}\,A_K + \alpha_S A_S}$ und $\tau_0 = R_0 \cdot C_0$ entsprechend der Kondensatorentladung in der Elektrotechnik sofort angeben als

$$\Delta\vartheta = \Delta\vartheta_0 e^{-\frac{t}{\tau_0}} \tag{7.9}$$

wobei $\Delta\vartheta_0$ hier allg. die Übertemperatur der Maschine zu Beginn der Abkühlphase angibt.

Auch dieser Verlauf ist in Bild 7.9 für $t/\tau \geq 10$ bereits mit eingezeichnet, wobei zum Vergleich dabei die Zeitkonstante in der Abkühlphase mit $\tau_0 = 2 \cdot \tau$ doppelt so groß wie bei der Erwärmung gewählt ist.

Damit lässt sich dann beispielsweise auch die Mindestpausendauer Δt_R einer Maschine in der Betriebsart S2 bestimmen, die laut Norm dann als abgekühlt gilt, wenn ihre Temperatur nur noch um maximal 2 K von der Umgebungstemperatur abweicht

$$\Delta t_R \geq \tau_0 \cdot \ln \frac{\Delta\vartheta_0}{2\,\mathrm{K}} \geq 3 \cdot \tau_0 \tag{7.10}$$

Demgegenüber wird in der Praxis für die Mindestpausenzeit oft auch der sehr einfache, grobe Richtwert $\Delta t_R \geq 3 \cdot \tau_0$ verwendet, wie er in Formel 7.10 ebenfalls angegeben ist.

7.4.3.4 Spezielle Abschätzung für die Betriebsarten S3 bis S6

Für diese, insbesondere bei den elektrischen Maschinen gebräuchlichen, periodischen Betriebsarten mit ihren charakteristischen Zeitabschnitten

- Δt_P, Δt_R, Δt_V, T_C typisch kleiner bzw. im Bereich der thermischen Zeitkonstante τ
- Δt_D, Δt_F deutlich kleiner als die subtransiente Zeitkonstante der Wicklungen τ'',

lassen sich die interessierenden zulässigen Belastungen bzw. Belastungsdauern, wie nachfolgend am Beispiel der Betriebsart S3 gezeigt, einigermaßen genau mithilfe des Ein-Körper-Modells abschätzen.

Unter der dabei üblichen Voraussetzung von kurzen Lastspielen $T_C \leq \tau$ im Vergleich zur thermischen Zeitkonstante der Maschinen, verläuft die Übertemperatur im eingeschwungenen Zustand, wegen den zwangsläufig unterschiedlichen Verlustleistungen innerhalb der Lastspiele, zeitlich etwa sägezahnförmig.

Dabei werden diese Temperaturänderungen durch die Wärmekapazität C der Maschine spürbar geglättet, sodass man für die Kühlwirkung näherungsweise von einer konstanten mittleren Übertemperatur $\Delta\vartheta_m < \Delta\vartheta_{max}$ ausgehen kann.

Die dann in der betreffenden Betriebsart mögliche, abgebbare Leistung lässt sich schließlich mithilfe einer Verlustleistungsbilanz bestimmen, nach der die während eines Lastspiels insgesamt entstehenden Verluste im Mittel auch an die Umgebung abgeführt werden müssen.

Für den hier beispielhaft betrachteten Fall der Betriebsart S3 mit den charakteristischen Zeiten, Verlusten und Wärmewiderständen

- Δt_P — Belastungsdauer mit Verlusten P_{vS3} und Wärmewiderstand R,
- Δt_R — Stillstandszeit ohne Verluste beim Wärmewiderstand R_0,
- $T_C = \Delta t_P + \Delta t_R$ — Spieldauer

ist der typische Verlauf der Verluste und der Temperatur im eingeschwungenen Zustand in Bild 7.11 dargestellt.

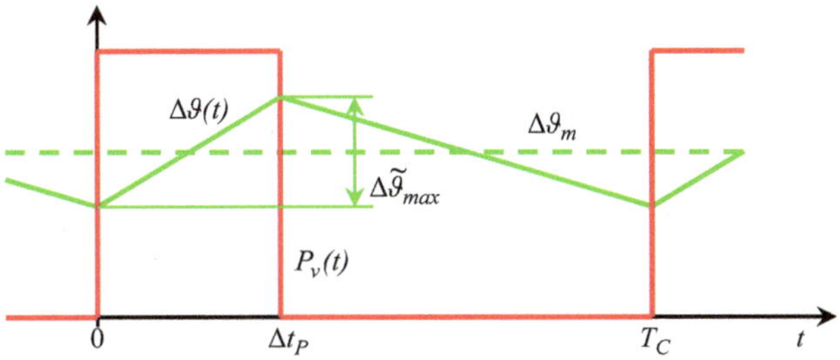

Bild 7.11 Typischer Verlust- und Temperaturverlauf in der Betriebsart S3

Innerhalb eines Lastspieles treten dabei während der Belastungsdauer Δt_P die Verluste P_{vS3} in der mit R gekühlten Maschine auf, die ihrerseits über die gesamte Spieldauer T_C Wärme an das Kühlmittel, während Δt_R aber beim Wärmewiderstand R_0 der stillstehenden Maschine, abgibt.

Dabei stellt sich im eingeschwungenen Zustand ein Gleichgewicht zwischen zugeführter und abgegebener Wärme ein, die zu einer konkreten mittleren Maschinenübertemperatur $\Delta\vartheta_m$ führt, welche sich aus folgender Wärmebilanz

$$W_{vzu} = P_{vS3} \cdot \Delta t_P = P_{vm} \cdot T_C = W_{vab} \approx \Delta\vartheta_m \cdot \left[\frac{\Delta t_P}{R} + \frac{\Delta t_R}{R_0}\right] = \Delta\vartheta_m \cdot \frac{T_C}{R_m}$$

mit dem mittleren Wärmewiderstand

$$R_m = \frac{T_C}{\frac{\Delta t_P}{R} + \frac{\Delta t_R}{R_0}} = \frac{T_C \cdot R \cdot R_0}{\Delta t_P \cdot R_0 + \Delta t_R \cdot R}$$

ergibt zu

$$\Delta\vartheta_m = P_{vm} \cdot R_m = P_{vm} \cdot T_C \cdot \frac{R \cdot R_0}{\Delta t_P \cdot R_0 + \Delta t_R \cdot R} = P_{vS3} \cdot \Delta t_P \cdot \frac{R \cdot R_0}{\Delta t_P \cdot R_0 + \Delta t_R \cdot R} \quad (7.11)$$

Dieser mittleren Übertemperatur ist dann noch ein näherungsweise dreieckförmiger Wechselanteil überlagert, der eine Folge der Wärmeaufnahme während der Belastungs- bzw. der Wärmeabgabe in der Stillstandsphase durch die Wärmekapazität ist. Dabei ist dieser Wechselanteil vom Einschaltverhältnis $\Delta t_P/T_C$ abhängig, kann aber, auf der sicheren Seite, für ein gegen 0 gehendes Einschaltverhältnis wie folgt abgeschätzt werden:

$$P_{vm} \geq C \cdot \frac{\mathrm{d}\Delta\tilde{\vartheta}}{\mathrm{d}t} = C \cdot \frac{\Delta\tilde{\vartheta}_{\max}}{T_C} \quad \Rightarrow \quad \Delta\tilde{\vartheta}_{\max} \leq \frac{P_{vm} \cdot T_C}{C}$$

Die mittlere Übertemperatur vergrößert sich somit innerhalb der Lastspiele maximal um den halben Temperaturhub und darf dabei insgesamt nicht größer als eine vorgegebene zulässige Temperatur, abzüglich des inneren Temperatursprunges $k^2 \cdot \Delta\vartheta_{TS}$, werden.

Dabei gibt k den Faktor der Leistungssteigerung gegenüber dem Dauerbetrieb an und $\Delta\vartheta_{TS}$ ist als sog. Temperatursprung zwischen der Wicklung und dem Elektroblech-Kern eine Maschineneigenschaft.

Daraus folgt insgesamt die Forderung:

$$\Delta\vartheta_{zul} - k^2 \cdot \Delta\vartheta_{TS} \geq \Delta\vartheta_m + \frac{\Delta\widetilde{\vartheta}_{\max}}{2} = P_{vm} \cdot R_m + \frac{P_{vm} \cdot T_C}{2 \cdot C} = P_{vm} \cdot \left[R_m + \frac{T_C}{2 \cdot C}\right]$$

aus der sich dann in einem 1. Schritt die über die Spieldauer zulässige mittlere Verlustleistung bestimmen lässt

$$P_{vm} \leq \frac{\Delta\vartheta_{zul} - k^2 \cdot \Delta\vartheta_{TS}}{R_m + \frac{T_C}{2 \cdot C}} \tag{7.12}$$

$$\leq \left(\Delta\vartheta_{zul} - k^2 \cdot \Delta\vartheta_{TS}\right) \cdot \frac{2C}{T_C} \cdot \frac{R_0 \cdot \Delta t_P + R \cdot \Delta t_R}{2C \cdot R \cdot R_0 + R_0 \cdot \Delta t_P + R \cdot \Delta t_R}$$

Tatsächlich treten die Verluste hier aber konzentriert nur während der Belastungsdauer Δt_P auf und können bei gegebenem Mittelwert dort den höheren Wert

$$P_{v\,S3} = \frac{T_C \cdot P_{vm}}{\Delta t_P} \tag{7.13}$$

aufweisen.

Dabei könnte man hier Formel 7.12 auch direkt in Formel 7.13 einsetzen und Erstere somit überspringen. Aus didaktischen Gründen, insbesondere im Hinblick auf die konkreten Zahlenbeispiele in Abschnitt 8.3.3, wird dieser Zwischenschritt hier aber explizit mit angegeben.

Schließlich steigen die Wicklungsverluste quadratisch mit dem Strom, sodass aus thermischer Sicht resultierend folgende Strom-, Momenten- und bei etwa konstanter Drehzahl näherungsweise auch eine Leistungssteigerung um den Faktor

$$k_{S3} = \frac{I_{S3}}{I} \approx \frac{M_{S3}}{M} \approx \frac{P_{S3}}{P} \approx \sqrt{\frac{P_{v\,S3} - P_{vFe1} - P_{vmech}}{P_{vges} - P_{vFe1} - P_{vmech}}} \tag{7.14}$$

$$\approx \sqrt{\frac{P_{v\,S3} - P_{vFe1}}{P_{vges} - P_{vFe1}}} \approx \sqrt{\frac{P_{v\,S3}}{P_{vges}}}$$

möglich ist.

Dabei sind die Eisenverluste P_{vFe1} und die mechanischen Lager- und Lüftungsverluste P_{vmech} (wegen $n \approx$ const.) nicht lastabhängig und werden bei bekannten Werten, wie in Formel 7.14 zunächst korrekt mit angegeben, nach Möglichkeit abgezogen.

Oftmals sind die mechanischen Verluste, so wie auch bei den hier definierten Wärmeschaltbildern, nicht separat ausgewiesen, sondern nur als Anteil in den Gehäuseverlusten P_{vG}, zusammen mit den dort berücksichtigten Zusatzverlusten, enthalten. Dann werden zumindest die Eisenverluste als lastunabhängig berücksichtigt und abgezogen.

Für eine grobe Abschätzung kann man schließlich auch das resultierende Verlustverhältnis insgesamt, entsprechend Abschnitt 8.3.3.5, als lastabhängig auswerten.

Abschließend muss dabei stets noch die verbleibende Überlastbarkeit

$$m_{K\,\mathrm{S3}} = \frac{M_K}{M_{N\,\mathrm{S3}}} = \frac{M_K}{M_N} \cdot \frac{M_N}{M_{N\,\mathrm{S3}}} \approx \frac{m_K}{k_{\mathrm{S3}}} \tag{7.15}$$

kontrolliert werden, für die laut Norm i. d. R. Mindestwerte einzuhalten sind.

Insbesondere bei kurzen Belastungsdauern begrenzt dann die geforderte Mindestüberlastbarkeit oftmals die mögliche Leistungssteigerung, sodass der maximal mögliche Wert für k dadurch meistens kleiner als 2 bleibt.

Da in Formel 7.12 der Faktor k selbst bereits auftritt, aber mit diesem Zwischenergebnis erst in Formel 7.14 berechnet werden kann, muss er ggf. durch eine Iteration präzisiert werden. In der Praxis umgeht man üblich diese Iteration, indem man in Formel 7.12 pauschal den festen Wert $k = 2$ berücksichtigt.

Auch für die anderen Betriebsarten sind analoge Herleitungen möglich, deren Ergebnisse in den Beispielen in Abschnitt 8.3.3 dann explizit angegeben und ausgewertet werden.

7.4.4 Wärmeschaltbild für subtransiente Vorgänge

Insbesondere bei sehr kurzzeitigen, hohen Überlastungen (Schweranlauf, aktives Bremsen) bzw. bei Störfällen (einschalten mit blockiertem Rotor, Kurzschluss bei Transformatoren, etc.) können die inneren Wärmewiderstände i. d. R. nicht mehr vernachlässigt werden, sodass Auswertungen im zuvor betrachteten transienten Ein-Körper-Modell dann auch nicht mehr zulässig sind.

Dabei betreffen die Überlastungen vorrangig nur einzelne Wicklungen mit ihren teilweise um mehrere Größenordnungen höheren Stromwärmeverlusten, wobei in den dabei sehr kurzen Zeiten ein Wärmeaustausch mit den anderen Maschinenteilen kaum bzw. nur verzögert wirksam ist. Somit müssen diese stark erhöhten Verluste während den kurzen Zeitabschnitten praktisch ausschließlich in den vergleichsweise kleinen Wärmekapazitäten der betreffenden Wicklungen gespeichert werden, die sich daher sehr schnell erwärmen.

Diese Situation kann wieder mit einem speziellen, jetzt subtransienten Ein-Körper-Modell beschrieben werden, bei dem allein die kritischen Wicklungen mit ihren Verlusten P_{vCuk}, ihrer Wärmekapazität C_{Cu} und ihrem Wärmewiderstand zur restlichen Maschine R_{Cuk} eine Rolle spielen. Dabei wird Letzterer, z. B. bei der Statorwicklung der Asynchronmaschine, im Wesentlichen durch den eigenen Wicklungsinnenwiderstand R_{iCu1} und den Übergangswiderstand zum Statorblechpaket R_{Cu1Fe1} bestimmt, da die

Kopplungswiderstände zu den anderen Maschinenteilen i. d. R. wesentlich größer sind und, in der hier sehr kurzen Zeit, auch nur wenig zur Kühlung der Statorwicklung beitragen können.

Bei diesen sehr schnellen Temperaturänderungen gilt z. B. bei den Asynchronmaschinen mit

$C_{Cuk} = C_{Cu1}$ im statorkritischen Fall

$$R_{Cuk} \approx R_{iCu1} + R_{Cu1Fe1} \tag{7.16}$$

bzw. mit $C_{Cuk} = C_{Cu2}$ im rotorkritischen Fall

$$R_{Cuk} \approx R_{iCu2} + R_{Cu2Fe2} \tag{7.17}$$

für die sog. subtransiente Zeitkonstante

$$\tau'' = R_{Cuk} \cdot C_{Cu} \tag{7.18}$$

die hier üblich nur im Sekundenbereich liegt.

Treten somit wesentliche Temperaturänderungen in diesem kurzen Zeitbereich auf, ist eine Auswertung des subtransienten Wärmeschaltbildes anstelle der vollständigen thermischen Ersatzschaltung praktisch immer möglich und sogar naheliegend.

Diese Situation lässt sich, bei dem hier beispielhaft betrachteten, statorkritischen Fall einer Asynchronmaschine, entsprechend Bild 7.8 mit einem speziellen Ein-Körper-Modell, jetzt aber allein für die Statorwicklung, untersuchen, wobei dann nur die Elemente P_{vCuk}, C_{Cu} und R_{Cuk} nach Bild 7.12 zu berücksichtigen sind.

Dabei erwärmt sich die Statorwicklung in der Anfangsphase quasi unabhängig von der weitgehend kalt bleibenden, restlichen Maschine, was so auch diese vereinfachte Betrachtung erlaubt und nahelegt.

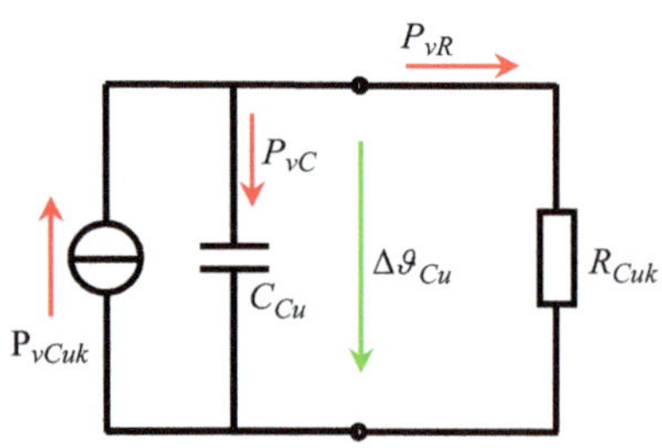

Bild 7.12 Subtransientes Wärmeschaltbild für die temperaturkritischen Wicklungen

Dabei gelten für die Erwärmung bzw. Abkühlung formal die gleichen Zusammenhänge wie unter Abschnitt 7.4.3 für das transiente Verhalten ausführlich hergeleitet, jetzt aber mit den subtransienten Eigenschaften der konkret betrachteten Wicklung.

Bei länger andauernden Situationen mit weniger stark erhöhten Wicklungsverlusten ist diese subtransiente Temperaturdifferenz zwischen Wicklung und Eisenkern bereits im stationären Endzustand und wird dort, im transienten Fall, dann als sog. Temperatursprung $\Delta\vartheta_{TS}$ gemäß Abschnitt 8.2.3 berücksichtigt.

Diese, hier für die Asynchronmaschine gezeigten Zusammenhänge, gelten in analoger Form auch für die temperaturkritischen Wicklungen bei den anderen elektrischen Maschinen, wobei dann die jeweils entsprechenden Wicklungsgrößen zu berücksichtigen sind.

Demgegenüber spielt beim Kurzschluss von Transformatoren meist auch die Wärmeabgabe von den kritischen Wicklungen zu den anderen Transformatorteilen bzw. zur Umgebung praktisch keine Rolle mehr, sodass hier allein die Wicklungskapazität von den jeweils eigenen, hohen Verlusten aufgeladen, also erwärmt, wird.

Somit entfällt im Wärmeschaltbild Bild 7.12 auch noch der Wärmewiderstand R_{Cuk} und es verbleibt allein die Verlustquelle mit paralleler Wärmekapazität als thermisch isoliertes, adiabatisches System.

Bei den hier üblich sehr kurzen Zeiten und den hohen Kurzschlussverlusten steigt die Wicklungstemperatur nach Formel 6.81

$$\Delta\vartheta(t) = \frac{1}{C}\int P_{vCuk}\,\mathrm{d}t \tag{7.19}$$

dann etwa linear und steil an, sodass die Schutzvorrichtungen diesen Störfall dementsprechend schnell abschalten müssen.

Dabei wird anstelle der Temperatur oft auch deren Anstieg nach Formel 6.4 als

$$\frac{\mathrm{d}\vartheta}{\mathrm{d}t} = \frac{1}{C_{Cu}} \cdot P_{vCuk} \tag{7.20}$$

angegeben bzw. ausgewertet.

8 Beispiele für Erwärmungsvorgänge in elektrischen Maschinen

In den vorigen Abschnitten wurden alle wesentlichen und wichtigen Einzelaspekte im Zusammenhang mit der Erwärmung und Kühlung elektrischer Maschinen und Geräte analytisch behandelt und Großteils auch hergeleitet. Diese Erkenntnisse sollen nun an ausgewählten Beispielen und für wichtige Betriebssituationen auf komplette Transformatoren und elektrische Maschinen angewendet und quantitativ ausgewertet werden.

Dazu wird zunächst wieder der besonders übersichtliche Kleintransformator betrachtet, bei dem als primäre Fragestellung zu klären ist, welche maximale Temperatur im Betrieb zu erwarten ist und ob damit eine vorgegebene Isolierstoffklasse eingehalten wird.

Tatsächlich gibt es auch bei Transformatoren besondere Betriebssituationen, so z. B. bei den Anlasstransformatoren, die nur zum Anlauf großer Asynchronmaschinen erforderlich sind und für die daher im speziellen Kurzzeitbetrieb eine maximale Einschaltdauer vorgegeben wird. Dieser Sonderfall wird dann speziell am Beispiel der Asynchronmaschine besprochen.

8.1 Erwärmung des Kleintransformators EI 84b

Als einfaches Einführungsbeispiel wird jetzt die vollständige thermische Situation für den schon mehrfach zu Detailfragen betrachteten, getränkten Kleintransformator EI 84b in der Elektroblechqualität M530-50A behandelt.

Der Transformator ist in der Isolierstoffklasse „E“ ausgeführt und bei der hier üblichen Kühlungsart „AN“ für Dauerbetrieb S1 bei voller Belastung laut Norm bis zu einer maximalen Umgebungstemperatur von 40°C zugelassen.

Bei seiner Bemessungsleistung $P_N = 100\,\text{W}$ weist er im betriebswarmen Zustand die Verluste $P_{vCu} = 10{,}5\,\text{W}$ und $P_{vFe} = 7{,}2\,\text{W}$ auf.

Für die in Bild 7.1 festgelegten Bezeichnungen sind folgende genormte bzw. vorgegebene Abmessungen und Werte bekannt:

$a = 84\,\text{mm}$	$c = 42\,\text{mm}$	$e = 56\,\text{mm}$	$h_P = 42\,\text{mm}$
$b = 56\,\text{mm}$	$d = 28\,\text{mm}$	$f = 14\,\text{mm}$	$d_{Sp} = 2\,\text{mm}$
$m_{Fe} = 1{,}4\,\text{kg}$	$m_{Cu} = 0{,}34\,\text{kg}$		

Ergänzend dazu sind als d_{Sp} die wärmewirksame Dicke des üblichen Spulenkörpers, inklusive Tränkharz zwischen Kern und Spulenkörper, sowie die aktiven Massen der Elektrobleche m_{Fe} und des Wicklungskupfers m_{Cu} angegeben.

Außerdem kann nach Beispiel 6.8 von einer mittleren Kühlmitteltemperatur $\vartheta_m \approx 70°\text{C}$ und der maximalen Wicklungs-Übertemperatur $\Delta\vartheta_{Cumax} \approx 60\,\text{K}$ ausgegangen werden, wobei beide Werte am Ende der Rechnung kontrolliert und ggf. iterativ angepasst werden müssen.

Damit lassen sich nun alle Elemente der in Bild 7.1 unten angegebenen, vollständigen thermischen Ersatzschaltung des Kleintransformators wie folgt bestimmen.

Mit der für getränkte Wicklungen, bei hier typischen Drahtabmessungen um 1mm, pauschal gewählten Wärmeleitfähigkeit senkrecht zu den Drahtachsen

$$\lambda^* \approx 0{,}75\,\frac{\text{W}}{\text{m}\cdot\text{K}}$$

der Wickeldicke bzw. Wickelhöhe

$$d_W \approx \frac{e-d}{2} - d_{Sp} = 0{,}012\,\text{m}$$

$$h_W \approx c - 2\cdot d_{Sp} = 0{,}038\,\text{m}$$

und der ungefähren mittleren Windungslänge

$$l_W \approx (e + h_P)\cdot 2 = 0{,}196\,\text{m}$$

folgt schließlich für den inneren Wärmewiderstand der Wicklung nach Formel 6.66

$$R_{iCu} = \frac{1}{8}\cdot\frac{d_W}{\lambda^*\cdot h_W\cdot l_W} = 0{,}26853\,\frac{\text{K}}{\text{W}}$$

Bei natürlicher Luftkühlung an senkrechten Flächen der repräsentativen Kernhöhe $h = (b+f) = 70\,\text{mm}$ ergibt sich die Wärmeübergangszahl für Konvektion nach Formel 6.22 zu

$$\alpha_K \approx 8\,\frac{\mathrm{W}}{\mathrm{m^2K}} \cdot \left(\frac{333\,\mathrm{K}}{273\,\mathrm{K}+70\,^\circ\mathrm{C}}\right)^{0{,}575} \cdot \left(\frac{60\,\mathrm{K}}{60\,\mathrm{K}}\right)^{0{,}304} \cdot \left(\frac{0{,}5\,\mathrm{m}}{0{,}07\,\mathrm{m}}\right)^{0{,}126} = 10{,}076\,\frac{\mathrm{W}}{\mathrm{m^2K}}$$

Durch den üblichen Einbau der Kleintransformatoren in Gehäuse oder Schaltschränke ist deren Wärmeabgabe durch Strahlung tendenziell durch Rückstrahlung reduziert, sodass hier die Wärmeübergangszahl für Strahlung auf der sicheren Seite pauschal nach Formel 6.60 abgeschätzt wird als

$$\alpha_S \approx 6\,\frac{\mathrm{W}}{\mathrm{m^2K}}$$

und mit der kühlwirksamen freien Wicklungsoberfläche

$$A_{CuU} \approx 2 \cdot e \cdot c = 0{,}004704\,\mathrm{m^2}$$

ergibt sich dann der direkte Übergangswiderstand von der Wicklung zur Umgebung als Parallelschaltung von Konvektion und Strahlung mit hier $A_K \approx A_S$ zu

$$R_{CuU} = \frac{1}{(\alpha_K + \alpha_S) \cdot A_{CuU}} = 13{,}224\,\frac{\mathrm{K}}{\mathrm{W}}$$

Mit der wieder pauschalen Wärmeleitfähigkeit für Isolierstoffe und Tränkharz

$$\lambda_{Iso} = 0{,}2\,\frac{\mathrm{W}}{\mathrm{m \cdot K}}$$

und der Wärmeübergangsfläche zwischen Kern und Wicklung

$$A_{CuFe} = 2 \cdot (d + h_P) \cdot c = 0{,}00588\,\mathrm{m^2}$$

erhält man, mit der wirksamen Dicke d_{Sp} des Spulenkörpers bei getränktem Transformator, den zugehörigen Übergangswiderstand als

$$R_{CuFe} = \frac{d_{Sp}}{\lambda_{Iso} \cdot A_{CuFe}} = 1{,}7007\,\frac{\mathrm{K}}{\mathrm{W}}$$

Der mittlere innere Wärmewiderstand des Eisenkernes in der vorgegebenen Elektroblechqualität M530-50A, bei der hier tangentialen Wärmeleitfähigkeit

$$\lambda^*_{Fe,t} \approx \lambda_{Fe} = 34\,\frac{\mathrm{W}}{\mathrm{m \cdot K}}$$

und den Kernabmessungen des hier maßgebenden Mittelschenkels von

$$l_{Fe} \approx b + f = 0{,}07\,\mathrm{m}$$

$$b_{Fe} = d = 0{,}028\,\mathrm{m}$$

$$h_{Fe} = h_P = 0{,}042\,\mathrm{m}$$

unter Berücksichtigung des Verlustanteiles der Eisenverluste im Mittelschenkel mit $10/24 \cdot P_{vFe}$ an den gesamten Eisenverlusten, ergibt sich nach Formel 6.68 zu

$$R_{iFe} = \frac{1}{12} \cdot \frac{b+f}{\lambda_{Fe} \cdot d \cdot h_P} \cdot \frac{10}{24} = 0,060788\,\frac{\text{K}}{\text{W}}$$

Schließlich kann noch der Wärmeübergangswiderstand des Eisenkernes zur Umgebung mit den bereits oben angegebenen Werten der Wärmeübergangszahlen und der hier wirksamen glatten Kernoberfläche

$$A_{FeU} = 2\,[a \cdot (b+f) - e \cdot c] + [a + 2 \cdot (b+f)] \cdot h_P = 0,016464\,\text{m}^2$$

bestimmt werden als

$$R_{FeU} = \frac{1}{(\alpha_K + \alpha_S)\,A_{FeU}} = 3,7782\,\frac{\text{K}}{\text{W}}$$

Die noch fehlenden Wärmekapazitäten lassen sich aus den Materialangaben und deren spezifischer Wärmekapazität nach Tabelle 3.1 bestimmen zu

$$C_{Fe} = m_{Fe} \cdot c_{Fe} = 644\,\frac{\text{Ws}}{\text{kg} \cdot \text{K}}$$

$$C_{Cu} = m_{Cu} \cdot c_{Cu} = 130,9\,\frac{\text{Ws}}{\text{kg} \cdot \text{K}}$$

Die Wärmekapazität der Isolierstoffe wird, wie schon in Kapitel 7 erwähnt, i. d. R. nicht explizit berücksichtigt, da deren Mengen vergleichsweise klein bzw. oft unbekannt sind und ihr Beitrag zur Wärmekapazität somit meist vernachlässigbar ist.

Damit sind nun alle Werte des thermischen Ersatzschaltbildes für den Kleintransformator entsprechend Bild 7.1 bekannt. Die Auswertung dieses Wärmeschaltbildes kann dann mit allen Software-Tools zur Netzwerkanalyse erfolgen.

Betrachtet man beispielsweise den Erwärmungsvorgang des Transformators, wenn er kalt zur Zeit $t = 0$ eingeschaltet und danach konstant mit seiner Bemessungsleistung belastet wird, so ergeben sich die in Bild 8.1 dargestellten Temperaturverläufe sowohl für die Wicklung wie auch für den Eisenkern.

In beiden Fällen unterscheiden sich die Temperaturen jeweils innen zu außen nur wenig, was den schon mehrfach erwähnten dominierenden Einfluss der Übergangswiderstände zur Umgebung auf die maximale Erwärmung bestätigt.

Interessant beim Temperaturverlauf in der Anfangsphase der Belastung ist, dass dieser mit deutlich unterschiedlichen Zeitkonstanten für die Wicklung und den Kern beginnt und sich durch den inneren Wärmeausgleich für große Zeiten dann aber im Trend der Eisentemperatur angleicht. Dieses Verhalten ist primär eine Folge der deutlich unterschiedlichen Wärmekapazitäten.

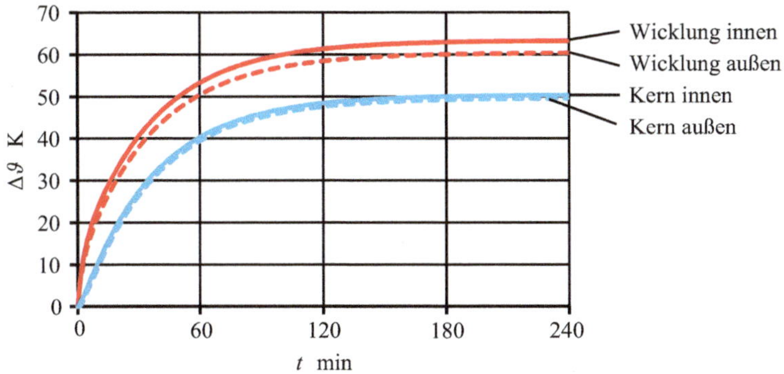

Bild 8.1 Zeitliche Erwärmung des Kleintransformators bei Bemessungsbelastung

Oftmals ist man aber nicht am zeitlichen Verlauf der Erwärmung interessiert, sondern man möchte lediglich wissen, ob der Transformator eine vorgegebene maximale Erwärmung einhält. Dann ist keine aufwendige Analyse des vollständigen Wärmeschaltbildes erforderlich und es genügt die Auswertung des für den stationären Fall vereinfachten Wärmeschaltbildes nach Bild 7.7.

Dieses kann, als reines Widerstandsnetzwerk, stets algebraisch ausgewertet werden, was hier nachfolgend z. B. mithilfe des Überlagerungsprinzips mittels der in Bild 8.2 angegebenen Teilaufgaben problemlos für die dann nur interessierenden Endübertemperaturen mit dem Taschenrechner möglich ist.

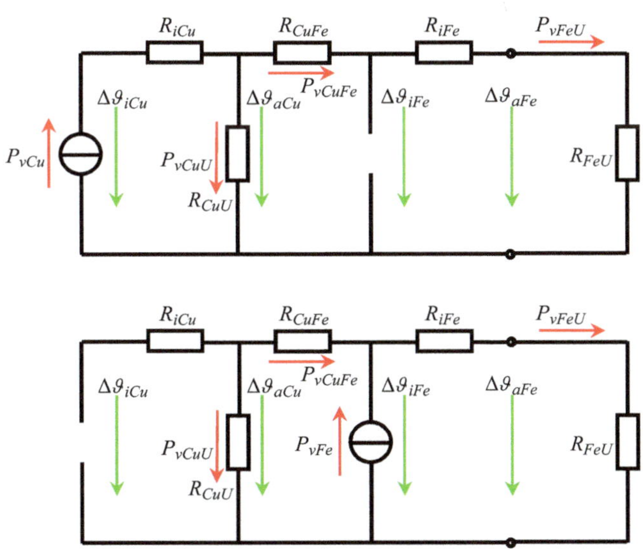

Bild 8.2 Teilaufgaben des stationären Wärmeschaltbildes für Kleintransformatoren.
Oben: Teilaufgabe mit $P_{vFe} = 0\,\text{W}$, unten: Teilaufgabe mit $P_{vCu} = 0\,\text{W}$

Die so gefundenen Ergebnisse sind in der nachfolgenden Tabelle 8.1 zusammenfassend angegeben.

Tabelle 8.1 Endübertemperaturen des Kleintransformators EI 84b

Fall:	$\Delta\vartheta_{iCu}$ K	$\Delta\vartheta_{aCu}$ K	$\Delta\vartheta_{iFe}$ K	$\Delta\vartheta_{aFe}$ K
$P_{vFe} = 0$ W	43,813	40,994	28,409	27,959
$P_{vCu} = 0$ W	19,48	19,48	21,985	21,637
resultierend:	63,293	60,474	50,394	49,596

Demnach erwärmt sich die Wicklung des Kleintransformators bei den angegebenen Verlusten im Innern etwa um $\Delta\vartheta_{Cui} \approx 63$ K, was natürlich mit dem stationären Endwert im transienten Verlauf laut Bild 8.1 übereinstimmt.

Dabei erlaubt die Isolierstoffklasse „E" bei einer maximalen Umgebungstemperatur von 40°C eine Erwärmung um $\Delta\vartheta_{Cuzul} = 80$ K, die hier offensichtlich nicht ausgeschöpft wird. Trotzdem ist diese Erwärmung um nur ca. 60 K ein in der Praxis durchaus üblicher Wert, da so noch gewisse Temperaturreserven, z. B. für

- höhere Umgebungstemperaturen in Gehäusen, Schaltschränken, etc.,
- eine zuverlässige Nutzungsdauer auch für Betriebszeiten > 20000 h,
- Aufstellungshöhen oberhalb 1000 m ü. NN
- und oft nicht spezifizierte Überlastungen, usw.

bleiben.

Ergänzend dazu sind in Bild 8.3 für den betrachteten Kleintransformator

- links oben sein räumlicher Aufbau mit den unterschiedlichen Werkstoffen als Querschnitt,
- rechts die mittels einer FEM-Analyse berechnete stationäre Temperaturverteilung in der Symmetrieebene und
- links unten der Temperaturverlauf in der horizontalen Symmetrieachse

dargestellt.

Dabei stimmen die mit den Wärmeschaltbildern berechneten, repräsentativen Temperaturen wieder gut mit den entsprechenden Werten aus der FEM-Simulation überein.

Zusätzlich erkennt man hier im rechten Teilbild von Bild 8.3 die vertikal leicht asymmetrische Temperaturverteilung im Kleintransformator als Folge der unterschiedlichen Kühlwirkung auf seiner Ober- und Unterseite.

Wie schon erwähnt, müssen Kleintransformatoren bei der Erwärmungsmessung auf einer wärmeisolierenden Unterlage stehen, wodurch die Transformatorunterseite keinen Beitrag zur Kühlung liefert und er daher im unteren Teil erwartungsgemäß etwas wärmer wird.

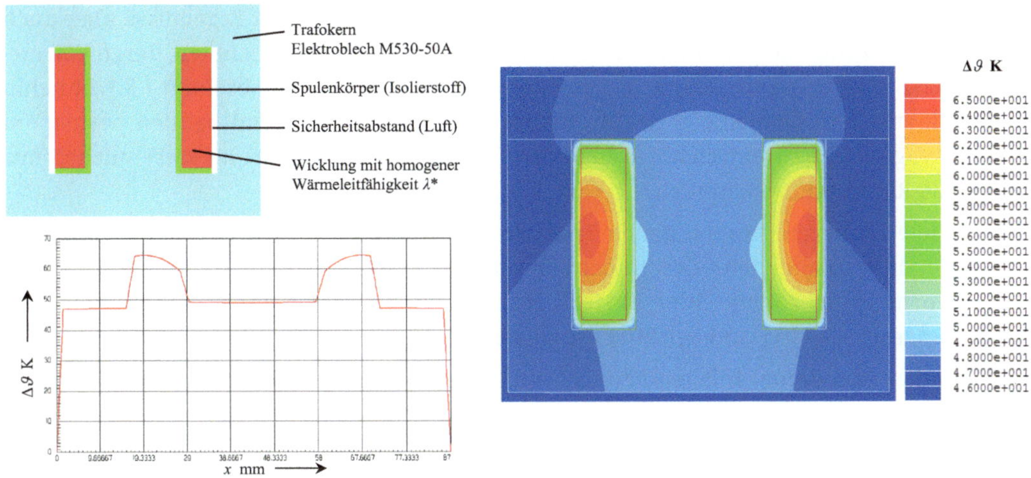

Bild 8.3 Stationäre Temperaturverteilung im Kleintransformator EI 84b. Links, oberes Teilbild: idealisierte Geometrie und Werkstoffe, rechtes Teilbild: räumliche Temperaturverteilung laut FEM in der Symmetrieebene, links, unteres Teilbild: Temperaturverlauf auf der horizontalen Symmetrieachse

Ebenso ist der Temperaturunterschied zwischen dem Mittelschenkel und den Außenschenkeln des Eisenkernes erkennbar, wobei Letztere eher nicht interessieren und im betrachteten Wärmeschaltbild daher auch nicht explizit vorkommen.

Abschließend bleibt noch die Kontrolle der einleitend gewählten Werte für die mittlere Kühlmittel- und die maximale Oberflächentemperatur:

$$\begin{aligned}\Delta\vartheta_m &= \frac{\vartheta_{U\,\max} + (\vartheta_{U\,\max} + \Delta\vartheta_{\max})}{2} \\ &= \frac{40°\mathrm{C} + (40°\mathrm{C} + 60{,}473\mathrm{K})}{2} \\ &= 70{,}237°\mathrm{C} \approx 70°\mathrm{C} \\ \Delta\vartheta_{\max} &= \Delta\vartheta_{aCu} = 60{,}474\,\mathrm{K} \approx 60\,\mathrm{K}\end{aligned}$$

die somit, ohne notwendige Iteration, als hinreichend korrekt bestätigt werden.

8.2 Erwärmung der Asynchronmaschine

In der elektrischen Antriebstechnik gelten Asynchronmaschinen immer noch als deren wichtigste und am häufigsten eingesetzte Ausführungen. Daher bildet diese Maschinenart auch einen zentralen Schwerpunkt bei den Beispielen dieses Buches.

Unabhängig davon gelten alle wichtigen Fragestellungen und Ergebnisse aber auch für die zunehmend immer wichtiger werdenden Synchronmaschinen, deren Wärmeschaltbild bei den elektrisch erregten Ausführungen nach Abschnitt 7.3.1 ohnehin identisch zu demjenigen der Asynchronmaschine ist, während bei den permanent erregten Synchronmaschinen bzw. den Reluktanzmotoren dort im Wesentlichen nur die Rotorverluste entfallen.

Viele der bereits besprochenen Beispiele und Teilaspekte, sowie die jetzt nachfolgend detailliert behandelte Gesamtbetrachtung der Erwärmungssituation, betreffen eine Norm-Asynchronmaschine Bg100/4 ähnlich Bild 1.2 in der dabei bevorzugten Kühlungsart IC4A1A1 und der Effizienzklasse IE3.

Daher sind dafür einleitend zunächst die üblichen Datenblattangaben zusammengestellt:

$P_N = 2{,}2\,\text{kW}$	$U_N = 400\,\text{V}$	$f_N = 50\,\text{Hz}$	$I_N = 4{,}6\,\text{A}$
$\eta_N = 86{,}9\,\%$	$\cos(\varphi_N) = 0{,}794$	$n_N = 1446\,\text{min}^{-1}$	$M_N = 14{,}5\,\text{Nm}$
$M_A/M_N = 2{,}9$	$I_A/I_N = 9{,}1$	$M_K/M_N = 4{,}5$	
$m_{ges} = 31\,\text{kg}$	$J = 0{,}01\,\text{kgm}^2$.		

Darüber hinaus sind noch folgende Werte bekannt, wie sie üblich aus Prüffeldmessungen bzw. Begutachtung gewonnen werden können:

$P_{vCu1} = 169\,\text{W}$	$P_{v2} = 62\,\text{W}$	$P_{vFe1} = 59\,\text{W}$	$P_{vG} = 37\,\text{W}$
$A_K \approx 0{,}36\,\text{m}^2$	$A_S \approx 0{,}12\,\text{m}^2$	$v \approx 1{,}8\,\text{m/s}$	
$\alpha_K = 16\,\text{W/(m}^2\text{K)}$	$\alpha_S = 8\,\text{W/(m}^2\text{K)}$	$\alpha_{K0} = 7{,}125\,\text{W/(m}^2\text{K)}$	
$d_{Ga} \approx 160\,\text{mm}$	$d_{Gi} \approx 150\,\text{mm}$	$d_\delta = 90\,\text{mm}$	$\delta \approx 0{,}3\,\text{mm}$
$l_{Fe} = 140\,\text{mm}$	$l_G = 200\,\text{mm}$		
$m_{Fe1} \approx 9{,}5\,\text{kg}$	$m_{Fe2} \approx 4{,}8\,\text{kg}$	$m_{Cu1} \approx 2{,}5\,\text{kg}$	$m_{Cu2} \approx 2{,}3\,\text{kg}$
$m_G \approx 7\,\text{kg}$	$m_{Welle} \approx 3\,\text{kg}$	$m_{Sonst.} \approx 2\,\text{kg}$	

Alle zugehörigen Werkstoffeigenschaften können Tabelle 3.1 entnommen werden.

Zusätzlich sind noch nachfolgende Informationen bekannt:

- die Maschine ist mit Elektroblechen der Qualität M250-50A hergestellt,
- der Rotor ist im Druckgussverfahren mit Kupfer ausgegossen,
- die Zusatzverluste sind jeweils anteilig bei den Statorwicklungs-, den Rotor- und den Gehäuseverlusten (dort incl. Lagerverluste) berücksichtigt,

- die in der genannten Kühlungsart auftretenden Lüfterverluste von ca. 5 W sind für die Maschinenerwärmung nicht temperaturrelevant und werden daher im Wärmeschaltbild auch nicht explizit erfasst und
- die Motorwelle aus Stahl wird zur Hälfte bei der Wärmekapazität des Rotors mit berücksichtigt.

8.2.1 Temperaturverlauf bei Bemessungsbelastung

8.2.1.1 Temperaturverlauf im vollständigen Wärmeschaltbild

Begonnen werden soll wieder mit der Auswertung des vollständigen Wärmeschaltbildes der Asynchronmaschine entsprechend Bild 7.5, wobei diese zur Zeit $t = 0$ im abgekühlten Zustand eingeschaltet und danach im Dauerbetrieb S1 mit ihrer Bemessungsbelastung betrieben wird.

Benötigt werden dazu zunächst die Werte aller Elemente des Wärmeschaltbildes. Da zu ihrer Bestimmung aber meist nicht alle erforderlichen konstruktiven Details bekannt bzw. hier nicht zur Veröffentlichung freigegeben sind, werden diese Werte nachfolgend, in der Reihenfolge nach Abschnitt 7.2, mit entsprechenden Lösungshinweisen angegeben:

P_{v2}	62 W	Vorgabe, Messwert (incl. ⅓ Anteil Zusatzverluste)
R_{l2}	0,00098127 K/W	mit Ersatzwärmeleitfähigkeit und Formel 6.66
C_2	3813,5 Ws/K	Formel 6.3 für Rotoreisen, Rotorkupfer, + halbe Welle
P_{vCu1}	169 W	Vorgabe, Messwert (incl. ⅓ Anteil Zusatzverluste)
R_{2Cu1}	0,5 K/W	großer Wertebereich, typischer Erfahrungswert
C_{Cu1}	962,5 Ws/K	Formel 6.3
R_{lCu1}	0,011033 K/W	Formel 6.66
R_{Cu1Fe1}	0,0074405 K/W	Formel 6.11, Aufgabe 6.1
P_{vFe1}	59 W	Vorgabe, Messwert
R_{2Fe1}	0,23391 K/W	von Beispiel 6.16 übernommen
C_{Fe1}	4370 Ws/K	Formel 6.3
R_{lFe1}	0,022845 K/W	Formel 6.66 für Statorzahn und -rücken
R_{Fe1G}	0,00015158 K/W	Formel 6.11, halbe Kontaktfläche, Unebenheit 1/10 mm
P_{vG}	37 W	Vorgabe, Messwert (incl. ⅓ Anteil Zusatzverluste)
R_{Cu1G}	0,2 K/W	großer Wertebereich, typischer Erfahrungswert

C_G	3080 Ws/K	Formel 6.3
R_{2G}	0,5 K/W	großer Wertebereich, typischer Erfahrungswert
R_{IG}	0,00046144 K/W	Formel 6.12, Aufgabe 6.2
R_{GU}	0,14881 K/W	aus Vorgaben (s. o.) als Parallelschaltung berechnet

Dabei fallen insbesondere die Quellen-Innenwiderstände durch ihre vergleichsweise kleinen Werte auf, was so auch die Zulässigkeit der zu Bild 7.5 vorgenommenen Näherung für diese Betrachtung rechtfertigt.

Die Auswertung des Wärmeschaltbildes kann wieder mit allen Software-Tools der Elektrotechnik zur Netzwerkanalyse erfolgen, deren Ergebnis in Bild 8.4 dargestellt ist.

Dabei ist im oberen Bild die Temperaturentwicklung aller wesentlichen Motorkomponenten praktisch bis zum stationären Endwert nach ca. drei Stunden und im unteren Teilbild insbesondere deren Anfangsverlauf über die ersten fünf Minuten dargestellt.

Demnach wird langfristig der Rotor am wärmsten, obwohl er sich in der Anfangsphase wegen seiner großen Wärmekapazität nur vergleichsweise langsam erwärmt. Da er bei Asynchronmaschinen normalerweise aber aus eher temperaturunkritischen Werkstoffen besteht, ergeben sich daraus meist keine Probleme und er erfordert daher meist auch keine besondere Aufmerksamkeit. Nur bei explosionsgeschützten Ausführungen ist u. U. die höchste in der Maschine vorkommende Temperatur entscheidend und dann bestimmt hier die maximale Rotortemperatur den erreichbaren Schutzgrad.

Demgegenüber steigt die Temperatur der Statorwicklung in der Anfangsphase am schnellsten und wird erst später von der Rotortemperatur übertroffen. Auffallend dabei ist insbesondere der sog. „Temperatursprung" in ihrer Anfangsphase nach Bild 8.4 unten, der sich als Folge der kleinen Wärmekapazität in Verbindung mit dem Wärmeübergang zur restlichen Maschine einstellt.

Dabei verläuft die Wicklungstemperatur, nach einem kurzen exponentiellen Anstieg, dann weitgehend in einem konstanten Abstand, dem sog. Temperatursprung $\Delta\vartheta_{TS}$, zur Temperatur des Statoreisens.

Dieser Temperatursprung ist näherungsweise proportional zu den Wicklungsverlusten und muss daher besonders bei Störfällen, bei Überlastsituationen und in den höheren Betriebsarten (siehe dazu auch Abschnitt 8.2.3) besonders beachtet werden.

Ergänzend dazu zeigt Bild 8.5 wieder die stationäre Temperaturverteilung in einem Nutsegment der hier betrachteten Asynchronmaschine bei Dauerbetrieb und angenommen nutperiodischen Kühlbedingungen. Auffallend dabei sind die geringen Temperaturunterschiede sowohl in der Wicklung wie auch im Statoreisen von jeweils weniger als ca. 5 K, was bei Maschinen dieser Größe und Art wieder eine gewisse Rechtfertigung für die Temperaturbestimmung mithilfe des thermischen Ein-Körper-Modells darstellt.

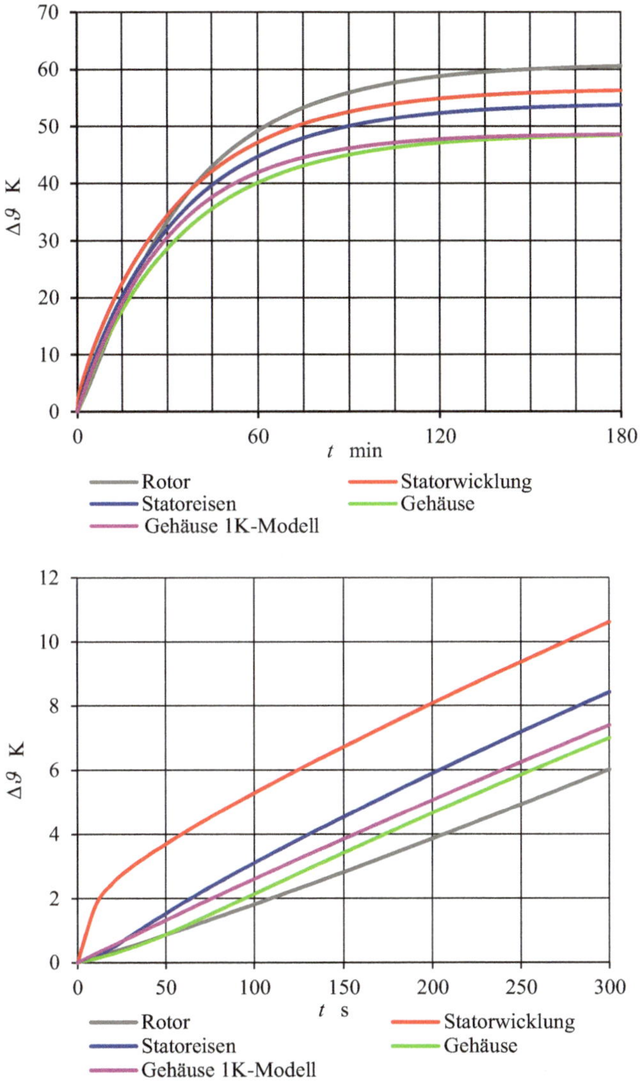

Bild 8.4 Temperaturverlauf in der Asynchronmaschine bei Dauerbetrieb. Oberes Teilbild: Temperaturentwicklung in der Maschine bis zum stationären Endwert, unteres Teilbild: Temperaturverlauf in der Anfangsphase

Darüber hinaus kommt der Wicklungstemperatur laut Norm eine besondere Bedeutung zu, da die Erwärmung bei den elektrischen Maschinen in der Praxis vorzugsweise in einem Erwärmungslauf aus deren temperaturbedingter Widerstandszunahme bestimmt wird und sie so letztlich die Isolierstoffklasse der Maschine definiert bzw. deren Einhaltung auf diesem Wege auch nachgewiesen wird.

Dazu verläuft die Temperatur des Statorblechpaketes weitgehend unspektakulär, in guter Näherung nach einer e-Funktion und etwas oberhalb der ähnlich verlaufenden Gehäusetemperatur.

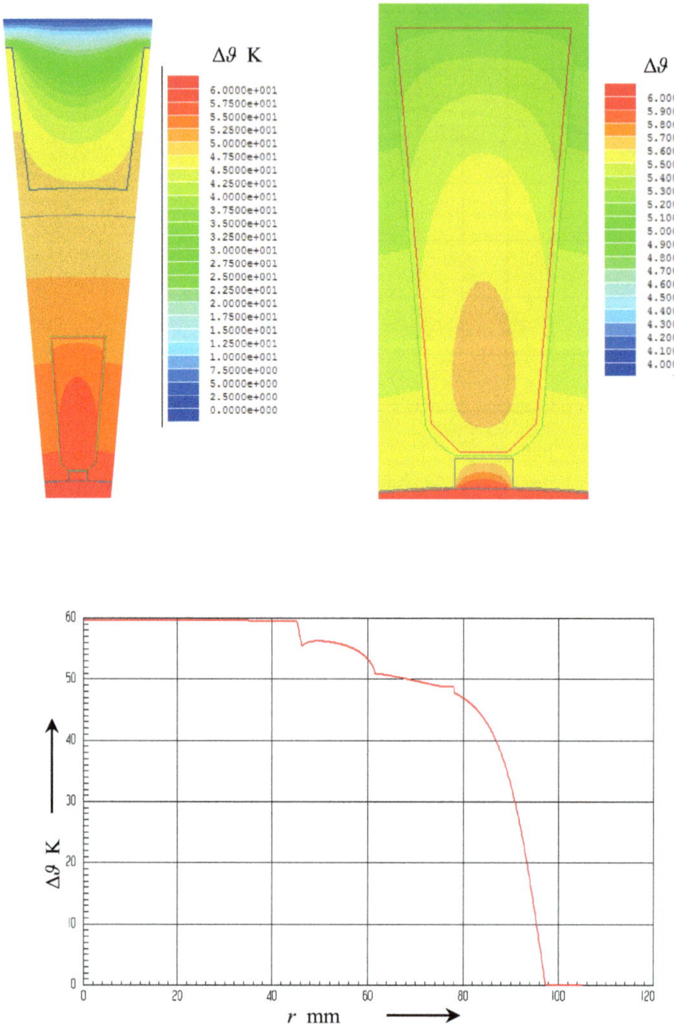

Bild 8.5 Stationäre Temperaturverteilung in der betrachteten Asynchronmaschine. Oben links: globale Temperaturverteilung eines Statornutsegmentes, oben rechts: Temperaturverteilung im Nutbereich, mit höherer Auflösung, unten: radialer Temperaturverlauf auf der Symmetrieebene durch die Nutmitte

Ergänzend zu diesen vier charakteristischen Maschinentemperaturen ist in Bild 8.4 zusätzlich jeweils noch der Temperaturverlauf entsprechend dem nachfolgend für die betrachtete Maschine ebenfalls ausgewerteten Ein-Körper-Modell dargestellt. Entsprechend den in Abschnitt 7.4.3 diskutierten Näherungen und dem daraus resultierenden Wärmeschaltbild nach Bild 7.8 stimmt dieser Verlauf in der Anfangsphase gut mit den anderen Temperaturverläufen überein und konvergiert dann für große Zeiten erwartungsgemäß gegen die Gehäusetemperatur.

Dies muss auch so sein, da beim Gehäuse alle inneren temperaturrelevanten Einzelverluste addiert sind und das Gehäuse mit allgemein gut bekannten Abmessungen und Wärmeübergangszahlen ja in beiden Modellen den gleichen Wärmewiderstand zur Umgebung aufweist.

Andererseits werden dadurch auch die Grenzen des Ein-Körper-Modells deutlich erkennbar, da dieses die inneren Wärmewiderstände per Definition ja nicht berücksichtigt und somit auch die daraus resultierende innere Temperaturzunahme nicht erfassen kann. Dies wird dann, insbesondere bei dessen bevorzugter Auswertung im Zusammenhang mit den höheren Betriebsarten, durch eine passend niedriger gewählte, maximal zulässige Temperatur berücksichtigt.

8.2.1.2 Temperaturverlauf im Ein-Körper-Modell

Zur Beurteilung der Maschinenerwärmung im Normalbetrieb bzw. bei moderaten Überlastungen, wie sie beispielsweise in den höheren Betriebsarten üblich sind, werden einfache Kriterien zur Festlegung von zulässigen Maximalbelastungen bzw. Belastungszeiten gewünscht.

Da die Auswertung des vollständigen Wärmeschaltbildes dabei oft an fehlenden bzw. unvollständigen Kenngrößen der Maschine scheitert, ist es üblich, diese Fragestellungen auf der Grundlage des Ein-Körper-Modells zu klären.

Zwar sind dessen Grenzen schon im vorausgehenden Abschnitt deutlich geworden, aber es liefert im Gegenzug die für die Praxis meist ausreichend genauen, formelmäßigen Richtwerte für die zulässige maximale Belastung bzw. deren Dauer. Daher sollen, in Fortsetzung der vorigen Betrachtungen, jetzt die allgemeinen Zusammenhänge für diese Maschine im transienten Ein-Körper-Modell nach Abschnitt 7.4.3 ausgewertet werden.

Die dazu benötigten Werte der Ersatzschaltungselemente nach Bild 7.8 werden daher auch vom vorigen Kapitel übernommen und entsprechend den dort eingeführten Ersatzelementen zu Gesamtwerten zusammengefasst:

$$P_v = P_{vges} = P_{v2} + P_{vCu1} + P_{vFe1} + P_{vG} = 327\,\mathrm{W}$$

$$C = C_{ges} = C_2 + C_{Cu1} + C_{Fe1} + C_G = 12226\,\mathrm{Ws/K}$$

$$R = R_{GU} = 0{,}14881\,\mathrm{K/W}$$

Mit den wichtigen Kenngrößen

$$\Delta\vartheta_\infty = R \cdot P_v = 48{,}66\,\mathrm{K} \approx 49\,\mathrm{K}$$

$$\tau = R \cdot C = 1819{,}4\,\mathrm{s} \approx 1820\,\mathrm{s} \approx 30\ \mathrm{min}$$

folgt dann für den in Bild 8.6 dargestellten Verlust- und Temperaturverlauf ab dem Einschalten im Bemessungsbetrieb der elementare Zusammenhang in Form einer e-Funktion

$$\Delta\vartheta(t) = \Delta\vartheta_\infty \cdot \left(1 - \mathrm{e}^{-\frac{t}{\tau}}\right) \approx 49\,\mathrm{K} \cdot \left(1 - \mathrm{e}^{-\frac{t}{1820\,\mathrm{s}}}\right)$$

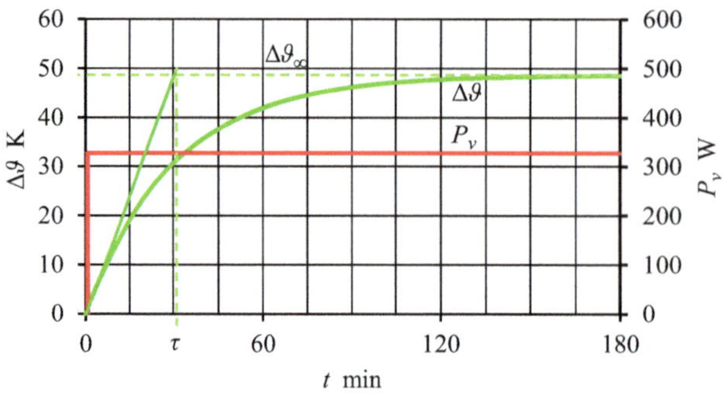

Bild 8.6 Verlust- und Temperaturverlauf bei Dauerbetrieb im transienten Ein-Körper-Modell

Wie schon erwähnt, ist dabei die Gehäuseendtemperatur im Ein-Körper-Modell erwartungsgemäß identisch zur Endtemperatur des vollständigen Wärmeschaltbildes, während die Temperaturen der anderen Maschinenteile, als Folge der zwar kleinen, aber doch nicht ganz verschwindenden, inneren Wärmewiderstände naturgemäß, mehr oder weniger deutlich, darüber liegen.

8.2.2 Temperaturverlauf in der Abkühlphase

Im Dauerbetrieb erreicht die Asynchronmaschine nach einer gewissen Betriebszeit, hier ca. 3 h, entsprechend den Bildern Bild 8.4 und Bild 8.6 ihre dann stationäre Temperaturverteilung, bei der letztlich alle Wärmekapazitäten auf ihre jeweilige End-Temperaturdifferenz $\Delta\vartheta_\infty$ aufgeladen sind.

Wird diese Maschine abgeschaltet, so kühlt sie wegen den dann fehlenden Verlusten ab. Diese Abkühlung erfolgt meist vergleichsweise langsam, sodass hierzu eine Auswertung im Ein-Körper-Modell besonders naheliegend und zweckmäßig ist.

Zu beachten ist aber bei der hier betrachteten, eigenbelüfteten Maschinen, dass bei abgeschalteter Maschine dann auch der Lüfter unwirksam ist und so nun natürliche Konvektion vorliegt. Dazu muss insbesondere die Wärmeübergangszahl für das Gehäuse mit Kühlrippen ähnlich Bild 1.2 vorab für natürliche Konvektion bestimmt werden.

Leider sind dazu keine allgemein gültige, zuverlässige Werte, Messungen bzw. analytische Zusammenhänge bekannt, sodass man hier auf Näherungen angewiesen ist.

Ausgehend von den gesicherten Werten der Wärmeübergangszahlen bei natürlicher Konvektion von Luft

- für vertikale Kühlflächen nach Formel 6.22, ohne Höhenkorrektur (keine glatte Fläche)

$$\alpha_{Kv} \approx 8\,\frac{\mathrm{W}}{\mathrm{m^2K}}$$

- für die Wärmeabgabe horizontaler Flächen nach oben Formel 6.29

$$\alpha_{Kho} \approx 7 \,\frac{\mathrm{W}}{\mathrm{m^2K}}$$

- dgl. bei Wärmeabgabe horizontaler Flächen nach unten mit $l = 0{,}05$ m nach Formel 6.30

$$\alpha_{Khu} \approx 5,5 \,\frac{\mathrm{W}}{\mathrm{m^2K}}$$

bildet man einen repräsentativen Mittelwert für die hier wirksame Wärmeübergangszahl

$$\alpha_{K0} \approx \frac{2 \cdot 8 + 7 + 5,5}{4} \,\frac{\mathrm{W}}{\mathrm{m^2K}} = 7,125 \,\frac{\mathrm{W}}{\mathrm{m^2K}}$$

Damit ergibt sich für den Wärmeübergangswiderstand zur Umgebung mit den bekannten Übergangsflächen jetzt der neue Wert bei natürlicher Luftkühlung

$$R_{GU0} = \frac{1}{\alpha_{K0} \cdot A_K + \alpha_S \cdot A_S} = 0,28369 \,\frac{\mathrm{K}}{\mathrm{W}}$$

mit dem sich die Zeitkonstante für die Abkühlung wieder mit der gesamten Wärmekapazität des Motors berechnet als

$$\tau_0 = R_{GU0} \cdot C_{ges} = 3468,4\,\mathrm{s} \approx 3470\,\mathrm{s} \approx 57,8\ \mathrm{min} \approx 1\,\mathrm{h}$$

Mit der hier maßgebenden Endübertemperatur aus der zuvor betrachteten Erwärmungsphase als Anfangsübertemperatur für die Abkühlung $\Delta\vartheta_0 = \Delta\vartheta_\infty \approx 49$ K gilt für den Temperaturverlauf nach Formel 7.9

$$\Delta\vartheta = \Delta\vartheta_0 \cdot \mathrm{e}^{-\frac{t}{\tau_0}} = 49\,\mathrm{K} \cdot \mathrm{e}^{-\frac{t}{3470\mathrm{s}}}$$

Dieser Temperaturverlauf entspricht, gemäß dem Ein-Körper-Modell, wieder der Gehäusetemperatur der Maschine. Allerdings gleichen sich die inneren Maschinentemperaturen, hier, wegen den kleinen Werten der entsprechenden inneren Wärmewiderstände, einander schnell an, sodass dieser in Bild 8.7 dargestellte Verlauf auch repräsentativ für die anderen Einzeltemperaturen ist.

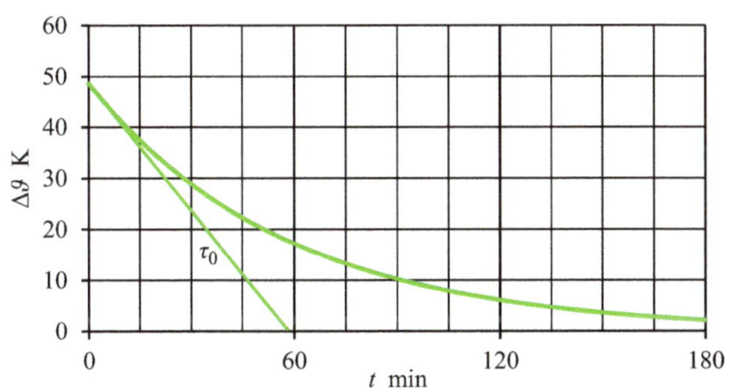

Bild 8.7 Temperaturverlauf nach dem Abschalten im Ein-Körper-Modell

Nach Formel 7.10 kann man jetzt auch die Abkühlzeit dieser Maschine laut Norm angeben, die dann erreicht ist, wenn die Maschinentemperatur nur noch um maximal 2 K größer als die Umgebungstemperatur ist:

$$\Delta t_R \geq \tau_0 \cdot \ln \frac{\Delta\vartheta_0}{2\,\mathrm{K}} = 3470\,\mathrm{s} \cdot \ln \frac{49\,\mathrm{K}}{2\,\mathrm{K}} = 11099\,\mathrm{s} \approx 185\ \mathrm{min} \approx 3\,\mathrm{h}$$

8.2.3 Der Temperatursprung

8.2.3.1 Der Temperatursprung im Normalbetrieb

Wie bereits erwähnt, hat der innere Temperatursprung im Normalbetrieb und bei moderaten Überlastsituationen einen maßgeblichen Einfluss auf die zulässigen Belastungen bzw. deren Einschaltdauern. Daher ist dessen genaue Analyse letztlich auch unverzichtbar.

Dazu ist die Temperaturentwicklung der hier beispielhaft betrachteten Norm-Asynchronmaschine in den ersten 60 Sekunden nochmals vergrößert in Bild 8.8 dargestellt, wonach der Temperatursprung der Statorwicklung $\Delta\vartheta_{TSN} \approx 2{,}23\,\mathrm{K}$ gegenüber dem linearisierten Temperaturanstieg des Statoreisens von rd. 1,8 K/min beträgt.

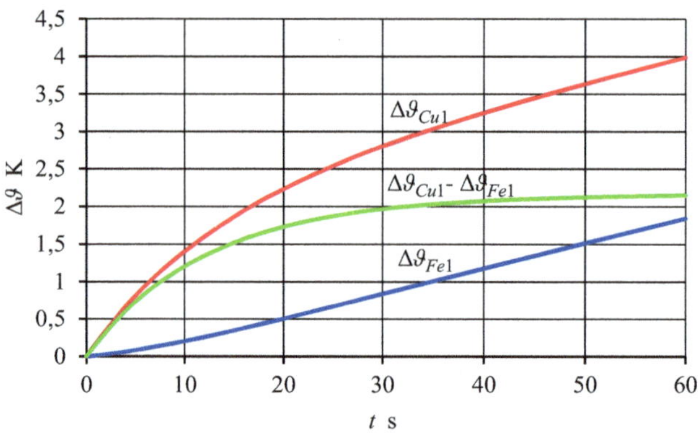

Bild 8.8 Temperaturentwicklung in der unmittelbaren Einschaltphase

Getrieben wird dieser Temperaturanstieg der Statorwicklung von den Verlusten $P_{vCu1} = 169\,\mathrm{W}$, wobei der Anteil

$$P_{vCu1Fe1} = C_{Cu1} \cdot \frac{\mathrm{d}\Delta\vartheta_{Fe1}}{\mathrm{d}t} = 962{,}5\,\frac{\mathrm{Ws}}{\mathrm{K}} \cdot \frac{1{,}8\,\mathrm{K}}{60\,\mathrm{s}} = 28{,}875\,\mathrm{W} \approx 29\,\mathrm{W}$$

allein für den Temperaturanstieg parallel zum Eisenkern erforderlich ist.

Die dann verbleibenden $P_{ivCu1} = 140\,\mathrm{W}$ bewirken somit allein die Temperaturzunahme der Wicklung gegenüber dem Eisenkern, was zu folgendem Wärmewiderstand führt

$$R_{Cu1} = \frac{\Delta\vartheta_{TSN}}{P_{ivCu1}} \approx \frac{2,23\,\mathrm{K}}{140\,\mathrm{W}} = 0,015929\,\frac{\mathrm{K}}{\mathrm{W}}$$

Dieser Wert wird im Wesentlichen bestimmt durch die Reihenschaltung aus

$$R_{1k} = R_{iCu1} + R_{Cu1Fe1} = 0,018474\,\mathrm{K/W}$$

wobei der hier verbleibende Unterschied auf die dabei nicht berücksichtigten parallelen Widerstände der Statorwicklung zu den anderen Motorteilen laut Wärmeschaltbild zurückzuführen ist.

8.2.3.2 Der Temperatursprung im Überlast- bzw. Störfall

Der zuvor angesprochene Unterschied beim wirksamen Wärmewiderstand $R_{1k} \neq R_{Cu1}$ spielt insbesondere bei den später betrachteten Sonderfällen eine Rolle, wenn z. B. bei stillstehender Maschine im Wickelkopfbereich keine intensive Luftbewegung auftritt und die Koppelwiderstände zu den anderen Maschinenteilen somit fast unwirksam sind. Dann muss in diesen Fällen ohnehin, physikalisch korrekt, mit dem Wert R_{1k} anstelle von R_{Cu1} gerechnet werden.

Auch wird der Einfluss dieser Koppelwiderstände in Überlast- bzw. Störfällen dadurch reduziert, dass dabei die Wicklungsverluste quadratisch mit dem Strom ansteigen und sich die Wicklung in deren Folge ja sehr schnell erwärmt. Diese Situationen dürfen daher nur für kurze Zeit bestehen, in denen somit auch nur wenig Wärme über die relativ großen Koppelwiderstände an die anderen Maschinenteile übertragen werden kann.

Daher müssen die Wicklungsverluste im Wesentlichen von ihrer eigenen Wärmekapazität aufgenommen werden, was zu einem vergrößerten, absoluten Temperatursprung im Bemessungsbetrieb führt, der so im Folgenden auch berücksichtigt wird

$$\Delta\vartheta_{TS} = R_{1k} \cdot P_{vCu1} = 0,018474\,\frac{\mathrm{K}}{\mathrm{W}} \cdot 169\,\mathrm{W} = 3,1221\,\mathrm{K} \approx 3,1\,\mathrm{K}$$

8.2.3.3 Kurzschlussversuch zur Messung des Temperatursprunges

Oft sind die Konstruktionsdaten zur Bestimmung der hier benötigten Elemente der thermischen Ersatzschaltung nicht bekannt und müssen in der Praxis dann durch geeignete Messungen bestimmt werden. Bei der hier betrachteten Asynchronmaschine kann dies z. B. im Rahmen des ohnehin üblichen Kurzschlussversuches erfolgen.

Dazu wird die Messung bei blockiertem Rotor ($n = 0$, d. h. ohne interne Luftbewegung) mit soweit reduzierter Spannung durchgeführt, dass etwa der Bemessungsstrom als sog. Kurzschlussstrom fließt. Sofern dieser in der Anfangsphase konstant gehalten wird, lässt sich über die dazu erforderliche temperaturabhängige Klemmenspannung der zeitliche Verlauf der Wicklungstemperatur laut Norm bestimmen.

Bei der hier kleinen Klemmenspannung reduzieren sich die Eisenverluste etwa quadratisch mit der Spannung, wodurch auch der Temperaturanstieg des Statorblechpaketes praktisch verschwindet und dann wegen $\Delta\vartheta_{Fe1} \approx 0$ die oben durchgeführte Korrektur des Ladestromes ohnehin überflüssig wird.

Die Temperatur der Statorwicklung verläuft in dieser Anfangsphase dann nach einer e-Funktion für das beschränkte Wachstum, ähnlich dem in Bild 8.8 dargestellten Verlauf mit dem stationären Endwert bei Bemessungsstrom

$$\Delta\vartheta_{TS} = \Delta\vartheta_{Cu1} - \Delta\vartheta_{Fe1} \approx \Delta\vartheta_{Cu1}$$

Daraus findet man mit den dabei bekannten Wicklungsverlusten den gesuchten Wärmewiderstand

$$R_{1k} \approx \frac{\Delta\vartheta_{TS}}{P_{vCu1}}$$

und aus der dort ebenfalls zu entnehmenden Zeitkonstanten τ''_{Cu1} die Wärmekapazität der Statorwicklung zu

$$C_{Cu1} \approx \frac{\tau''_{Cu1}}{R_{1k}}$$

womit diese Größen dann in der Praxis, auch ohne detaillierte Konstruktionskenntnisse zumindest näherungsweise als bekannt vorausgesetzt werden können.

Dieser Versuch liefert so auch eine Möglichkeit zur Bestimmung der Kenngrößen für das subtransiente thermische Ein-Körper-Modell der Transformatoren und der elektrischen Maschinen, welches bei markanten Überlastungen bzw. bei Störfällen entsprechend Abschnitt 7.4.4 bzw. bei den entsprechenden Beispielen in Abschnitt 8.4 ohnehin vorteilhaft ausgewertet wird.

8.3 Die Asynchronmaschine in unterschiedlichen Betriebsarten

Bei den nun betrachteten Betriebsarten entsprechend Tabelle 1.7 wird die Asynchronmaschine dauerhaft, kurzzeitig oder periodisch eingeschaltet und so belastet, dass sie sich dabei nicht unzulässig erwärmt. Dabei ist man aus wirtschaftlichen Gründen bestrebt, die zulässige Temperatur möglichst auszunutzen, da anderenfalls die Maschine unnötig groß bzw. auch zu teuer ausgeführt wäre.

Aus diesem Grunde wurden daher schon zu Beginn des 20. Jahrhunderts die sog. Betriebsarten als grobes Raster für typische Belastungsabläufe eingeführt, nach dem die Maschinen stets optimal für die konkrete Antriebssituation ausgelegt werden können. Diese damalige Einteilung nach Betriebsarten gilt so weitgehend auch heute noch.

Dabei ist Dauerbetrieb „S1" allgemein die wichtigste Betriebsart und es gilt die Festlegung, dass bei einer fehlenden diesbezüglichen Angabe das Gerät bzw. die Maschine grundsätzlich im Dauerbetrieb einsetzbar ist. Daher wird nachfolgend auch mit dieser wichtigsten Betriebsart begonnen.

Da oftmals keine detaillierten technischen Angaben zum Gerät bzw. der Maschine in der Praxis zur Verfügung stehen, sich aus einfachen Messungen aber doch einige charakteristische Werte des Wärmeschaltbildes bestimmen lassen, werden die nachfolgenden Überlegungen, wie üblich, auf der Basis des transienten Ein-Körper-Modells durchgeführt.

8.3.1 Dauerbetrieb „S1" der Asynchronmaschine

Schaltet man eine anfänglich kalte Asynchronmaschine ein, so erwärmt sie sich durch ihre inneren Verluste und erreicht schließlich einen thermischen Beharrungszustand. In der Betriebsart „S1" darf diese, unter definierten Betriebs- und Umgebungsbedingungen, beliebig lange mit der Bemessungsbelastung laufen, ohne dass sie ihre, laut Isolierstoffklasse festgelegte, zulässige Maximaltemperatur $\Delta\vartheta_{max} \leq \Delta\vartheta_{zul}$ überschreitet.

Dies ist die am häufigsten gewählte Betriebsart und man bezeichnet sie als Dauerbetrieb.

Wird keine Angabe zur Betriebsart gemacht, darf von Dauerbetrieb ausgegangen werden.

8.3.1.1 Erwärmung der Asynchronmaschine im Dauerbetrieb

Diese Situation ist bereits in Abschnitt 8.2.1.2 bei der Einführung des Ein-Körper-Modells ausführlich besprochen und wird daher hier nicht nochmals explizit wiederholt.

Alle dortigen Gleichungen mit den entsprechenden Zahlenwerten und Diagrammen der hier beispielhaft betrachteten Norm-Asynchronmaschine gelten ohne Änderung weiter und der zeitliche Verlauf der Maschinentemperatur ist bereits in Bild 8.6 dargestellt.

8.3.2 Kurzzeitbetrieb „S2" der Asynchronmaschine

Im Kurzzeitbetrieb „S2" darf dem Gerät oder der Maschine innerhalb einer festgelegten Zeit Δt_P eine höhere Leistung P_{S2} entnommen werden. Wegen den dann auch höheren Verlusten P_{vS2} erwärmt sie sich aber schneller und würde schließlich auch ihre zulässige Höchsttemperatur überschreiten. Daher muss sie spätestens nach der vorgegebenen Zeit Δt_P abgeschaltet werden, sodass sie am Belastungsende die zulässige Maximaltemperatur $\Delta\vartheta(\Delta t_P) \leq \Delta\vartheta_{zul}$ noch nicht überschritten hat.

Vor einer erneuten Belastung muss die Maschine hier wieder vollständig abgekühlt sein, was laut Norm dann der Fall ist, wenn ihre Temperatur nur noch um max. 2 K über der des umgebenden Kühlmittels liegt.

8.3.2.1 Erwärmungsphase im Kurzzeitbetrieb

Dabei ist nach Bild 8.4 (unteres Teilbild) zu beachten, dass sich schon im Bemessungsbetrieb die Wicklung anfänglich schneller und auch stärker erwärmt als nach dem Ein-Körper-Modell zu erwarten wäre, was dann in besonderem Maße auch bei dieser Überlastsituation gilt. Wie bereits diskutiert liegt der Grund dafür in den zwar kleinen, aber doch endlichen inneren Wärmewiderständen der Maschine, die im Ein-Körper-Model aber bekanntlich nicht berücksichtigt werden.

Als Konsequenz darf sich die Maschine im Ein-Körper-Modell daher nicht auf die für die Wicklung vorgegebene maximal zulässige Temperatur $\Delta\vartheta_{zul}$ erwärmen, sondern diese muss um den nun quadratisch vergrößerten Temperatursprung $\Delta\vartheta_{TS}$ reduziert werden.

Mit den bekannten Werten aus Abschnitt 8.2.1.2 und Abschnitt 8.2.3.1 für den Dauerbetrieb bei der Bemessungsleistung $P = P_N$

$P_{v2} = 62\,\text{W}$	$P_{vCu1} = 169\,\text{W}$	$P_{vFe1} = 59\,\text{W}$	$P_{vG} = 37\,\text{W}$
$P_{vges} = 327\,\text{W}$	$\Delta\vartheta_\infty \approx 49\,\text{K}$	$\Delta\vartheta_{TS} \approx 3{,}1\,\text{K}$	$\tau \approx 1820\,\text{s}$
$m_K = 4{,}5$	$R_{GU} = 0{,}14881\,\text{K/W}$		

und einer gewünschten Leistungssteigerung z. B. um den Faktor

$$k_{S2} = P_{S2}/P = 2,2$$

ergibt sich bei einer wieder beliebig vorgegebenen, maximal zulässigen Erwärmung um beispielsweise $\Delta\vartheta_{zul} = 80\,\text{K}$ für die maximal zulässige Temperatur im Ein-Körper-Modell

$$\Delta\vartheta_{zul1} = \Delta\vartheta_{zul} - \Delta\vartheta_{TS} \cdot k_{S2}^2 = 64,996\,\text{K} \approx 65\,\text{K}$$

wobei die Maschinenverluste näherungsweise auf den Wert

$$P_{vges\,S2} \approx k_{S2}^2 \cdot \left(P_{vges} - P_{vFe1}\right) + P_{vFe1} \approx 2,2^2 \cdot (327\,\text{W} - 59\,\text{W}) + 59\,\text{W} \approx 1356\,\text{W}$$

ansteigen.

Tatsächlich ändert sich bei einer genaueren Betrachtung nur der Zusatzverlustanteil in den Gehäuseverlusten P_{vG} quadratisch mit k_{S2}, während die dort ebenfalls berücksichtigten Lagerreibungsverluste ja konstant bleiben. Der so auf der sicheren Seite gemachte kleine Fehler wird i. d. R. aber akzeptiert, da die Gehäuseverluste allgemein ja schon vergleichsweise klein sind und der Fehler davon wiederum nur deren Lagerreibungsanteil betrifft.

Mit der dann neuen, theoretischen End-Übertemperatur im S2-Betrieb

$$\Delta\vartheta_{\infty S2} = R_{GU} \cdot P_{vges\,S2} = 0,14881\,\frac{\text{K}}{\text{W}} \cdot 1356\,\text{W} = 201,79\,\text{K} \approx 202\,\text{K}$$

lässt sich somit die maximal mögliche Betriebsdauer durch Umstellung von Formel 7.8 angeben als

$$\Delta t_P \leq \tau \cdot \ln \frac{\Delta\vartheta_{\infty S2}}{\Delta\vartheta_{\infty S2} - \Delta\vartheta_{zul1}} = 706{,}68\,\text{s} \approx 11{,}8\ \text{min}$$

In dem vorgegebenen Zeitraster für die empfohlenen Betriebsdauern im S2-Betrieb laut Norm würde man dann auf der sicheren Seite z. B. den Wert $\Delta t_P = 10$ min wählen, der so auch für die nachfolgende Auswertung berücksichtigt wird.

Dabei verringert sich durch die höhere Belastung das relative Kippmoment der Asynchronmaschine von ihrem ursprünglichen Wert laut Datenblatt von $m_K = M_K/M = 4{,}5$ auf

$$m_{KS2} = \frac{M_K}{M_{S2}} = \frac{M_K}{M} \cdot \frac{M}{M_{S2}} \approx \frac{m_K}{k_{S2}} = \frac{4{,}5}{2{,}2} = 2{,}0455 \approx 2{,}05 < m_K = 4{,}5$$

und es muss dabei stets geprüft werden, ob dieser so zwar thermisch erlaubte Betrieb aus Gründen der Überlastbarkeit überhaupt noch möglich bzw. zulässig ist.

Dabei wird laut Norm für Asynchronmotoren eine Mindestüberlastbarkeit von $m_K \geq 1{,}6$ verlangt, was im vorliegenden Beispiel aber noch gut erfüllt ist.

Wäre die zu erwartende Überlastbarkeit zu klein, müsste schließlich die thermisch zulässige Kurzzeitleistung soweit reduziert werden, bis die geforderte Mindestüberlastbarkeit eingehalten würde. Der Motor bliebe dann bei der ursprünglich vorgegebenen Einschaltdauer Δt_P entsprechend kälter und erreichte seine eigentlich zulässige Temperatur nicht mehr. Alternativ könnte er im Gegenzug dann auch entsprechend länger belastet werden.

Der so bestimmte Verlauf der Verluste und der Motortemperatur während der Belastungsphase im Ein-Körper-Modell ist ganz links in Bild 8.9 dargestellt und man erkennt leicht, dass der Motor bei einem längeren Betrieb mit dieser Überlast sehr schnell und stark überhitzen würde.

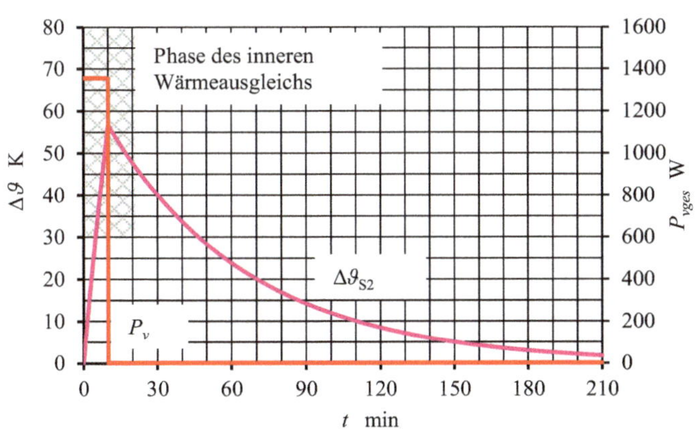

Bild 8.9 Verlust- und Temperaturverlauf beim Kurzzeitbetrieb S2 im Ein-Körper-Modell

Tatsächlich erreicht die Maschine auch in diesem Beispiel, trotz ausreichender Überlastbarkeit, die korrigierte zulässige Übertemperatur von $\Delta\vartheta_{zul1} = 65$ K nicht, da die Belastungsdauer im Sinne der Norm von den theoretisch möglichen 11,8 min auf die dort empfohlenen $\Delta t_P = 10$ min reduziert wurde und man könnte somit hier die Belastung im S2-Betrieb bei Bedarf noch etwas erhöhen.

8.3.2.2 Abkühlphase im Kurzzeitbetrieb

Bei der vereinfachten Betrachtung des Kurzzeitbetriebes im Ein-Körper-Modell hat sich die Asynchronmaschine während der Belastungszeit Δt_P auf höchstens $\Delta\vartheta_{zul1}$ erwärmt und muss dann bis zu ihrer vollständigen Abkühlung abgeschaltet werden.

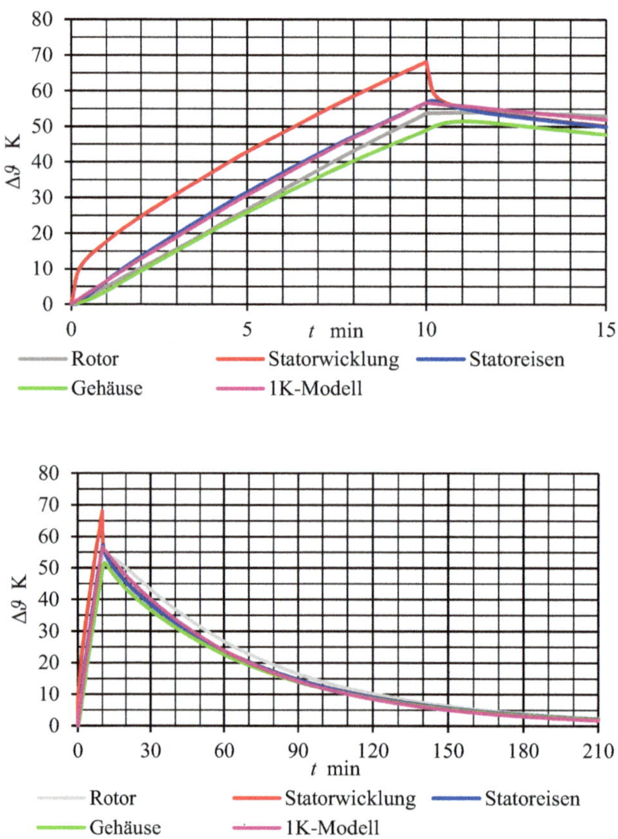

Bild 8.10 Bestätigung zum Ein-Körper-Modell in der Betriebsart S2. Oben: Temperaturverläufe in der Belastungsphase, unten: Temperaturverläufe in der Belastungs- und Abkühlphase insgesamt

Da sich dabei in der Kühlungsart IC4A1A1 auch die Kühlverhältnisse ändern, gilt mit dem dann entsprechend geänderten Wert der thermischen Zeitkonstante $\tau_0 = 3470$ s der stillstehenden Maschine entsprechend Abschnitt 8.2.2 und mit der im Beispiel maximal erreichten Maschinentemperatur

$$\Delta\vartheta_{S2\,max} = \Delta\vartheta_{S2}\,(\Delta t_P) = \Delta\vartheta_{\infty S2} \cdot \left(1 - e^{-\Delta t_P/\tau}\right)$$
$$= 202\,K \cdot \left(1 - e^{-600s/1870s}\right) = 56{,}73\,K \approx 57\,K$$

für den Temperaturverlauf in der Abkühlphase

$$\Delta\vartheta_{S2} = \Delta\vartheta_{S2\,max} \cdot e^{-\frac{t-\Delta t_P}{\tau_0}} = 57\,K \cdot e^{-\frac{t-600s}{3470\,s}}$$

der so auch schon in Bild 8.9 rechts für $t \geq \Delta t_P$ mit dargestellt ist.

Dabei gleichen sich alle inneren Temperaturen über die kleinen Innenwiderstände rasch an, sodass sich in dieser Phase schnell eine fast homogene Temperaturverteilung einstellt und so die Voraussetzungen für das Ein-Körper-Model in idealer Weise erfüllt sind.

Daher lässt sich die einzuhaltende Mindestpausenzeit im S2-Betrieb hier sehr zuverlässig, wie für das Ein-Körper-Model in Abschnitt 7.4.3.2 hergeleitet, mit τ_0 =3470 s zu

$$\Delta t_R \geq \tau_0 \cdot \ln \frac{\Delta\vartheta_{S2\,max}}{2\,K} = 3470\,s \cdot \ln \frac{57\,K}{2\,K} = 11624\,s \approx 194\ min \approx 3{,}2h$$

bestimmen, was so unabhängig auch in Bild 8.9 ablesbar ist.

Zur Bestätigung dieser Betrachtungen im Ein-Körper-Modell wurde der identische S2-Betrieb zusätzlich noch im vollständigen Wärmeschaltbild simuliert und dessen Ergebnisse in Bild 8.10 zum Vergleich mit dargestellt.

8.3.2.3 S2-Betrieb der Asynchronmaschine mit Sonderwicklung

Wird ein Asynchronmotor mit gegebenem Kippmoment M_K im Kurzzeitbetrieb höher belastet, so verringert sich zwangsläufig seine Überlastbarkeit, die je nach Anwendung bzw. laut Norm einen Mindestwert nicht unterschreiten darf. Insbesondere bei sehr kurzer Belastungsdauer legt dann oftmals diese Grenze, und nicht die Übertemperatur, die maximal mögliche Kurzzeitleistung P_{S2} fest.

Daher wird bei diesen Motoren nach Möglichkeit die Betriebsinduktion B in der Maschine gegenüber Ausführungen für den Dauerbetrieb S1, im Rahmen einer zulässigen Sättigungsgrenze, um den Faktor f_S erhöht

$$f_S = \frac{B^*}{B} \approx \left.\frac{U_N^*}{U_N}\right|_{N_1=const.} \approx \left.\frac{N_1}{N_1^*}\right|_{U_1=const.} \geq 1$$

wobei dies im Laborversuch durch eine höhere Betriebsspannung U^*_N bzw. in der Serienfertigung bei der fest vorgegebenen Bemessungsspannung U_N durch eine modifizierte Wicklung mit reduzierter Windungszahl N_1^*, bei entsprechend kupferneutral vergrößertem Leiterquerschnitt, realisiert wird.

Dadurch steigt das Kippmoment der wichtigsten Maschinen etwa wie folgt

$$\frac{M_K^*}{M_K} \approx \begin{matrix} f_S^2 \\ f_S \end{matrix} \quad \text{bei} \quad \begin{matrix} \text{Asynchronmaschinen} \\ \text{Synchronmaschinen} \end{matrix}$$

Dann ergibt sich bei der hier betrachteten Asynchronmaschine mit ihren, aus den vorigen Angaben und Überlegungen bekannten Eigenschaften

$P_{vCu1} = 169\,W$	$P_{vCu2} = 62\,W$	$P_{vFe1} = 59\,W$	$P_{vG} = 37\,W$
$P_{vS2} = 1356\,W$		$\Delta\vartheta_{S2max} \approx 57\,K$	$\tau \approx 1820\,s$
$m_K = 4{,}5$	$m_{KS2} = 2{,}05$		

und einem beispielhaft gewählten Sättigungsfaktor $f_S = 1{,}1$, bei nicht geänderten Werten der Gesamtverluste und demzufolge auch gleicher Übertemperatur am Belastungsende, aus

$$P_{vS2}^* \approx P_{vS2} = f_S^2 \cdot P_{vFe1} + \frac{1}{f_S^2} \cdot \left(P_{vges} - P_{vFe1}\right) \cdot k_{S2}^{*2} = 1356\,\text{W}$$

eine thermisch zulässige Leistungssteigerung um den Faktor

$$k_{S2}^* = \frac{I_{S2}^*}{I} \approx \frac{M_{S2}^*}{M} \approx \frac{P_{S2}^*}{P} \approx f_S \cdot \sqrt{\frac{P_{vS2}^* - f_S^2 \cdot P_{vFe1}}{P_{vges} - P_{vFe1}}} = 2{,}4083 \approx 2{,}4 \geq k_{S2} = 2{,}2$$

bei der neuen Überlastbarkeit

$$m_{KS2}^* = \frac{M_K^*}{M_{S2}^*} = \frac{M_K^*}{M_K} \cdot \frac{M_K}{M} \cdot \frac{M}{M_{S2}^*} \approx f_S^2 \cdot m_K \cdot \frac{1}{k_{S2}^*} = 2{,}2688 \approx 2{,}27 \geq m_{KS2} = 2{,}05$$

Demnach kann der so modifizierte Motor i. d. R. eine höhere Kurzzeitleistung bei einer sogar besseren Überlastbarkeit, im Vergleich zu der für Dauerbetrieb optimierten Basismaschine, abgeben.

Dabei darf der Sättigungsfaktor jedoch nicht unrealistisch groß gewählt werden, da wegen den nichtlinearen Magnetisierungseigenschaften der Elektrobleche sonst die oben berücksichtigten Abhängigkeiten nicht mehr gelten.

Da sich durch diese Wicklungsanpassung theoretisch nur die innere Verlustaufteilung ändert, die Gesamtverluste aber gleichbleiben, ändert sich der Verlust- und Temperaturverlauf nach dem Ein-Körper-Modell gegenüber dem Kurzzeitbetrieb mit Originalwicklung nicht und es gelten dafür auch weiterhin Bild 8.9 und Bild 8.10.

Ebenso wenig ändert sich dann auch die zuvor angegebene Mindestpausendauer.

Tatsächlich sind aber, als Folge der unterschiedlichen Verlustlokalitäten, doch kleine Änderungen der zuvor berechneten Werte zu erwarten. So werden hier die Eisenverluste ja etwas größer und die möglichen Kupferverluste mit der inneren Temperaturdifferenz im Gegenzug kleiner, sodass die mit dem Ein-Körper-Modell unter Berücksichtigung des obigen Temperatursprunges berechneten Werte dadurch sogar leicht auf der sicheren Seite liegen. Diese genauere Analyse erfordert jedoch wieder die Auswertung des vollständigen Wärmeschaltbildes. Dabei sind die Unterschiede aber meist so minimal, dass sich eine Berücksichtigung bzw. Korrektur der inneren Verlustaufteilung nicht lohnt und man mit der zuvor vorgestellten, vereinfachten Auswertung nach dem Ein-Körper-Modell, meist ausreichend genaue Näherungswerte für die praktische Anwendung erhält.

8.3.3 Die Asynchronmaschine in den höheren Betriebsarten

Wie für die zuvor behandelten wichtigsten Betriebsarten ausführlich begründet, kann man das thermische Verhalten von elektrischen Maschinen auch für die höheren Betriebsarten S3 bis S6 auf der Grundlage des transienten Ein-Körper-Modells nach Abschnitt 7.4.3.4 mit praktisch meist ausreichender Genauigkeit beschreiben.

In Sonderfällen ist dabei wieder eine Anpassung der Maschinensättigung entsprechend Abschnitt 8.3.2.3 vorteilhaft, die hier aber nicht nochmals konkret behandelt wird.

Ebenso werden die höheren Betriebsarten S7 bis S10 hier nicht explizit besprochen, da in diesen Fällen die Maschinenauswahl heutzutage bevorzugt mithilfe der thermisch äquivalenten effektiven Momente bzw. Leistungen, entsprechend Abschnitt 8.3.3.5, erfolgt.

In Fortsetzung der Betrachtungen zur Norm-Asynchronmaschine ab Abschnitt 8.2 mit den dort bereits angegebenen bzw. berechneten Eigenschaften werden nachfolgend die möglichen Belastungen mit der jeweiligen Überlastbarkeit für die Betriebsarten S3 bis S6, entsprechend den Ausführungen in Abschnitt 7.4.3.4, angegeben.

Dazu sind vorab nochmals alle relevanten bekannten bzw. vorgegeben Eigenschaften der Asynchronmaschine für den Dauerbetrieb S1 zusammengestellt

$P_{vges} = 327\,\text{W}$	$P_{vFe1} = 59\,\text{W}$	$m_K = 4{,}5$	$k_S = 2$
$R = 0{,}14881\,\text{K/W}$	$R_0 = 0{,}28369\,\text{K/W}$	$C = 12226\,\text{Ws/K}$	
$\Delta\vartheta_{zul} = 80\,\text{K}$	$\Delta\vartheta_{TS} = 3{,}1\,\text{K}$	$\tau = 1820\,\text{s}$	$\tau_0 = 3470\,\text{s}$

wobei, zur Vermeidung einer sonst notwendigen Iteration, für die maximale Überlastung hier pauschal der Faktor $k_S = 2$ beim Temperatursprung berücksichtigt ist.

Alle zusätzlichen betriebsartspezifischen Angaben werden jeweils einleitend in den konkreten Abschnitten ergänzt.

8.3.3.1 S3-Aussetzbetrieb

Mit den dazu zusätzlich spezifischen Vorgabewerten

- $\Delta t_P = 4$ min Belastungsdauer,
- $\Delta t_R = 6$ min Stillstandzeit ohne Verluste,
- $T_C = 10$ min Spieldauer

folgt für die im Mittel zulässige Verlustleistung nach Formel 7.12

$$P_{vm} = \left(\Delta\vartheta_{zul} - k_S^2 \cdot \Delta\vartheta_{TS}\right) \cdot \frac{2C}{T_C} \cdot \frac{R_0 \cdot \Delta t_P + R \cdot \Delta t_R}{2C \cdot R \cdot R_0 + R_0 \cdot \Delta t_P + R \cdot \Delta t_R} = 290,45 \text{ W}$$

Somit dürfen in der Belastungsphase Δt_P nach Formel 7.13 die Verluste

$$P_{v\,S3} = \frac{T_C \cdot P_{vm}}{\Delta t_P} = 726,13 \text{ W}$$

auftreten, mit denen sich für den Faktor der Strom-, Moment- und Leistungssteigerung laut Formel 7.14

$$k_{S3} = \frac{I_{S3}}{I} \approx \frac{M_{S3}}{M} \approx \frac{P_{S3}}{P} \approx \sqrt{\frac{P_{v\,S3} - P_{vFe1}}{P_{vges} - P_{vFe1}}} = 1,5777 \approx 1,58$$

bei einer Überlastbarkeit nach Formel 7.15 von

$$m_{K\,S3} = \frac{M_K}{M_{N\,S3}} = \frac{M_K}{M_N} \cdot \frac{M_N}{M_{N\,S3}} \approx \frac{m_K}{k_{S3}} = 2,8522 \approx 2,85$$

ergibt.

Auch hier, wie in den nachfolgenden Fällen, muss jeweils geprüft werden, ob die so bestimmte Überlastbarkeit jeweils noch ausreichend ist.

Dies ist im vorliegenden Fall mit $m_{KS3} \approx 2,85 > 1,6$ laut Norm aber gut erfüllt.

8.3.3.2 S4-Aussetzbetrieb mit thermisch relevantem Anlauf

Mit den dazu zusätzlich spezifischen Vorgabewerten

- $\Delta t_D = 2$ s Anlaufzeit,
- $P_{vD} = 14,7$ kW mittlere Anlaufverluste,
- $\Delta t_P = 240$ s Belastungsdauer,
- $\Delta t_R = 358$ s Stillstandzeit ohne Verluste,
- $T_C = 10$ min Spieldauer

folgt zunächst analog zum S3-Betrieb für die im Mittel zulässige Verlustleistung

$$P_{vm} = \left(\Delta\vartheta_{zul} - k_S^2 \cdot \Delta\vartheta_{TS}\right) \cdot \frac{2C}{T_C} \cdot \frac{R \cdot (\Delta t_D + \Delta t_R) + R_0 \cdot \Delta t_P}{2C \cdot R \cdot R_0 + R \cdot (\Delta t_D + \Delta t_R) + R_0 \cdot \Delta t_P}$$

$$= 290{,}45\ \text{W}$$

wobei die sehr kurze Anlaufzeit hier, auf der sicheren Seite, mit dem Wärmewiderstand der stillstehenden Maschine R_0 berücksichtigt ist.

Damit dürfen in der Belastungsphase Δt_P die Verluste

$$P_{v\,S4} = \frac{T_C \cdot P_{vm} - \Delta t_D \cdot P_{vD}}{\Delta t_P} = 603{,}63\ \text{W}$$

betragen, mit denen sich für den Faktor der Strom-, Moment- und Leistungssteigerung

$$k_{S4} = \frac{I_{S4}}{I} \approx \frac{M_{S4}}{M} \approx \frac{P_{S4}}{P} \approx \sqrt{\frac{P_{v\,S4} - P_{vFe1}}{P_{vges} - P_{vFe1}}} = 1{,}4255 \approx 1{,}43$$

bei einer Überlastbarkeit

$$m_{K\,S4} = \frac{M_K}{M_{S4}} = \frac{M_K}{M} \cdot \frac{M}{M_{S4}} \approx \frac{m_K}{k_{S4}} = 3{,}1567 \approx 3{,}16$$

ergibt.

Auch hier ist die Mindestüberlastbarkeit laut Norm gut eingehalten.

8.3.3.3 S5-Aussetzbetrieb mit thermisch relevantem Anlauf und Abbremsung

Mit den dazu zusätzlich spezifischen Vorgabewerten

- $\Delta t_F = 1$ s Bremsdauer,
- $P_{vF} = 16{,}2$ kW mittlere Bremsverluste (Gegenfeldbremsen),
- $\Delta t_D = 2$ s Anlaufzeit,
- $P_{vD} = 14{,}7$ kW mittlere Anlaufverluste,
- $\Delta t_P = 240$ s Belastungsdauer,
- $\Delta t_R = 357$ s Stillstandzeit ohne Verluste,
- $T_C = 10$ min Spieldauer

folgt für die im Mittel zulässige Verlustleistung

$$P_{vm} = \left(\Delta\vartheta_{zul} - k_S^2 \cdot \Delta\vartheta_{TS}\right) \cdot \frac{2C}{T_C} \cdot \frac{R \cdot (\Delta t_D + \Delta t_R + \Delta t_F) + R_0 \cdot \Delta t_P}{2C \cdot R \cdot R_0 + R \cdot (\Delta t_D + \Delta t_R + \Delta t_F) + R_0 \cdot \Delta t_P}$$

$$= 290{,}45\ \text{W}$$

wobei hier wieder, auf der sicheren Seite, sowohl die Anlauf- wie auch die Abbremsphase mit der Kühlwirkung der stillstehenden Maschine berücksichtigt sind.

Somit dürfen in der Belastungsphase Δt_P die Verluste den Wert

$$P_{v\,S5} = \frac{T_C \cdot P_{vm} - \Delta t_D \cdot P_{vD} - \Delta t_F \cdot P_{vF}}{\Delta t_P} = 536{,}13\ \mathrm{W}$$

aufweisen, mit denen sich für den Faktor der Strom-, Moment- und Leistungssteigerung

$$k_{S5} = \frac{I_{S5}}{I} \approx \frac{M_{S5}}{M} \approx \frac{P_{S5}}{P} \approx \sqrt{\frac{P_{v\,S5} - P_{vFe1}}{P_{vges} - P_{vFe1}}} = 1{,}3343 \approx 1{,}33$$

bei einer Überlastbarkeit von

$$m_{K\,S5} = \frac{M_K}{M_{S5}} = \frac{M_K}{M} \cdot \frac{M}{M_{S5}} \approx \frac{m_K}{k_{S5}} = 3{,}3726 \approx 3{,}37$$

ergibt.

Wegen der hier im Vergleich zur Betriebsart S4 noch kleineren Leistungssteigerung ist die Mindestüberlastbarkeit laut Norm ebenfalls sicher eingehalten.

8.3.3.4 S6-Durchlaufbetrieb mit periodisch aussetzender Belastung

Mit den dazu zusätzlich spezifischen Vorgabewerten

- $\Delta t_P = 4$ min Belastungsdauer,
- $\Delta t_V = 6$ min Leerlaufzeit,
- $T_C = 10$ min Spieldauer,
- $P_{vV} = 216$ W Leerlaufverluste

folgt, unter Berücksichtigung der dabei stets laufenden Maschine, also mit $R_0 = R$, hier für die im Mittel zulässige Verlustleistung

$$P_{vm} = \left(\Delta\vartheta_{zul} - k_S^2 \cdot \Delta\vartheta_{TS}\right) \cdot \frac{2C}{T_C} \cdot \frac{\Delta t_P + \Delta t_R}{2 \cdot C \cdot R + \Delta t_P + \Delta t_R} = 389{,}97\ \mathrm{W}$$

Damit dürfen in der Belastungsphase Δt_P die Verluste

$$P_{v\,S6} = \frac{T_C \cdot P_{vm} - \Delta t_V \cdot P_{vV}}{\Delta t_P} = 974{,}92\ \mathrm{W}$$

auftreten, mit denen sich für den Faktor der Strom-, Moment- und Leistungssteigerung

$$k_{S6} = \frac{I_{S6}}{I} \approx \frac{M_{S6}}{M} \approx \frac{P_{S6}}{P} \approx \sqrt{\frac{P_{v\,S6} - P_{vFe1}}{P_{vges} - P_{vFe1}}} = 1{,}8487 \approx 1{,}85$$

bei einer Überlastbarkeit von

$$m_{K\,S6} = \frac{M_K}{M_{S6}} = \frac{M_K}{M} \cdot \frac{M}{M_{S6}} \approx \frac{m_K}{k_{S6}} = 2,4342 \approx 2,43$$

ergibt.

Auch dabei wird die Mindestüberlastbarkeit laut Norm gut eingehalten.

8.3.3.5 Höhere Betriebsarten, äquivalente Ersatzleistung

Wie schon in Abschnitt 1.2 angesprochen, sind über die in Tabelle 1.7 aufgeführten Betriebsarten in DIN EN 60034-1 noch weitere Betriebsarten S7 bis S10 definiert, die in der Praxis heutzutage aber eher selten zur Anwendung kommen.

An ihrer Stelle werden zunehmend repräsentative Effektivwerte für das Drehmoment M_{eff} bzw. für die Leistung P_{eff} definiert, die einem thermisch äquivalenten Dauerbetrieb der Maschine entsprechen. Letztere werden dann nach diesen „effektiven Belastungswerten" wieder einfach aus den gut verfügbaren Standardlisten der Normmotoren für Dauerbetrieb ausgewählt.

Die Grundlage dieser Betrachtung beruht auf folgenden Voraussetzungen und Zusammenhängen:

- Sind die Lastspiele T_C kurz im Vergleich zur thermischen Zeitkonstante τ der betreffenden Maschinen, stellt sich im eingeschwungenen Zustand eine näherungsweise konstante Temperatur bzw. Übertemperatur mit leicht sägezahnartigem, periodischem Verlauf ein, deren Niveau proportional zum Mittelwert der Maschinenverluste ist.
- Da insbesondere bei den wichtigsten elektrischen Maschinen in der Industrie und den hier betrachteten Überlastsituationen in den höheren Betriebsarten meist die lastabhängigen Verluste den Hauptanteil der Gesamtverluste darstellen, sind letztere somit näherungsweise proportional zum Quadrat des Stromes.
- Da außerdem der Strom selbst näherungsweise proportional zum Lastmoment ist, wird die Übertemperatur einer Maschine dann durch den quadratischen Mittelwert des Lastmomentes M_{eff}, in der Elektrotechnik allg. als Effektivwert bekannt, bestimmt.
- Ist bei drehenden Maschinen, wie z. B. bei den Synchronmaschinen prinzipiell oder bei den Asynchronmaschinen im Netzbetrieb näherungsweise, darüber hinaus auch die Drehzahl konstant, so kann anstelle des Momentes direkt auch der quadratische Mittelwert der Leistung P_{eff} als thermisch äquivalente Dauerleistung betrachtet werden.
- Letzteres gilt allgemein auch bei den Transformatoren, wo stets die effektive Leistung P_{eff} betrachtet wird.

Somit folgt aus

$$\Delta\vartheta \sim \overline{P_{vges}} \approx \overline{P_{vCu}} \sim I_{eff}^2 \sim M_{eff}^2 \sim P_{eff}^2\Big|_{n\approx\text{const.}}$$

für das thermisch äquivalente Drehmoment

$$M_{eff} = \sqrt{\frac{1}{T_C}\int_0^{T_C} M^2(t)\,\mathrm{d}t} = \sqrt{\frac{1}{T_C}\sum_{\mathrm{k}}\left(M_{\mathrm{k}}^2\cdot\Delta t_{P\mathrm{k}}\right)}$$

während bei der Leistung zusätzlich die aktuelle Drehzahl in der Form

$$P_{eff} = \omega_0\cdot\sqrt{\frac{1}{T_C}\int_0^{T_C}\left(\frac{P(t)}{\omega(t)}\right)^2\cdot\mathrm{d}t} = \omega_0\cdot\sqrt{\frac{1}{T_C}\sum_{\mathrm{k}}\left(\frac{P_{\mathrm{k}}}{\omega_{\mathrm{k}}}\right)^2\cdot\Delta t_{P\mathrm{k}}}$$

zu berücksichtigen ist.

Dabei werden in der Praxis die Belastungsspiele meist durch einzelne Zeitabschnitte $\Delta t_{P\mathrm{k}}$ mit jeweils konstanten Momenten M_{k} bzw. Leistungen P_{k} und Drehzahlen ω_{k} vorgegeben, sodass sich die Integrale, wie bereits zuvor mit angegeben, auch als Summen über den Zählindex k schreiben und so elementar auswerten lassen.

Dabei muss insbesondere bei Asynchron- und Synchronmaschinen mit ihren charakteristischen Kippmomenten im Einzelfall kontrolliert werden, ob diese die zwar jeweils nur kurzzeitig abverlangten Maximalmomente unter Berücksichtigung der geforderten Überlastbarkeit auch tatsächlich entwickeln können.

Die effektive Leistung in der vorigen Gleichung gilt dann bei der im Prinzip beliebig wählbaren Bezugsdrehzahl ω_0, während bei Transformatoren der Zusammenhang, ohne Berücksichtigung von Drehzahlen, direkt für die entnommene Scheinleistung gilt.

Beispiel 8.1

Ein Motor mit der Bemessungsleistung $P_N = 2{,}2$ kW wird bei etwa konstanter Drehzahl wie folgt periodisch belastet:

4 min mit 2 kW, 3,2 min mit 1,5 kW und 2,8 min mit 3 kW.

Das Bemessungsdrehmoment des Motors beträgt 14,5 Nm, sein Kippmoment 64,25 Nm.

a) Zu bestimmen ist die Spieldauer und die äquivalente thermische Dauerleistung.
b) Sind dabei Probleme durch die Überlastbarkeit zu erwarten?
c) Könnte dieser Motor z. B. für nur 10 s auch die Leistung $P_4 = 11$ kW abgeben?
d) Das vorgegebene Lastspiel ist über 1 Zyklusdauer grafisch darzustellen.

Lösung:

a) Die Spieldauer beträgt $T_C = 4\,\text{min} + 3{,}2\,\text{min} + 2{,}8\,\text{min} = 10\,\text{min}$.
Wegen $n \approx \text{const.}$ kann hier die obige Gleichung direkt mit $\omega = 2\pi n = \omega_0 = \omega_k$ für die Leistung ausgewertet werden und es gilt bei den hier abschnittsweise konstanten Leistungen

$$P_{eff} = \sqrt{\frac{1}{10\,\text{min}}\left[(2\,\text{kW})^2 \cdot 4\,\text{min} + (1,5\,\text{kW})^2 \cdot 3,2\,\text{min} + (3\,\text{kW})^2 \cdot 2,8\,\text{min}\right]} = 2,2\,\text{kW}$$

b) Das größte Drehmoment tritt hier im 3. Abschnitt bei der größten Leistung 3 kW auf, das bei der etwa konstanten Drehzahl den Wert

$$M_3 \approx \frac{P_3}{P_N} \cdot M_N = \frac{3\,\text{kW}}{2,2\,\text{kw}} \cdot 14,5\,\text{Nm} = 19,8\,\text{Nm}$$

aufweisen muss.

Damit liegt die Überlastbarkeit mit $m_K = 64{,}25/19{,}8 = 3{,}245$ noch deutlich über dem laut Norm geforderten Mindestwert von 1,6, sodass dieser Betrieb also problemlos möglich ist.

c) Entsprechend der vorigen Überlegung müsste der Motor bei $P_4 = 11\,\text{kW}$ kurzzeitig das Drehmoment

$$M_4 \approx \frac{P_4}{P_N} \cdot M_N = \frac{11\,\text{kW}}{2,2\,\text{kw}} \cdot 14,5\,\text{Nm} = 72,5\,\text{Nm} > M_K = 64,35\,\text{Nm}$$

abgeben, was somit größer als sein Kippmoment wäre.

Dies ist aber aus physikalischen Gründen nicht möglich.

d) Bild 8.11 zeigt dieses Lastspiel und die zugehörige effektive Leistung.

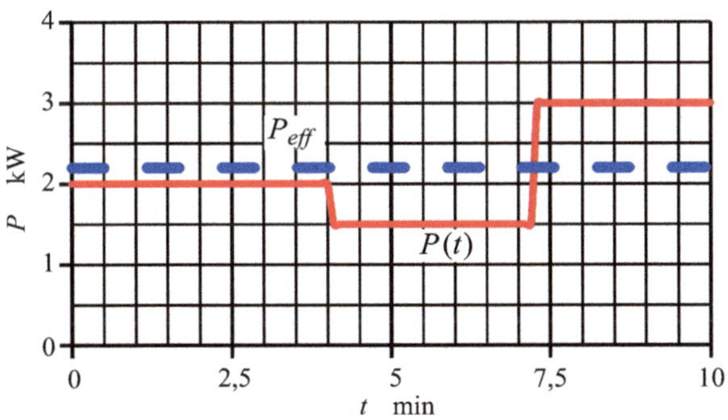

Bild 8.11 Beispiel für die effektive Leistung bei einem einfachen Lastspiel mit $n \approx \text{const.}$

8.4 Erwärmung bei Störfällen, Explosionsschutz

In besonderen Situationen, z. B. zur Vermeidung von Bränden bzw. Explosionen, darf sich auch unter den ungünstigsten möglichen Bedingungen kein Maschinenteil über eine festgelegte zulässige Temperatur, z. B. entsprechend der Temperaturklasse für Explosionsschutz (T-Klasse), hinaus erwärmen. Dies gilt so selbstverständlich auch für die elektrischen Maschinen und Geräte, wenn sie in leicht entzündlichen oder explosionsgefährdeten Umgebungen eingesetzt werden sollen.

Am Beispiel der hier weiterhin betrachteten Asynchronmaschine muss dann der sog. Kurzschlussbetrieb nach Abschnitt 8.2.3.2 bzw. Abschnitt 8.2.3.3, bei dem die Maschine mit blockiertem Rotor jetzt aber an voller Spannung eingeschaltet ist, als besonders kritisch betrachtet werden. Dabei tritt hier die höchste Temperatur in der Statorwicklung auf, weshalb man auch von einer statorkritischen Maschine spricht.

Allgemein gelten kleinere Asynchronmaschinen, wie hier betrachtet, meist als statorkritisch, während große Maschinen üblich eher rotorkritisch sind.

Durch geeignete Abschaltvorrichtungen muss die Maschine dann zuverlässig vom Netz getrennt werden, bevor an irgendeiner Stelle die festgelegte zulässige Temperatur überschritten wird. Maßgebend ist in diesen Fällen das verfügbare Abschaltzeitfenster, bevor die Statorwicklung die festgelegte bzw. vorgegebene Grenztemperatur erreicht.

Dieses Zeitfenster kann wieder mithilfe der thermischen Ersatzschaltung abgeschätzt werden, wobei hier im allgemeinen Fall die Auswertung des vollständigen Wärmeschaltbildes nach Bild 7.5 empfohlen wird, deren Ergebnisse daher nachfolgend stets wieder als Vergleichs- bzw. Kontrollwerte mit angegeben sind.

Wie schon in Abschnitt 8.2.3 zum Temperatursprung angesprochen, sind dazu aber oftmals nicht alle konstruktiven Details zur Auswertung des vollständigen Wärmeschaltbildes bekannt. Dann lassen sich zumindest die maßgebenden Elemente des subtransienten Wärmeschaltbildes nach Bild 7.12, wie unter Abschnitt 8.2.3.3 angegeben, aus Prüffeldmessungen bestimmen und dieses, wie nachfolgend gezeigt, quantitativ auswerten.

8.4.1 Asynchronmotor mit blockiertem Rotor an voller Betriebsspannung

Dieser Störfall muss insbesondere bei explosionsgeschützten Ausführungen zwingend kontrolliert werden.

Ausgehend vom subtransienten Ein-Körper-Modell für die Statorwicklung nach Bild 7.12, mit den hier relevanten Maschineneigenschaften

$P_{vCu1} = 169\,\text{W}, \quad R_{1k} = 0{,}018474\,\text{K/W}, \quad C_{Cu1} = 962{,}5\,\text{Ws/K},$

folgt bei einem Anlaufstromverhältnis $I_A/I_N = 9{,}1$ der Maschine laut Datenblatt dann für die in der Statorwicklung des Motors bei blockiertem Rotor an voller Betriebsspannung auftretenden Verluste

$$P_{vCu1k} \approx P_{vCu1} \cdot \left(\frac{I_A}{I_N}\right)^2 \approx 169\,\text{W} \cdot 9{,}1^2 \approx 13995\,\text{W} \approx 14\,\text{kW}$$

Weiterhin lässt sich nach Formel 7.18 mit der dabei wirksamen, subtransienten Zeitkonstanten

$$\tau''_{Cu1} = R_{1k} \cdot C_{Cu1} = 0,018474\,\mathrm{K/W} \cdot 962,5\,\mathrm{Ws/K} = 17,781\,\mathrm{s}$$

und der theoretischen Endübertemperatur entsprechend Formel 7.6

$$\Delta\vartheta_{Cu1k\infty} \approx P_{vCu1k} \cdot R_{1k} \approx 13995\,\mathrm{W} \cdot 0,018474\,\mathrm{K/W} = 258,54\,\mathrm{K} \approx 259\,\mathrm{K}$$

der Verlauf der Wicklungsübertemperatur angeben als

$$\Delta\vartheta_{Cu1}(t) \approx \Delta\vartheta_{Cu1k\infty} \cdot \left(1 - \mathrm{e}^{-\frac{t}{\tau''_{Cu1}}}\right) = 259\,\mathrm{K} \cdot \left(1 - \mathrm{e}^{-\frac{t}{17,781\mathrm{s}}}\right)$$

Dieser ist so, zusammen mit den entsprechenden Temperaturverläufen des vollständigen Wärmeschaltbildes, in Bild 8.12 für die hier allein interessierende Anfangsphase des Erwärmungsvorganges dargestellt.

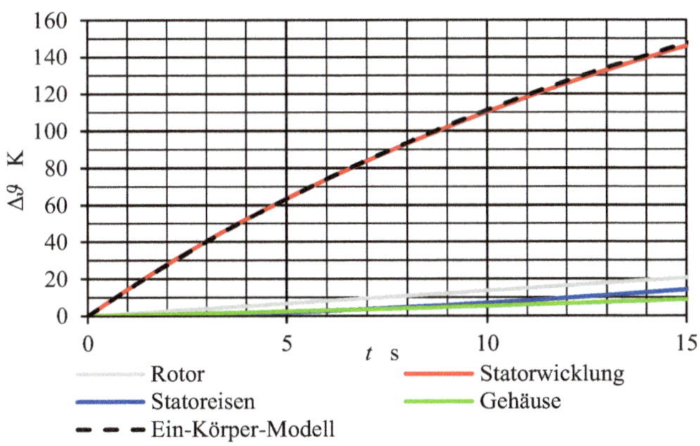

Bild 8.12 Temperaturverlauf in der Asynchronmaschine bei blockiertem Rotor

Dabei verläuft die Wicklungstemperatur nach beiden Verfahren praktisch deckungsgleich, sodass zur Unterscheidung in Bild 8.12 der Verlauf nach dem Ein-Körper-Modell hier gestrichelt und in einer anderen Farbe (schwarz) dargestellt ist. Außerdem bestätigt sich die Annahme, wonach sich die Statorwicklung in der Anfangsphase weitgehend unabhängig von der quasi kalt bleibenden restlichen Maschine erwärmt.

Ziel dieser Überlegungen ist die zuverlässige Angabe einer maximalen Störungsdauer, ohne dass sich die hier kritische Statorwicklung unzulässig erwärmt und dabei einen vorgegebenen Temperaturwert ϑ_{zul} überschreitet.

Betrachtet man beispielsweise den Einsatz dieses Motors in der Temperaturklasse T4 mit $\vartheta_{zul} \leq 135°\mathrm{C}$ bei einer max. zulässigen Umgebungstemperatur $\vartheta_{Umax} = 40°\mathrm{C}$, so darf hier die zulässige Übertemperatur der Statorwicklung um lediglich

$$\Delta\vartheta_{Cu1zul} = \vartheta_{zul} - \vartheta_{U\max} = 95\,\mathrm{K}$$

ansteigen.

Im Vergleich zur oben bestimmten theoretischen Endübertemperatur $\Delta\vartheta_{Cu1k\infty} \approx 259\,K$ ist damit sofort ersichtlich, dass sich hier der Temperatursprung nicht voll ausbilden darf und somit die Voraussetzungen für die subtransiente Näherung vorliegen.

Zur Einhaltung der Temperaturklasse T4 muss bei diesem Störfall demnach die zunächst kalte Maschine dann spätestens nach

$$t_{\max} = \tau''_{Cu1} \cdot \ln \frac{\Delta\vartheta_{Cu1k\infty}}{\Delta\vartheta_{Cu1k\infty} - \Delta\vartheta_{Cu1zul}} = 17,781\,\mathrm{s} \cdot \ln \frac{259\,\mathrm{K}}{259\,\mathrm{K} - 95\,\mathrm{K}} = 8,1252\,\mathrm{s} \approx 8\,\mathrm{s}$$

abgeschaltet werden, was so auch dem Diagramm in Bild 8.12 zu entnehmen ist.

Noch enger wird dieses Zeitfenster, wenn die Maschine beim Eintreten des Störfalles bereits eine Übertemperatur, z. B. durch einen vorherigen Normalbetrieb, aufweist.

Tritt dieser Störfall z. B. bei der zuvor voll belasteten, betriebswarmen Maschine ($\Delta\vartheta_{Cu1N} \approx 56\,K$) in maximaler Umgebungstemperatur ($\vartheta_{Umax} = 40°C$) auf, so muss diese sogar schon nach

$$\begin{aligned} t_{\max N} &= \tau''_{Cu1} \cdot \ln \frac{\Delta\vartheta_{Cu1k\infty} - \Delta\vartheta_{Cu1N}}{\Delta\vartheta_{Cu1k\infty} - \Delta\vartheta_{Cu1zul}} \\ &= 17,781\,\mathrm{s} \cdot \ln \frac{259\,\mathrm{K} - 56\,\mathrm{K}}{259\,\mathrm{K} - 95\,\mathrm{K}} = 3,7934\,\mathrm{s} \approx 3,7\,\mathrm{s} \end{aligned}$$

abgeschaltet sein.

8.4.2 Schweranlauf beim Asynchronmotor

Bereits in den Betriebsarten S4 und S5 wird der Hochlauf der Asynchronmaschine nach dem Einschalten als temperaturrelevant berücksichtigt, wobei die Hochlaufzeit dort aber deutlich kleiner als die subtransiente Zeitkonstante der Statorwicklung $\Delta t_D \ll \tau''_{Cu1}$ bleibt. Gleiches gilt in der Betriebsart S5 auch für die Abbremsphase $\Delta t_F \ll \tau''_{Cu1}$.

In beiden Fällen sind diese Überlastphasen daher so kurz, dass sie zwar die mittleren Verluste eines Lastspiels und damit auch die mittlere Übertemperatur beeinflussen, dabei aber die Wicklungstemperatur nur begrenzt erhöhen.

Ganz anders ist nun die Situation beim hier betrachteten Schweranlauf, wo der Hochlauf durchaus bis in den Minutenbereich dauern und sich der subtransiente Temperatursprung daher von teilweise bis vollständig ausbilden kann.

Als Kriterium gilt dabei wieder die subtransiente Zeitkonstante τ''_{Cu} der temperaturkritischen Wicklung im Vergleich zur fraglichen Hochlaufzeit Δt_D:

- Ist letztere kleiner bis höchstens gleich dieser Zeitkonstante $\Delta t_D \leq \tau''_{Cu}$, so kann hier der Hochlauf zuverlässig auf der Basis des subtransienten Wärmeschaltbildes nach Abschnitt 8.4.1 behandelt werden.
- Im Übergangsbereich $\tau''_{Cu} < \Delta t_D < 3 \cdot \tau''_{Cu}$ wird eine Analyse nach dem vollständigen Wärmeschaltbild empfohlen.
- Im Fall großer Anlaufzeiten $\Delta t_D \gg \tau''_{Cu}$ geht man dagegen von einem voll ausgeprägten Temperatursprung aus und rechnet mit dem klassischen Ein-Körper-Modell der Vollmaschine gemäß Abschnitt 8.2.1.2 und Abschnitt 8.3.2.1.

Wird ein Motor zum Hochlauf einer Last mit großem Trägheitsmoment eingesetzt, verlängert sich dabei die Anlauf- bzw. Hochlaufzeit. Je nach Motorkonzept nimmt er in dieser Phase einen hohen Strom auf, der z. B. bei den wichtigen Asynchronmaschinen über einen Großteil der Anlaufzeit etwa in der Größenordnung des Anlauf- bzw. Kurzschlussstromes bleibt und sich erst in der Nähe der Enddrehzahl dem normalen Laststrom annähert.

Diese besondere Situation lässt sich, nach der zuvor angegebenen Fallunterscheidung, somit wieder meistens auf der Basis eines Ein-Körper-Modells, entweder subtransient für die temperaturkritische Wicklung bzw. transient für die Vollmaschine, analysieren. Lediglich im Übergangsbereich wird eine Auswertung des vollständigen Wärmeschaltbildes zur Festlegung der maximal zulässigen Anlaufzeit hinsichtlich der Wicklungserwärmung empfohlen.

Dabei werden zur Reduzierung des Anlaufstromes, z. B. gemäß den Vorgaben der Netzversorger, in der Praxis unterschiedliche Strategien angewendet, von denen der Stern-Dreieck-Anlauf bei kleineren bis mittleren Motorleistungen oder aber ein Anlauf über sog. Anlass-Transformatoren bei Großmaschinen am gebräuchlichsten sind.

So reduzieren sich beim Stern-Dreieck-Anlauf die Wicklungsströme um den Faktor ca. $\sqrt{3}$, wodurch die Anlaufverluste dann auf rd. 1/3 ihres Wertes beim direkten Einschalten zurückgehen. Dadurch verlängert sich das verfügbare Anlauf-Zeitfenster deutlich, was allerdings durch ein dabei ebenfalls auf etwa 1/3 zurückgehendes Hochlaufmoment erkauft werden muss.

Mit Anlass-Transformatoren lassen sich diese Werte in einem weiten Bereich durch das gewählte Übersetzungsverhältnis anpassen, wobei diese bei Bedarf auch mehrstufig ausgeführt werden können. Auch werden sie aus Platz- und Kostengründen üblich als Spartransformatoren für Kurzzeitbetrieb gebaut.

Oftmals lassen sich derartige Situationen bei direktem Netzbetrieb mit Standard- bzw. Normmotoren nicht mehr beherrschen und man muss dann dafür speziell ausgelegte Sondermaschinen für Schweranlauf einsetzen.

Alternativ kann man heutzutage den Anlaufstrom mithilfe zusätzlicher Leistungselektronik (Sanftanlasser, Umrichter) z. B. auf den Bemessungsstrom begrenzen, sodass der Motor dann, ohne Überlast, bei ebenfalls reduziertem bzw. mit seinem Bemessungsdrehmoment hochläuft. Allerdings dauert der Hochlauf dadurch i. d. R. meist auch deutlich länger.

Da dann bei sehr großen Anlaufzeiten eine Eigenbelüftung des Motors, gerade in der kritischen Anfangsphase bei niedrigen Drehzahlen, praktisch wirkungslos bleibt, kann hier eine Fremdbelüftung hilfreich oder sogar notwendig werden.

8.4.3 Kurzschluss bei Transformatoren

Bei Transformatoren mit ihren charakteristischen Kurzschlussspannungen im Bereich von $u_k \approx 2\text{–}15\,\%$ steigt der Kurzschlussstrom bei voller Betriebsspannung bekanntlich um den Faktor $1/u_k$ gegenüber dem Bemessungsstrom an, sodass die quadratisch mit dem Strom steigenden Wicklungsverluste gemäß

$$P_{vk} \approx \frac{P_{vN}}{u_k^2}$$

hier besonders hohe Werte annehmen können. Dabei bedeuten P_{vN} die Verluste der betreffenden Wicklungen im Bemessungsbetrieb.

Solche Situationen dürfen daher nur für sehr kurze Zeit bestehen, in denen somit auch keine wesentliche Wärmeabgabe an die Wicklungsumgebung möglich ist.

Die auftretenden Kurzschlussverluste müssen dann praktisch ausschließlich in der eigenen Wicklungs-Wärmekapazität C_{Cu} gespeichert werden, wobei sich diese adiabatisch, also in Form eines isolierten thermischen Systems, gemäß Formel 7.20 mit der Rate

$$\frac{\mathrm{d}\vartheta}{\mathrm{d}t} = \frac{P_{vk}}{C_{Cu}} \approx \frac{P_{vN}}{u_k^2 \cdot C_{Cu}}$$

sehr schnell erwärmt.

Entscheidend ist dabei der zuvor angegebene Temperaturanstieg in K/s, aus dem sich dann die entsprechenden Schutzmaßnahmen bzw. Abschaltzeiten ableiten.

Als Beispiel wird dazu wieder der Verteilertransformator ähnlich Bild 1.1 links mit seiner relativen Kurzschlussspannung $u_k = 4\,\%$ betrachtet, für dessen Sekundärwicklung schon in Beispiel 6.23 die Werte

$m_{CuS} = 65{,}4\,\text{kg}$, $C_{CuS} = 25\,189\,\text{Ws/K}$ und $P_{vNS} = 1348\,\text{W}$

angegeben bzw. berechnet sind.

Damit ergibt sich für die beim allpoligen Kurzschluss von einer Sekundärwicklung aufgenommene Verlustleistung

$$P_{vkS} \approx \frac{P_{vNS}}{u_k^2} = \frac{1348\,\text{W}}{0{,}04^2} = 842500\,\text{W} = 842{,}5\,\text{kW}$$

die dort zu einem Temperaturanstieg von

$$\frac{\mathrm{d}\vartheta_S}{\mathrm{d}t} = \frac{P_{vkS}}{C_{CuS}} = \frac{842500\,\mathrm{W}}{25189\,\mathrm{Ws/K}} = 33,447\,\mathrm{K/s}$$

in jeder der drei Sekundärwicklungen führt.

Hinweis: Je nach Schaltgruppe des Transformators können sich bei ein- bzw. zweipoligen Kurzschlüssen auch asymmetrische Stromverteilungen und Temperaturanstiege in den einzelnen Wicklungen ergeben.

Abschließend soll auch noch der Temperaturanstieg der Primärwicklung dieses Verteilertransformators beim allpoligen Kurzschluss kontrolliert werden.

Dazu bestimmt man zunächst deren Kupfermasse aus den dafür bekannten Wicklungsabmessungen d_{iP} = 0,38 m, d_{aP} = 0,43 m, h_P = 0,55 m und dem aus Bild 6.6 für Kupferlackdraht des Drahtdurchmessers d_{Cu} = 2,5 mm entnommenen Füllfaktor f_{CuP} = 0,67 mit der Kupferdichte ρ_{Cu} = 8900 kg/m^3 analog zu Beispiel 6.23 zu

$$m_{CuP} = \frac{\pi}{4} \cdot \left[(0,43\,\mathrm{m})^2 - (0,38\,\mathrm{m})^2\right] \cdot 0,55\,\mathrm{m} \cdot 0,67 \cdot 8900\,\mathrm{kg/m^3} = 104,32\,\mathrm{kg}$$

Mit der spezifischen Wärme von Kupfer c_{Cu} = 385 Ws/(kg·K) ergibt sich daraus die Wärmekapazität der Primärwicklung, wieder ohne Isolationsanteil

$$C_{CuP} = 104,32\,\mathrm{kg} \cdot 385\,\mathrm{Ws/kgK} = 40163\,\mathrm{Ws/K}$$

Die Kurzschlussverluste in einer Primärwicklung steigen, analog zur Sekundärwicklung, umgekehrt quadratisch mit der relativen Kurzschlussspannung von P_{vNP} =1820 W daher auf

$$P_{vkP} \approx \frac{P_{vNP}}{u_k^2} = \frac{1820\,\mathrm{W}}{0,04^2} = 1137500\,\mathrm{W} = 1137,5\,\mathrm{kW}$$

mit denen sich dann der primäre Temperaturanstieg zu

$$\frac{\mathrm{d}\vartheta_P}{\mathrm{d}t} = \frac{P_{vkP}}{C_{CuP}} = \frac{1137500\,\mathrm{W}}{40163\,\mathrm{Ws/K}} = 28,322\,\mathrm{K/s}$$

berechnet.

Demnach erwärmen sich die Primärwicklungen beim allpoligen Kurzschluss nur minimal langsamer als die innen liegenden Sekundärwicklungen, wobei aber sofort klar wird, dass hier im Störfall, bei einem ggf. schon betriebswarmen Transformator, zur Einhaltung von vorgegebenen Temperaturgrenzen nur sehr wenig Zeit bleibt.

9 Lösungen

Aufgabe 1.1

Für die Isolierstoffe der Isolierstoffklasse F gilt: $TI = 155°C$, $T_{1/2} = 10\,K$, $t_{LN} = 20000\,h$

Vorgabe $\vartheta = 185°C$

Damit folgt nach Formel 1.1:

$$t_L = t_{LN} \cdot 2^{-\frac{\vartheta - TI}{T_{1/2}}} = 20000\,\text{h} \cdot 2^{-\frac{185°\text{C} - 155°\text{C}}{10\text{K}}} = 20000\,\text{h} \cdot 2^{-3} = 2500\,\text{h} \approx 3,5\,\text{Monate}$$

Man kann somit nach rd. 3,5 Monaten mit einem Ergebnis rechnen.

Aufgabe 4.1

a) Es gilt die rechte Spalte in Tabelle 4.1

b) Aus $S^*/S = k^3$ folgt dann für $k = \sqrt[3]{S^*/S} = \sqrt[3]{2} = 1,2599 \approx 1,26$

c) Masse und Materialkosten steigen mit k^3, d. h. sie verdoppeln sich ebenfalls.

Aufgabe 6.1

Wegen der geringen Dicke im Vergleich zu den anderen Abmessungen ist eine Betrachtung als ebene Wand zulässig, sodass mit Formel 6.11 für den gesuchten Wärmewiderstand gilt

$$R = \frac{l}{\lambda A} = \frac{0,3\,\text{mm}}{0,2\frac{\text{W}}{\text{m}\cdot\text{K}} \cdot 36 \cdot 0,04\,\text{m} \cdot 0,14\,\text{m}} = 0,0074405\frac{\text{K}}{\text{W}}$$

Aufgabe 6.2

Nach Tabelle 3.1 beträgt die Wärmeleitfähigkeit für die AlSi-Legierung 159 W/(m·K).

Damit folgt nach Formel 6.12 für den radialen Wärmewiderstand

$$R = \frac{1}{2\,\pi\, l\lambda} \cdot \ln\frac{r_a}{r_i} = \frac{1}{2\,\pi \cdot 0,16\,\mathrm{m} \cdot 159\frac{\mathrm{W}}{\mathrm{m \cdot K}}} \cdot \ln\frac{80\,\mathrm{mm}}{75\,\mathrm{mm}} = 0,00046144\frac{\mathrm{K}}{\mathrm{W}}$$

Aufgabe 6.3

Die gesuchten Werte können direkt im unteren Teilbild von Bild 6.7b entnommen werden:

- möglicher Füllfaktor 72 %,
- mittlere Wärmeleitfähigkeit ca. 1,25 W/(m·K).

Aufgabe 6.4

Nach Formel 6.20 berechnet sich die mittlere Kühlmitteltemperatur zu
$\vartheta_m = \frac{\vartheta_W+\vartheta_U}{2} = \frac{100°\mathrm{C}+40°\mathrm{C}}{2} = 70°\mathrm{C}$, wobei die Temperaturdifferenz den Wert
$\Delta\vartheta = \vartheta_W - \vartheta_U = 100°\mathrm{C} - 40°\mathrm{C} = 60\,\mathrm{K}$ aufweist.

Damit berechnet sich dann die Wärmeübergangszahl im Kühlkanal nach Formel 6.23 zu

$$\alpha_K \approx 5\frac{\mathrm{W}}{\mathrm{m^2K}} \cdot \left(\frac{333\,\mathrm{K}}{273\,\mathrm{K} + 70°\mathrm{C}}\right)^{1,023} \cdot \left(\frac{60\,\mathrm{K}}{60\,\mathrm{K}}\right)^{0,469} \cdot \left(\frac{0,5\,\mathrm{m}}{0,6\,\mathrm{m}}\right)^{0,236} = 4,6466\frac{\mathrm{W}}{\mathrm{m^2K}}$$

Aufgabe 6.5

Strahlung kann hier vernachlässigt werden.

Mit der Wärmeübergangszahl nach Formel 6.39

$$\alpha_K \approx 300\frac{\mathrm{W}}{\mathrm{m^2K}} \cdot \left(\frac{75°\mathrm{C}}{60°\mathrm{C}}\right)^{0,701} \cdot (1)^{0,206} \cdot (1,2)^{0,844} = 409,15\frac{\mathrm{W}}{\mathrm{m^2K}}$$

folgt für den Wärmewiderstand

$$R_{Ki} = \frac{1}{\alpha_K\,\mathrm{A}_i} = \frac{1}{409,15\,\mathrm{W/(m^2K)} \cdot 4,5\,\mathrm{m^2}} = 0,00054313\frac{\mathrm{K}}{\mathrm{W}}$$

und damit schließlich für die Temperaturdifferenz

$$\Delta\vartheta = R_{Ki} \cdot P_{vges} = 0,00054313\frac{\mathrm{K}}{\mathrm{W}} \cdot 9800\,\mathrm{W} = 5,3227\,\mathrm{K} \approx 5,3\,\mathrm{K}$$

Aufgabe 6.6

a) Unter Beibehaltung der konstruktiven Vorgaben aus Beispiel 6.16 folgt mit der geänderten Drehzahl nach Formel 6.46

$$\alpha_L \approx 1,2 \cdot \text{Max}\left\{27 \cdot \tfrac{1}{0,3} \quad \text{oder} \quad 0,29 \cdot (2556)^{0,508} \cdot (90)^{0,254} \cdot \left(\tfrac{1}{0,3}\right)^{0,238}\right\} \tfrac{\text{W}}{\text{m}^2\text{K}}$$
$$\approx 1,2 \cdot \text{Max}\{90 \quad \text{oder} \quad 65,15\} \tfrac{\text{W}}{\text{m}^2\text{K}} \approx 108 \tfrac{\text{W}}{\text{m}^2\text{K}}$$

hier keine Änderung der Wärmeübergangszahl, sodass sich dadurch auch der Wärmeübergang über den Luftspalt nicht ändert.

b) Für die gesuchte Mindestdrehzahl müssen beide Werte in der geschweiften Klammer bei Luftkühlung nach Formel 6.46 gleich groß sein

$$27 \cdot \tfrac{\text{mm}}{\delta} = \tfrac{27}{0,3} = 90 = 0,29 \cdot \left(\tfrac{n}{\text{min}^{-1}}\right)^{0,508} \cdot \left(\tfrac{d_\delta}{\text{mm}}\right)^{0,254} \cdot \left(\tfrac{\text{mm}}{\delta}\right)^{0,238}$$
$$= 0,29 \cdot \left(\tfrac{n}{\text{min}^{-1}}\right)^{0,508} \cdot (90)^{0,254} \cdot \left(\tfrac{1}{0,3}\right)^{0,238} = 1,2112 \cdot \left(\tfrac{n}{\text{min}^{-1}}\right)^{0,508}$$

Daraus findet man die gesuchte Mindestdrehzahl zu

$$n_{\text{min}} = \left(\frac{90}{1,2112}\right)^{1/0,508} \text{min}^{-1} = 4820,7\ \text{min}^{-1} \approx 4821\ \text{min}^{-1}$$

Aufgabe 6.7

a) Mit den Wärmewiderständen $R_K = 0{,}181$ K/W aus Beispiel 6.18 und $R_S = 0{,}97948$ K/W aus Beispiel 6.19 berechnet sich der Gesamtwiderstand als Parallelschaltung der beiden Werte zu

$$R_{GU} = \frac{R_K \cdot R_S}{R_K + R_S} = \frac{0,181\ \text{K/W} \cdot 0,97948\ \text{K/W}}{0,181\ \text{K/W} + 0,97948\ \text{K/W}} = 0,15277\ \text{K/W}$$

b) Mit der vorgegebenen Übertemperatur $\Delta\vartheta = \vartheta_G - \vartheta_U = 75°\text{C} - 25°\text{C} = 50\,\text{K}$ erfordert dies nach Formel 6.2 eine Verlustleistung von

$$P_v = \frac{\Delta\vartheta}{R_{GU}} = \frac{50\,\text{K}}{0,15277\ \text{K/W}} = 327,29\,\text{W} \approx 327\,\text{W}$$

Aufgabe 6.8

Beim genannten Wärmewiderstand erfordert die Aufnahme der Verluste nach Formel 6.2 eine Temperaturdifferenz

$$\Delta\vartheta_P = R_P \cdot P_{vP} = 0{,}01 \frac{\mathrm{K}}{\mathrm{W}} \cdot 1820\,\mathrm{W} = 18{,}2\,\mathrm{K}$$

sodass die Öltemperatur um diesen Wert niedriger als die Wicklungsoberfläche sein muss und somit die Temperatur

$$\vartheta_{\ddot{O}l} = \vartheta_P - \Delta\vartheta_P = 60°\mathrm{C} - 18{,}2\,\mathrm{K} = 41{,}8°\mathrm{C}$$

aufweist.

Für die mittlere Kühlmitteltemperatur gilt dann nach Formel 6.2

$$\vartheta_m = \frac{\vartheta_P + \vartheta_{\ddot{O}l}}{2} = \frac{60°\mathrm{C} + 41{,}8°\mathrm{C}}{2} = 50{,}9°\mathrm{C}$$

was somit gut mit dem angenommenen Wert übereinstimmt und daher keine Korrektur erfordert.

10 Quellen

Hinweis: Die Quellen für die in Kapitel 3 aufgelisteten Materialeigenschaften sind, zur besseren Zuordnung, dort direkt bei den einzelnen Tabellen angegeben.

[1] DIN EN 60076-2

[2] *https://de.wikipedia.org/wiki/Kühlung*

[3] DIN EN 60034-6

[4] DIN EN 60034-1

[5] DIN EN 60085

[6] DIN EN 60076-11

[7] Fischer, R., Nolle, E., Elektrische Maschinen, 18. Aufl., Hanser, München 2021

[8] Nolle, E., Vorlesung Elektrische Maschinen, Hochschule Esslingen

[9] Nolle, E., Seminare Elektrische Maschinen und Antriebe: Erwärmung und Kühlung, TAE – Technische Akademie Esslingen

[10] Gotter, G., Erwärmung und Kühlung elektrischer Maschinen, Springer, Berlin 1954

[11] Herwig, H., Moschallski, A., Wärmeübertragung, Vieweg, Wiesbaden 2006

[12] Baehr, H. D., Stephan, K., Wärme- und Stoffübertragung, 4. Aufl., Springer, Berlin 2004

[13] DIN VDE 0530-17 (zwischenzeitlich zurückgezogen)

[14] Bauer D., Dissertation „Verlustanalyse bei elektrischen Maschinen für Elektro- und Hybridfahrzeuge zur Weiterverarbeitung in thermischen Netzwerkmodellen", Univ. Stuttgart 2017

[15] VDI-Wärmeatlas, 9. Aufl., Springer, Berlin 2002

[16] Firmenangabe: pro Kühlsole GmbH, Maurerstr. 46, 52477 Alsdorf

[17] Howey, D. A., Childs, P. R. N., Holmes, A. S., Fachbeitrag „Air-Gap Convection in Rotating Electrical Machines", IEEE Transactions, Volume 59, Issue 3, 3/2012

[18] Staton, D., Präsentation: Electric Motor Cooling, IDEM, Berlin 2014

Index

A

Abkühlung *140*
– vollständig Norm *148*
Abkühlzeit, Abkühldauer *142*
Abschaltvorrichtung *158*
Abschaltzeit *162*
Abschaltzeitfenster *158*
adiabatisches System *125*
Analyseverfahren *101*
Anfangsphase *138, 159*
Anfangsübertemperatur *141*
Anlass-Transformatoren *161*
Anlaufstrom, Reduzierung *161*
Anlaufstromverhältnis *158*
asymmetrische Stromverteilung *163*
asymmetrische Temperaturverteilung *132*
Asynchronmaschine *105*
– Betriebsarten *144*
– Datenblattangaben *134*
– Elemente Wärmeschaltbild *135*
– Erwärmung *134*
– FEM-Analyse *136*
– Formelzeichen *106*
– Prüffeldmessungen *134*
– Sonderwicklung *149*
– thermische Situation *105*
– Wärmeschaltbild leicht vereinfacht *112*
Aussetzbetrieb, periodischer *8*
Axialflussmaschine *111*

B

Basiselemente *17*
Baustoffe *25, 26*
– thermische *24*
Belastungszeit *139*
Bemessungsbetrieb *139*
Betriebsart *7*
– höhere *155*
– S3 bis S6 *151*
– S7 bis S10 *151*
Betriebsdauer *10*
Betriebsdruck *78*
Betriebsinduktion *149*
Bezugstemperatur *9*

C

charakteristische Länge *69*

D

Dauerbetrieb *7, 144*
– thermisch äquivalenter *155*
Dauermagnet *13*
Doppellackdraht *55*

Drehmoment, thermisch äquivalent *156*
Drehstromtransformator *103*
dreieckförmiger Wechselanteil *121*

E

Ein-Körper-Modell *116, 136*
– Abkühlvorgang *119*
– Betriebsart *120*
– Betriebsart S3 *120*
– Dauerbetrieb *117*
– Differentialgleichung *118*
– Grenzen *139*
– Kenngrößen *117, 139*
– stationäre Endübertemperatur *118*
– subtransient *123, 158*
– Temperaturverlauf *118*
– thermische Zeitkonstante *118*
– Transformator subtransient *144*
– transient *139, 151*
Elektrobleche *20*
Elektroblechqualität *129*
Elektronikmotor *110*
Emissionszahlen *26, 28, 86*
Endübertemperatur, theoretisch *159*
Erregerverluste *43*
Ersatzschaltbilder, thermische *45*
Ersatzschaltung
– Basiselemente *45*
– Grundgleichungen *47*
Ersatzschaltungselemente *139*
Erwärmung, maximal *131*
Erwärmungslauf *137*
Erwärmungsmessung *132*
Extrapolation *30*

F

FEM-Analyse, Kleintrafo *132*
Finite-Elemente-Methode *14*
Flächenbelastung *66*
Flüssigkeitskühlung *13*
– direkte *75*
– indirekte *75*
Fremdbelüftung *162*
Füllfaktor *55, 56, 58, 60*

G

gekoppelte Differentialgleichungssysteme *111*
Generator *3*
Gesamtverluste *38*
Gleichstrommaschine *108*
– bürstenlose *107, 108*
– Formelzeichen *109*
– thermische Situation *108*
– Wärmeschaltbild vereinfacht bzw. entkoppelt *113*
Gleichstrommotor
– permanent erregter *110*
Grenztemperatur *9, 10, 158*

H

Heißpunkttemperatur *90, 97*
hydraulischer Durchmesser *75*

I

Interpolation *30*
Isolierstoffe *23, 24*
Isolierstoffklasse *9*
Iteration *133*

K

Kältemittel *22*
Kippmoment, sättigungsabhängig *150*
Kirchhoff'scher Satz, 1. *47*
Kirchhoff'scher Satz, 2. *48*
Kleintransformator *2, 102*
– Abmessungen *128*
– Erwärmung *127*
– Formelzeichen *102*
– thermische Situation *103*
Klemmenspannung *143*
Konvektion

– Überlagerung, allgemeine 86
– Überlagerung, destruktive 85
– Überlagerung, konstruktive 85
Konvektion, forciert 73
Konvektion, frei 62
– horizontaler Zylinder 70, 71, 72
– Kühlflächen horizontal 69, 70, 71
– Kühlflächen vertikal 64, 65, 66, 67
Konvektion, natürlich 62
Koppelwiderstände 143
Kopplungswiderstand 124
Kühlkörperformen 84
Kühlkreis-Anordnung 3, 4
– geschlossen 75
– offen 73
Kühlmaßnahmen 13
Kühlmittel 4, 21, 22
– Bewegungsart 4
Kühlmitteltemperatur, mittlere 61
Kühlrippen 81, 140
– gewöhnliche Differentialgleichung 2. Ordnung 81
– Intensivierung Kühlung 81
– Wärmewiderstand 82
– Wirkungsgrad 82
Kühlungsart 1
– Kurzform 5
Kühlverhältnisse 148
Kurzschlussbetrieb 158
Kurzschlussspannung 162
Kurzschlussstrom 143, 162
Kurzschluss, Transformator 162
Kurzschlussverluste 162
Kurzschlussversuch 143
Kurzzeitbetrieb 7, 145
– Erwärmungsphase 146
Kurzzeitleistung 149

L

Lastspiel 121, 155
Lebensdauerverbrauch 10
Leistungsreihe 29
Leistungssteigerung 122, 146, 150
Leistung, thermisch äquivalent 156
Leiterwerkstoffe 19, 20
Luftkühlung 13, 64, 70, 73

M

magnetische Flussdichte 29
Magnetwerkstoffe 20
Maschinen, elektrische 3
Maschinensättigung 151
Maschinenverluste 146
Maßstabsfaktor 29
Materialausnutzung 29
Materialeigenschaften 18
Maximalbelastung 139
Mindestpausendauer 120
Mindestpausenzeit, S2-Betrieb 149
Mindestüberlastbarkeit 123, 147
mittlere Maschinenübertemperatur 121
Motorkomponente 136
Multiphysik-FEM-Simulation 14

N

natürliche Kühlung 119
Navier-Stokes-Gleichung 17
Netzwerkanalyse 49, 130
Normmotor 5
nutperiodische Kühlbedingung 136

O

Oberflächentemperatur 61
Ölkühlung 66, 71, 74, 76

P

Proximityeffekt 42

Q

Quellen-Innenwiderstände 136

R

Relativgeschwindigkeit *73*
Reluktanzmaschine *108*
repräsentative Effektivwerte *155*
repräsentativer Mittelwert *141*
rotorkritisch *158*

S

S3-Aussetzbetrieb *152*
S4-Aussetzbetrieb *152*
S5-Aussetzbetrieb *153*
S6-Durchlaufbetrieb *154*
Sanftanlasser, Umrichter *161*
Sättigungsfaktor *150*
Sättigungsgrenze *149*
Schaltgruppe *163*
Schrittmotor *110*
Schutzgrad *136*
Schutzmaßnahmen *162*
Schutzvorrichtung *125*
Schweranlauf *160*
Siedekühlung *13*
– in Kältemittel *77*
Siedetemperatur *78*
Skalierungsfaktor *40*
Skineffekt *41*
Softwaretools *101*
stationärer Fall, Wärmeschaltbild vereinfacht *131*
statorkritisch *158*
Stern-Dreieck-Anlauf *161*
Störfälle, Erwärmung, Explosionsschutz *157*
Störungsdauer, maximal zulässig *159*
Strahlungsfläche *86*
Stromdichte *29*
subtransiente Temperaturdifferenz *124*
subtransiente thermische Vorgänge *115*
subtransiente Zeitkonstante *124, 158*
Supraleiter *13*
Synchronmaschine *107*
– elektrisch erregte *107*
– permanent erregte *107*

T

Taylorwirbel *79*
Temperaturabhängigkeit
– Eisenverluste *40*
– Erregerverluste *43*
– mechanische Verluste *43*
– ohmsche Verluste *41*
– Proximityeffekt *42*
– Skineffekt *41*
– Übergangsverluste *42*
– Zusatzverluste vereinfacht *43*
Temperaturanstieg *125, 162*
– linearisiert *142*
Temperaturdifferenz *98*
Temperaturentwicklung *136*
Temperaturgefälle *17, 48*
Temperaturindex *10*
Temperaturintervall *10*
Temperaturklasse *159*
– Explosionsschutz *158*
Temperaturkoeffizient *18*
Temperaturreserve *132*
Temperatursprung *122, 124, 136, 142, 160*
Temperaturunterschied *17*
Temperaturverlauf *130, 139*
– Abkühlphase *149*
Temperaturverteilung *17, 39*
– Iteration *39*
– stationäre *114*
thermische Ersatzschaltung *15*
thermisches Ersatzschaltbild *17*
Transformator *1*
– Kurzschluss *125*
transiente thermische Vorgänge *115*
Transversalflussmaschine *111*

U

Überlastbarkeit *123, 149, 150, 156*
Umgebungstemperatur *61*
Universalmotor *108, 110*

V

Verlust *13*
Verlustanteil, Eisenverluste *130*
Verlustarten *33*
Verluste *33*
– Erregung *35*
– lastabhängig *34, 37*
– lastunabhängig *33, 37*
– mechanisch *34*
– stromabhängig *34*
– stromunabhängig *33*
– Temperaturabhängigkeit *39*
Verlustkosten *13*
Verlustminimum *38*
Verlustquelle, ideale *97*
Verteilertransformator *2, 103*
– Formelzeichen *104*
– thermische Situation *104*
Vorfaktoren *73*

W

Wachstumsgesetze *14, 29*
Wandler
– elektromechanische *3*
– ruhende *2*
– statische *1*
Wärmeausbreitung *17*
– chaotisch *56*
– tangential *56*
Wärmeaustausch *61*
Wärmekapazität *46, 97, 130, 136, 143, 144*
Wärmeleitfähigkeit *50, 128*
– Blechebene normal *60*
Wärmeleitung *50*
– Elektroblechpakete *59*
– Folienwicklungen *57*
– Wicklungen *54*
– Wicklungen Flachlackdraht *56*
– Wicklungen Rundlackdraht *54*
Wärmeleitungsgleichung *17, 88, 89*
Wärmeleitungswiderstände *50*
Wärmequelle *45*
Wärmequelle, real *88*
– Abstand Heißpunkttemperatur *92*
– ebene Wand *89*
– Energieerhaltung *98*
– Ersatzschaltung *97*
– Kühlbedingung asymmetrisch *92*
– Maximaltemperatur *92*
– Oberflächenbelastung *91*
– spezifische Oberflächenbelastung *92*
– Temperaturverlauf *89*
– Temperaturverteilung *92*
– Wärmewiderstand innerer *90*
– Widerstandsmessung *90*
– zeitlicher Temperaturverlauf *98*
Wärmeschaltbild *15, 17, 101*
– Hinweise *101*
– stationärer Betrieb *114*
– subtransient *158*
– transiente Vorgänge *116*
– vereinfacht *111*
Wärmestrahlungswiderstand *86*
Wärmestrom *47*
Wärmeströme *17*
Wärmeübergang *14*
– Fallunterscheidung *79*
– Konvektion *61*
– Korrekturfaktor *80*
– Luftspalt *79*
– Strahlung *86*
– zusammengesetzte Oberflächen *83*
Wärmeübergangswiderstand
– Konvektion *62*
Wärmeübergangszahl *18, 62*
– Gültigkeitsgrenzen *62*
– Konvektion *128*
– Strahlung *86, 129*
– Vorfaktor *63*
Wärmewiderstand *46, 144*
– innerer *97*
– kreiszylindrisches Rohr *52*
– Kugelschale *53*
– zylindrische Volumen *50*
Wasserkühlung *67, 71, 75, 76*
Wasserstoffkühlung *13*

Wickelrohr *94*
– Korrekturfaktor *95*
– Temperatursprung *95*
– Wärmewiderstand *94*
Wicklung, auf Wicklungsträger *94*
Wicklungsverluste *41, 143*
Wicklungs-Wärmekapazität *162*
Widerstandsnetzwerk *131*
Wirkungsgrad *37*
Wirkungsgrad, maximal *38*

Z

Zeitfenster *160*
Zeitkonstante *130, 141, 144, 155*
– stillstehende Maschine *149*
– subtransient *160*
Zeitrafferverfahren *10*
Zieltemperatur *40*
Zusatzverlustanteil *146*
Zusatzverluste *35*
– klassisch *35*
– Synchronmaschine *36*
– Umrichterspeisung *36*